건축시공 실무

Execution of Building Works Practical Business

노인철 저

문운당

책 출간에 앞서

-현장 실무와 더불어 그림과 사진을 함께 보면서 읽고, 느끼는 책자

Globalization(세계화) 시대에 진입하여 우리 건설산업도 국제화, 개방화의 무한 경쟁시대를 맞이하게 되어 건설공사 규모의 다양화, 초고층화, 고품질화, 대경간화, 고기능화 되었으며, 디자인과 환경보존측면에 대한 요구(Needs) 또한 거세어지고 있는 실정입니다.

이러한 현실의 시대적 사명에 대응하기 위해서 건설업에 종사하고자 하는 학생들과 건설현장에서 주야로 맡은바 업무에 고심하고 있는 건설기술자들을 위한 가장 기본적인 필독서가 될 수 있도록 하기 위해 노력하였습니다. 필자는 20여 년을 건설현장에서 대형 프로젝트를 직접 수행한 실무자로, 수년간 대학 교단에서 학생들과 함께 하면서 현장실무에서 기본적으로 알아야 할 사항과 초보 기술자들이 건설현장에서 필요로 하는 것이 어떤 것인가를 체험한바 있습니다. 아울러 현장실무측면에서도 건설기술자들이 이론과 실무가 겸비되어 수행하는 현장업무에 보다 더 도움을 줄 수 있는 방법이 무엇인가를 고심한 끝에 어렵사리 「건축시공실무」라는 책자를 출간하게 되었습니다.

가능한 편지 형식의 글로서만 나열되는 기존의 책자형태에서 탈피하여, 내용 자체도 키워드(key-word)로 단순화하였고, 그림과 사진을 보면서 내용을 이해하고, 몸으로 느낄 수 있는 현장감 있는 책자가 될 수 있도록 많은 시간과 노력을 투자하였습니다.

이 한 권의 책이 우리 학생들과 현장기술자들에게 작은 보탬이 되어 하시고자 하는 일들의 성취에 초석이 되어 모두 만족하며 서로 돕고 사랑하는 좋은 사회에 조금이라도 일조하였으면 좋겠습니다. 본서 집필과정에서 여러 자료들이 관계자 여러분들에게 미리 말씀드리지 못한채 인용된 부분이 일부 있을 것으로 사료되어 양해를 구하며, 늦으나마 지면으로 감사의 말씀을 올립니다. 또한 본의 아니게 미흡한 부분은 향후에도 보완을 거듭하여 보다더 나은 지침서가 되도록 끊임없는 노력을 계속할 것임을 강조합니다.

끝으로 본서의 집필에 물심양면 지원을 해주신 영진전문대학 최달곤 학장님과 교직원 여러분들에 진심어린 감사의 말씀을 올리며, 소속된 건축인테리어디자인 교수님들께도 감사한 마음 전합니다. 그리고 여름방학기간 내내 함께 하지 못한 우리 가족, 친지 및 많은 지인들과 늘 자식 잘되기를 기원하시고 계시는 모든 부모님들과 신명님에게 이 책을 바칩니다. 또한 출간에 불철주야 힘써주신 문운당 사장님과 직원들에게 감사의 뜻을 전하며, 본서와 인연이 있으신 모든 분들에게 신의 은총과 천지의 기운이 늘 충만하시기를 진심으로 기원합니다.

저자 卯虛(묘허) 盧 仁 喆

차 례

1장 가설 공사 Temporary Work

2장 토공사 Earth Work

3장 기초 공사
Foundation Work

4장 철근 콘크리트 공사 Reinforced Concrete Work

5장 철골 공사 Steel Skeleton Work

6장 초고층 및 커튼 월 공사
High Lised & Curtain Wall Work

7장 PC 공사
Pre-cast Concrete Work

8장 마감 공사(조적, 미장, 타일, 석공사)
Finished Work

9장 기능 공사 Function Work

10장 내 · 외부마감 및 기타 공사
Interior & Others Work

1장 가설 공사 | Temporary Work

1 시공계획(Construction Plan)

1.1 개 요

1) 최근 건축물이 대형화, 초고층화되고 고기능화, 고품질화되면서 기능의 우수성과 신뢰성이 강력히 요구(Needs)됨으로써 공사관리에 따른 품격 높은 구조물을 완성시키기 위해서는 계획적인 시공이 중요시 됨
2) 철저한 시공계획 없이는 기업의 목표인 이윤추구와 가치창출이 어려우므로 성공적인 건축생산 활동을 위해서는 철저한 시공계획이 이루어져야 함

1.2 건축시공

(1) 계약도서에 의거

1) 건축물의 3대 요소(구조 · 기능 · 미)를 달성시키기 위한 기술

그림 1.1 공사 초기 건축현장 전체 전경
▶ *저자가 감리 감독한 서울 구로동 산단공 벤처센터 공사 현장 전경*

2) 품질, 원가, 공정, 안전 및 환경보존, 건축법규 등의 지식을 종합적으로 활용
3) 건축 시공법 : 공사 착수에서 완성 및 인계시까지의 수단
4) 시공 : 설계도면에 의거 건축물을 구현하는 과정

(2) 시공에 종사하는 기술자 조건

1) 설계도면, 시방서에 대한 충분한 이해력과 설계 및 시공에 관한 지식을 가지고 현장 실무경험을 겸비하여야 함
2) 공사 초기단계에서부터 인수 · 인계까지의 전과정 관리 집행
   - 공사에 필요한 수단 및 소요재료 적정성 판별
   - 노무, 기계류의 경제적 사용방법 숙지
   - 품질과 기능, 신뢰성을 충분히 유지함
     - 품질 : 좋고(우수한 품질) : Quality Control
     - 원가 : 싸고(원가절감) : Cost Down
     - 공정 : 빠르고(공기단축) : Scheduling Control
     - 안전 : 안전하게(안전과 환경보존) : Safety First

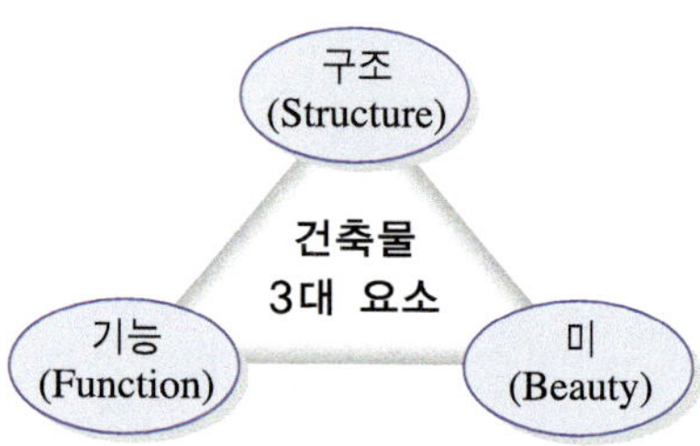

그림 1.2 건축물의 3대 요소

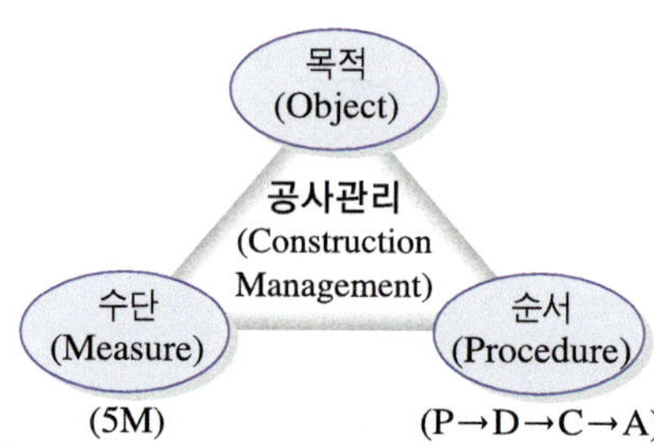

그림 1.3 공사관리 체계

(3) 건축시공법

1) 건축학의 종합적 표현 및 형태화의 방법으로 우수한 시공기술의 향상을 위해 외장, 재료, 구조 및 건축설비의 지식을 충분히 습득
2) 설계자의 의도(Design Concept)를 충분히 파악하여 현장에 옮기는 제반 수단으로 "최소의 비용으로 최대의 효과"가 나타나도록 함이 원칙
3) 경제원칙에 의거 건축시공 관리기법의 개발 필요
   - SE(System Engineering : 시스템공학) : 설계단계부터 최적 시공계획 발견
   - VE(Value Engineering : 가치공학) : 건축주의 요구 성능을 보장하면서 저원가(Low Cost)의 공사를 수행하기 위한 수단을 강구하는 기법
   - EC(Engineering Construction) : 종래의 단순시공 탈피, 고부가가치를 추구하기 위해 건설사업관리(CM) 전과정(사업발굴~유지관리)으로 업역을 확대하는 관리기법

그림 1.4 설계자 의도와 같이 준공된 건물
▶ *서울 산단공 벤처센터 현장 준공모습*

1.3 시공 준비사항

(1) 건축시공 순서

1) 공사 착공준비 : 초기 현장공사 착수는 공기준수와 관계되므로 신속 계획, 빠르게 실시
2) 가설공사 종합계획서 작성
3) 공사순서
   - 가설공사(Tomporary Work)
   - 토공사(Earth Work)
   - 지정 및 기초공사(Foundation Work)
   - 구조체 공사(구체공사 : Structure Work)
     - 철근 콘크리트(RC조 : Reinforced Concrete)

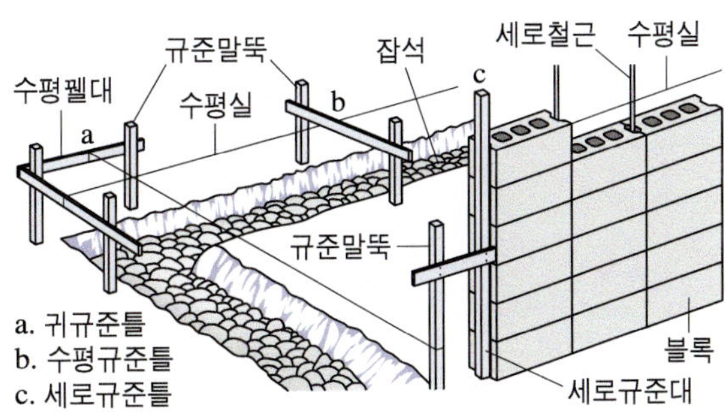

그림 1.5 공사 초기 규준틀 설치 모식도

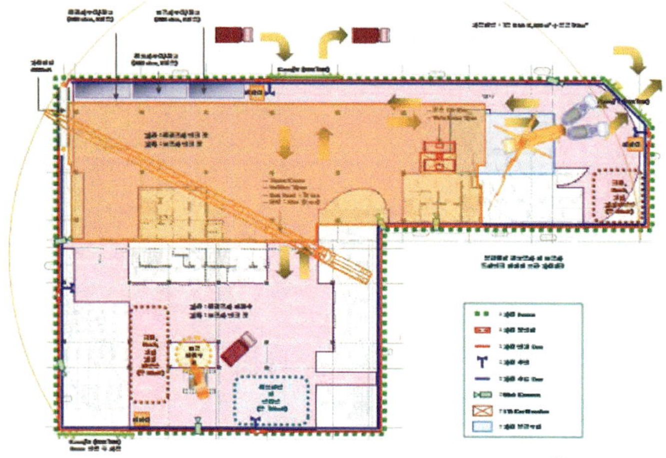

그림 1.6 가설공사 종합계획도 작성의 예

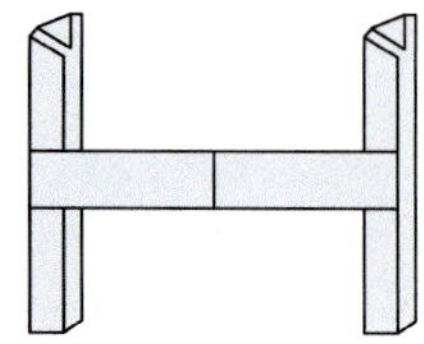

그림 1.7 평규준틀

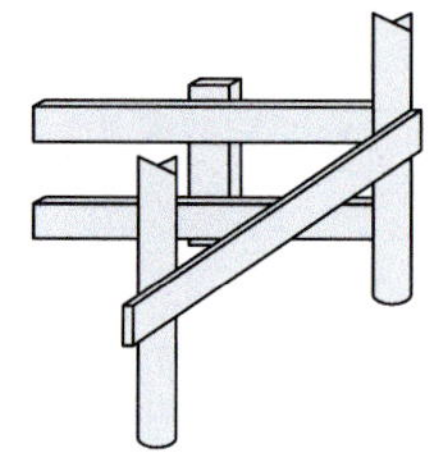

그림 1.8 귀규준틀

- 철골철근 콘크리트(SRC조 : Steel RC)
- 철골(S조 : Steel)
- 조적조 : 벽돌(Brick)/블록(Block)/돌(Stone)
- 목구조(나무구조 : Wooden Structure) 등

- 방수, 방습(Proofing & Damp Course) / 지붕 및 홈통
- 외벽 마무리(Tile, 석, 도장) / 창호(Window)
- 내부 마무리(수장 내장 도장공사 등) :
  일반적인 작업순서 : 천정→벽→바닥으로 시행
- 기타 공사(보양, 잡공사, 조경, 부대공사)

그림 1.9 토목용 벤치 마크 설치의 예

(2) 시공 준비사항

1) 착공준비 : 가급적 신속하게 공사기간 단축
   - 대지 주위 울타리, 출입대문, 분진 안전망, 방음막
   - 가설물 설치 : 가설사무실, 창고, 숙소, 식당, 작업장 등
   - 측량 : 레벨 기계(전자, 레이저), 트랜싯 기계, 광파측정기, 토탈 스테이션 등
   - G.L(지반높이) 확정
     - 벤치 마크(Bench Mark) : 1 m 높이에 2개소 설치하고 기존건물 없을시 PAD 조성, 주변 기존건물 표지 및 설치 유리

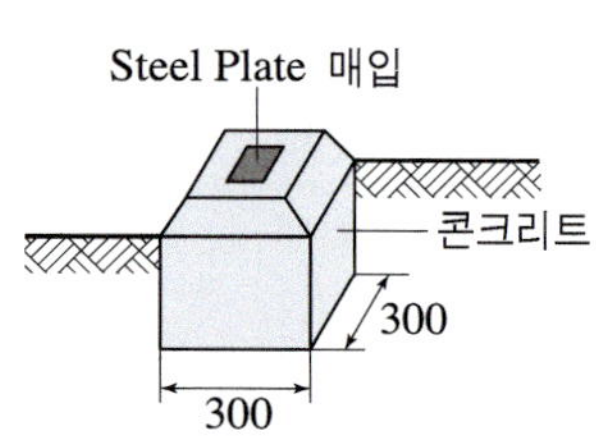

그림 1.10 벤치 마크 설치

- 대지정리 : 철거, 지장물 및 평탄작업
- 규준틀 설치 : 평규준틀, 귀규준틀, 세로규준틀
- 실치기(줄쳐보기) : 현장에서 큰 삼각자로 직각 확인 및 건물 제자리 앉치기

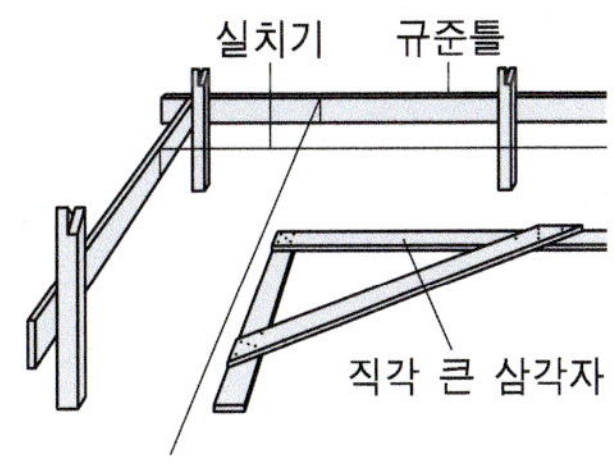

그림 1.11 실치기와 현장 큰 삼각자

2) 시공 준비사항

- 사전 조사사항
  - 계약서, 설계도서를 입수하여 발주자와 설계자와의 협의
  - 부지현황 조사

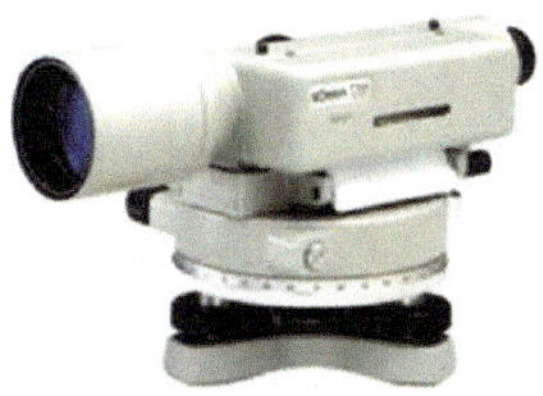

그림 1.12 전자 레벨기

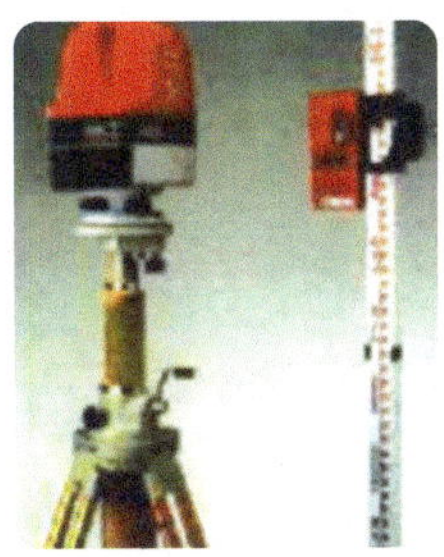

그림 1.13 레이저 레벨기

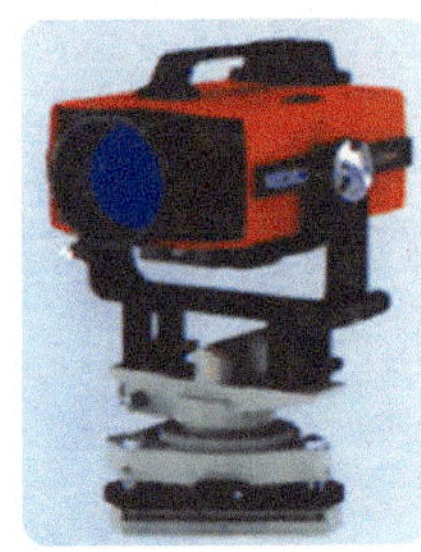

그림 1.14 광파측정기

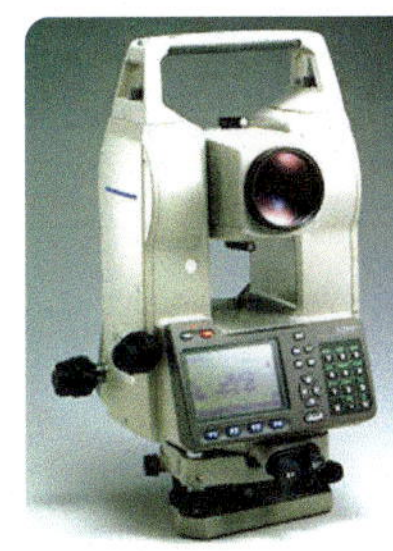

그림 1.15 토탈스테이션

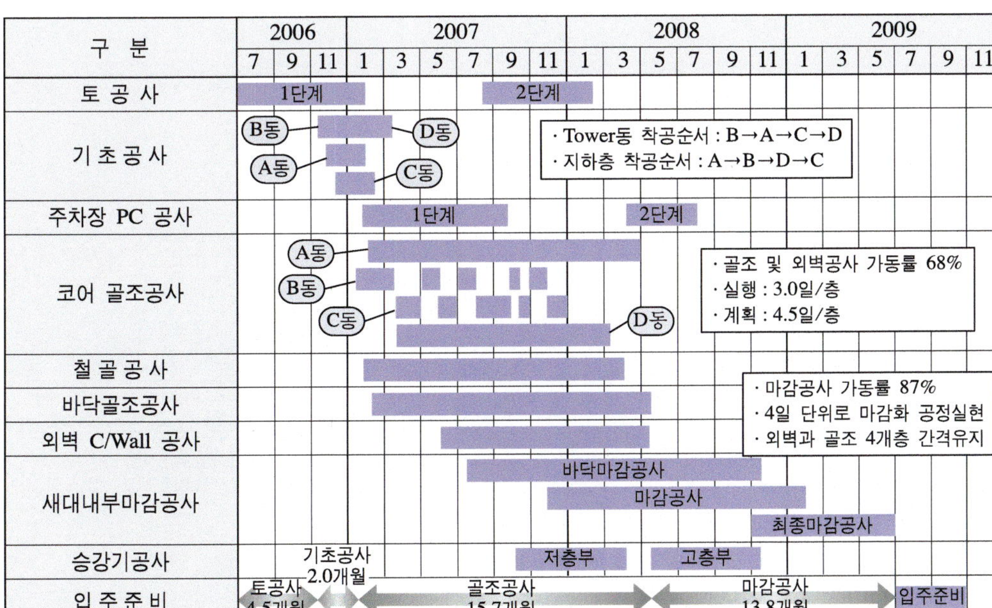

그림 1.16 현장 공정표 작성의 예

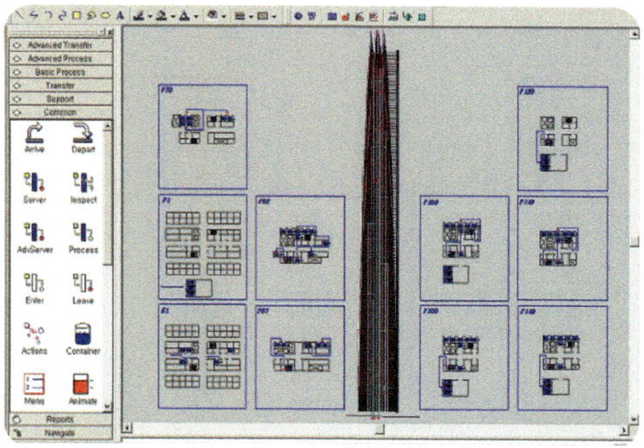

그림 1.17 작업 · 자재 · 인원이동 시뮬레이션의 예

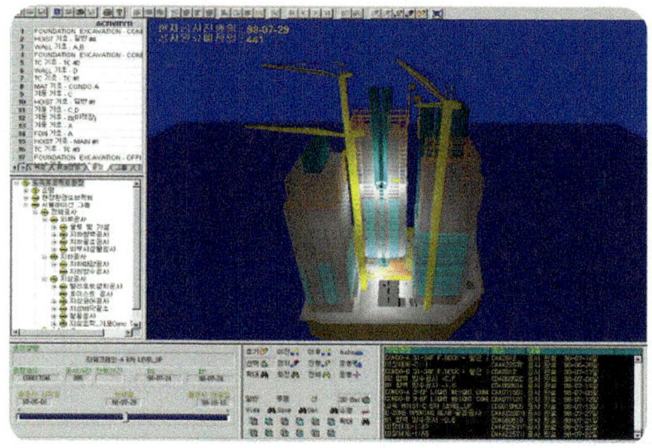

그림 1.18 공정 시뮬레이션의 예

- 가설공사 계획
- 공종별 시공계획서 작성 : 시공방법, 시공기계, 양중기계, 각종 설비시공순서, 작업 · 자재 · 인원이동 시뮬레이션, 공정 시뮬레이션,

• 시공계획 절차
- 현장원 편성, 실행예산 편성
- 주요 수량 조사, 공정표 작성
- 시공계획서 작성
- 시공도, 공작도 작성
- 5M에 대한 준비 : 재료, 인력, 장비, 공법, 자금

1.4 공사관리시 주의사항

(1) 공사관리 요약도

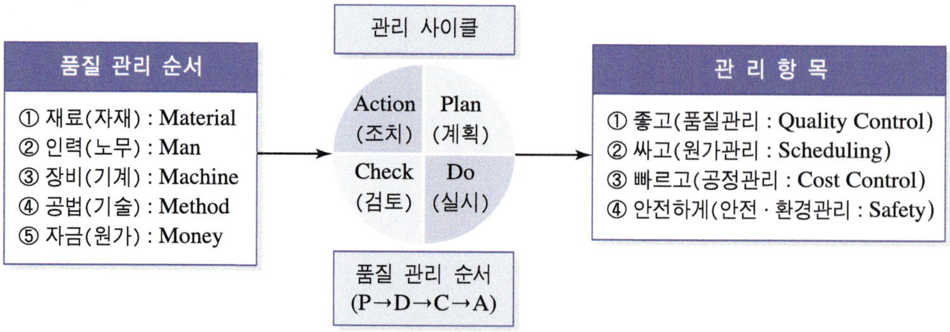

그림 1.19 공사관리 요약도

(2) 건축공사관리

1) 개요

- 경제적인 건축생산 활동과 설계서대로 주어진 기간 내에 최소의 경비 투입
- 공사관리 : P → D → C → A 관리도(관리 사이클 : Deming' s Circle)
  - Plan(계획) : 시공계획 수립
  - Do(실시) : 계획에 따라 실시
  - Check(검토) : 실시가 계획대로 되는지 조사
  - Action(조치) : 수정사항 필요시 조치
- 공사감리 절차

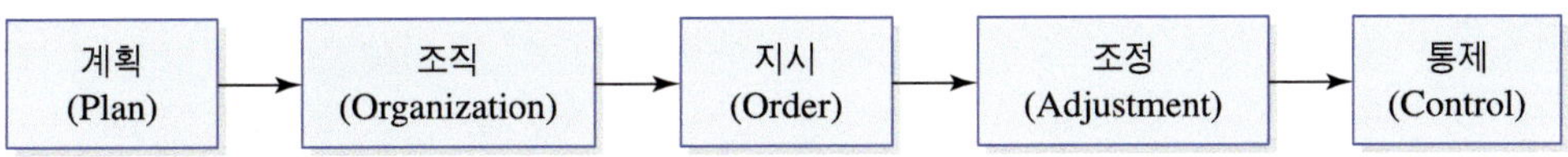

2) 공사관리사항

- 자재관리(Material)
  - 반입자재 검수, 확인, 장비 파손 등 교육
  - 입 · 출고 확인서 발부 및 자재관리에 컴퓨터화 적용
- 인력관리(Man : 노무)
  - 노동집약산업이므로 노무자 출역, 공종별 투입인원 파악
  - 환경 · 보건 · 위생(인명 존중, 작업환경 개선)
- 장비관리(Machine : 기계공구관리)
  - 공사용 기계 기구 정기 점검 확인
  - 시공 기계공구 사용 후 정위치와 적기 · 적소에 투입, 장비효율 극대화

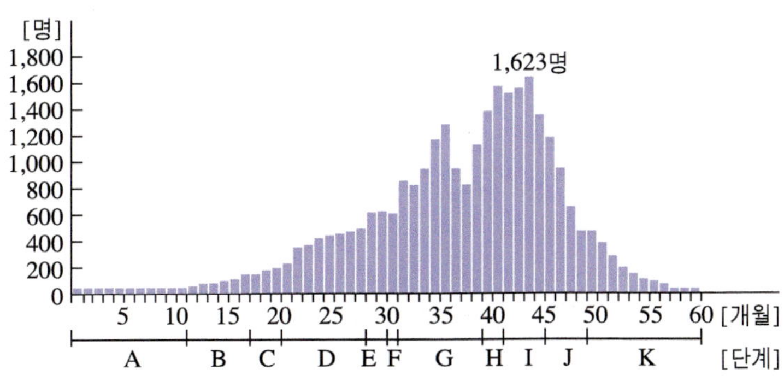

그림 1.20 작업원 이동현황 그래프

- 원가관리(Money : 자금)
  - 일일 항목별 투입비 산정, 실행 예산 기준 손익분석
  - 초과항목 및 사유 분석 → 협의 조정 → 대책수립
- 품질관리(Quality Control)
  - 품질기준 설정 : 특성 요인도(Fish Born Diagram), 관리도
  - 시험 및 검사 제도화 → 기록 데이터(Data) → 불량 발생 방지 → 피드백(Feed Back)화
  - 현장품질관리 시행(Deming' s Circle)

계획(Plan) → 실시(Do) → 검사(Check) → 조치(Action)

- 안전관리(Safety Control) 및 작업환경개선
  - 안전제일 : 인명존중 정신, 예방 차원 교육
  - 건축시공 공해요소 배제 → 작업환경 개선
  - 폐기물 재활용 및 발생률 절감에 대한 사전 검토와 작업원들의 인식 제고

(3) 공사관리시 주의사항

1) 표준화(MC), 조직적 관리, 기록화〔데이터화 → 기록화 → 피드백(Feed Back)화〕

2) 계획적인 공사 협의 조정 : 발주자, 설계자, 시공자

3) 계측화

- 정량적인 수치로 안전관리
- 적합한 기계 · 기구의 고안, 적용 노력

그림 1.21 아파트 현장 공사 전체 전경

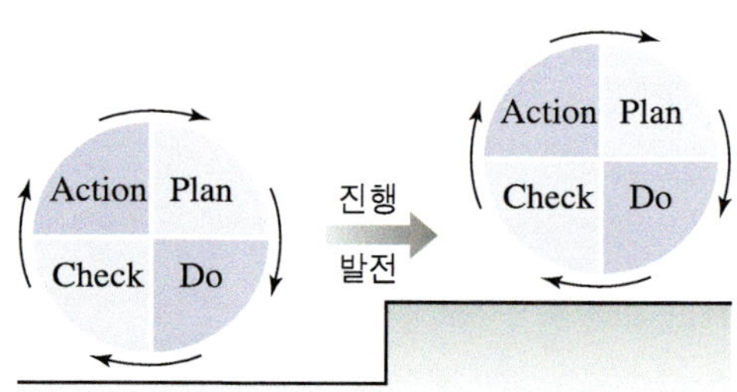

그림 1.22 품질에 대한 관심

그림 1.23 품질관리 – 현장 실험실 내부

▶ *현장에 반입되는 제반 자재의 시험은 현장 실험실에서 실시, 그 외 품목은 외부기관에 의뢰하여 품질확인 받음*

4) 교육훈련

- 품질, 안전, 새로운 내용 교육훈련
  - QC Circle(품질에 대한 관심)
- Technical Meeting(기술 모임)

2 가설공사 일반(Temporary Work General)

2.1 정 의

공사기간 중 임시 설비하여 공사를 완성할 목적으로 쓰이는 제반시설 및 수단으로서 공사가 완료되면 해체, 철거, 정리되는 제설비의 총칭

2.2 특 성

1) 도면 · 설계도서에 특별한 명시없이 시공자 임의 설치 경향
2) 구체적인 안 : 공사 착공시 시공자가 계획 → 감독원 승인 → 실시
3) 경우에 따라서는 전적으로 시공자에게 맡겨짐
4) 시공기술자의 기술면에서 차이 : 공사 이익에 영향을 미치므로 신중을 기해야 함
5) 공사비 절감을 위해서 종래의 방식에서 탈피 : 창의, 연구(안전, 경제면), 개발 필요

그림 1.24 서울 벤처센터 현장 출입구 전경

그림 1.25 서울 벤처센터 공사 중 전경

2.3 경 향

1) 사용성 : Serviceability(쉽고)
2) 경제성 : Cost(싸고)
3) 안전성 : Safety(안전해야 함)

2.4 기본방향

1) 반복 사용의 중시
   - 규격화, 표준화, MC(모듈)화
   - 전용성, 조립 해체 용이 : Cost Down(원가절감)
2) 재료 강도의 고려 : 경제성과 안전성의 균형
3) 고정 설비에의 연관 : 레미콘 사용, 철골재 공장가공, 목재 가공의 완제품 반입

2.5 가설공사 범위

(1) 공통가설공사(간접가설)

1) 가설운반로 : 가설도로, 가설배수로, 가설교량
2) 가설건물
   - 가설사무소, 시험실, 자재창고, 작업헛간, 가설식당

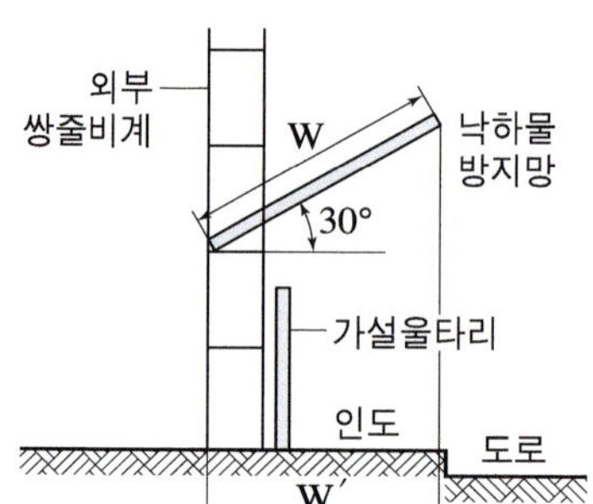

그림 1.26 가설울타리, 낙하물 방지망 기준

- 가설숙소, 휴게실, 화장실, 탈의실, 샤워장 등

3) 가설울타리(펜스 : Fence) : EGI 울타리, 골함석, 철망

4) 대문(Gate) 네 가지 타입 : Folding Type, Swing Type, Sliding Type, Shutter Type

5) 대지측량 및 부지정리, 임차지(재료, 작업장), 도로점용

6) 설비 : 임시가설동력, 양수설비(Pumping), 통신설비, 차량 세륜설비

7) 시험조사 : 재료시험, 지질조사 등

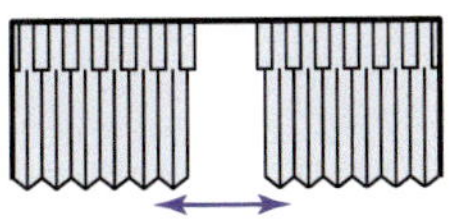

그림 1.27 Folding Type

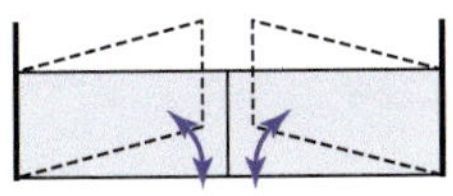

그림 1.28 Swing Type

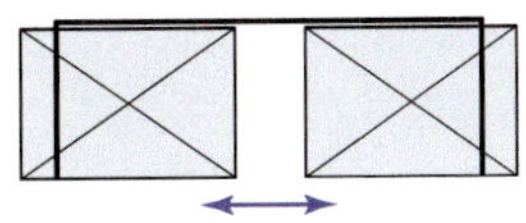

그림 1.29 Sliding Type

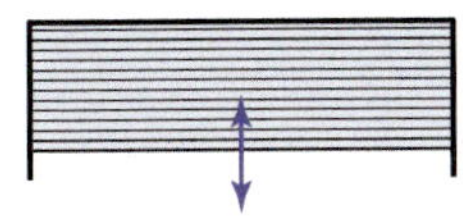

그림 1.30 Shutter Type

그림 1.31
현장 가설사무소와 안전표시판 등

그림 1.32
가설울타리 전경 – 상부쪽은 분진망

그림 1.33
장비보관함 앞 강관틀비계

그림 1.34
차량 세륜설비

그림 1.35
외부 비계공사 현장 전경

그림 1.36
외부 달비계

8) 각종 기계 기구 설비 : 기계기구의 반입 · 설치 · 이전 · 해체 · 운전 및 수리

9) 인접건물의 보양, 보상

10) 준공청소, 공해방지시설, 종말처리 시설

(2) 직접 가설공사

1) 규준틀 : 평규준틀, 귀규준틀, 세로규준틀, 실치기(줄쳐보기)

2) 먹메김 : 골조 먹메김(형틀공사에서 시행), 마감 먹메김(예전 조적공사에서 시행)

3) 비계

- 외부비계 : 외줄비계, 겹비계, 쌍줄비계, 강관틀비계, 달비계
- 내부비계 : 수평비계, 말비계
- 가설계단 : 외부비계다리, 틀비계용 가설계단, 기성제 발판 조립계단,

4) 양중장비 : 타워크레인(Tower Crane), 짚크레인, 호이스트(Hoist)

5) 안전방지막 : 낙하물 방지망, 분진 방지망, 보호막 설치

6) 건축물 보양 : 콘크리트면 보양, 타일/석재면 보양, 창호재 보양, 바닥재 보양 등

7) 각종 건축물 현장정리

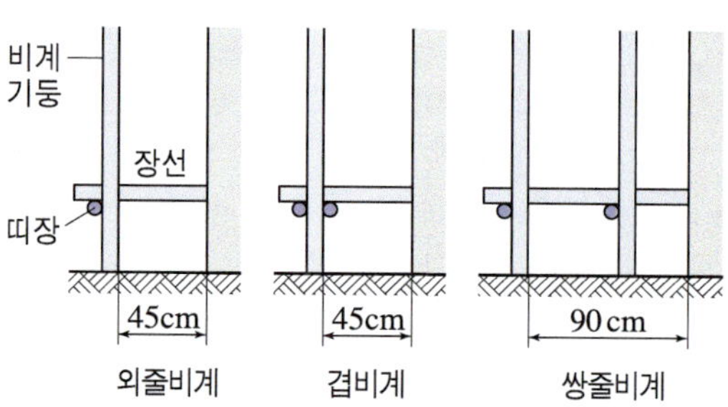

그림 1.37

그림 1.38 외부 낙하물 방지망

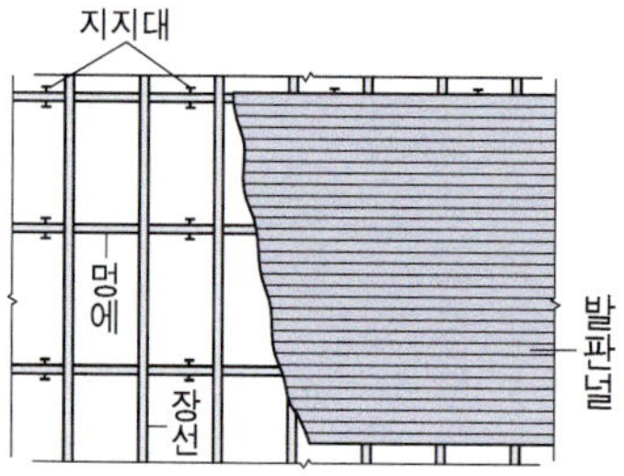

그림 1.39 수평비계 – 평면도

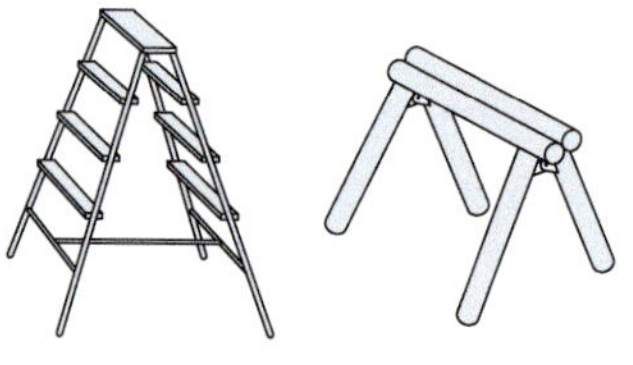

그림 1.40 말 비 계

그림 1.41 외부 분진 방지망

▶ *아파트 외벽 거푸집 바깥쪽에 안전 분진망을 설치함*

그림 1.42 타워크레인 양중 전경

그림 1.43 짚크레인 이동 전경

그림 1.44 호이스트(Hoist)

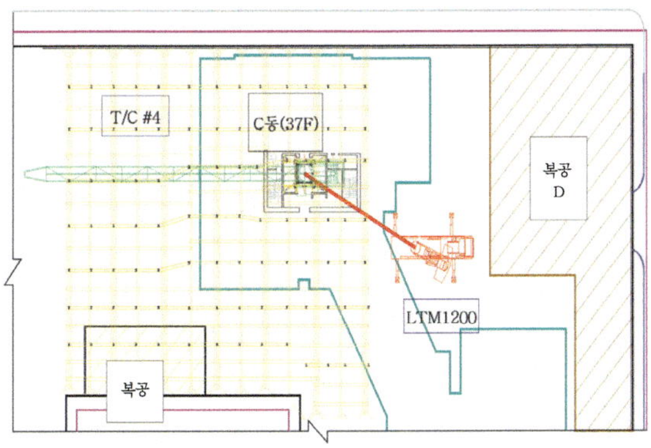

그림 1.45 짚크레인 설치 평면도

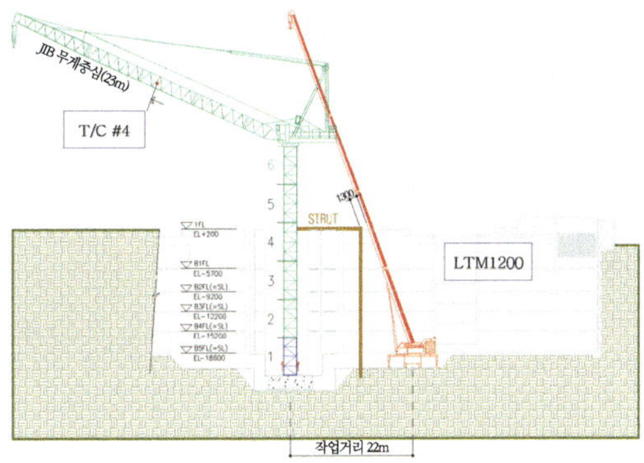

그림 1.46 짚크레인 설치 단면도

(3) 기타 철거공사

1) 일반 철거공사의 예

그림 1.47 대구 황금아파트 철거전 전경

그림 1.48 아래층부터 철거한 전경

2) 폭파 공법의 예

그림 1.49 폭파공법 – 조선총독부

3 새로운 방향(New Intention)

3.1 새로운 방향

(1) 종래의 경향

1) 입수하기 쉽고 저렴한 가격의 재료 사용
2) 가공성이 좋고 경량 목재(Wooden) 사용
3) 접합이 용이한 재료 사용

(2) 현재의 경향

1) 강도상 유리, 구조 확실한 재료 사용
2) 접합의 확실, 단면적이 작은 강재(Steel)의 사용이 많아지는 경향
3) 내구성, 가격의 절감

(3) 새로운 경향

1) 강철 및 비철 금속화
  - 강도, 접합 확실
  - 내구성, 수회 반복 사용가능

그림 1.50 대나무 외부비계 – 중국 상하이
▶ *저자가 중국 방문시 촬영한 것으로 현재까지도 대나무 비계를 지역특성상(?) 사용하고 있음을 알 수 있다.*

2) 자재의 유닛(Unit)화
- 부재 부품 공장제작 → 현장 조립
- 경제적 → 공사속도 단축가능
- 고소작업시 작업의 안전성

3) 자재의 경량화
- 취급, 운반비 절감
- 경금속(AL제), 합금 등의 개발 필요
  → 철(Steel)의 녹문제 해결

3.2 향후의 전망

(1) 가설공사는 임시구조물이지만

1) 본공사를 능률적으로 시공하는 기본요소

2) 적정한 규모 : 공사 내용과 현장조건 부합

(2) 가설공사도 가설공사용 자재를 포함하여

1) 표준화 실시하며, 최소의 가설로 최대의 효과를 얻기 위한 노력 필요

2) 규격화(Module, Standard)

(3) 향후 가설자재의 복합화, 시스템화 방향으로 발전

그림 1.51 가설재로 현재 철재류가 주류를 이룸

그림 1.52 최근 투명 거푸집 개발 사용

2장
토 공 사 | Earth Work

1 흙(Soil Particle) "흙과 건축"

1.1 흙의 성질

(1) 종 류

① 점성토 (진흙)	• 성질 : 0.005 mm ≤, 투수계수 작고, 장기간 침하, 압밀성 크다. • 점착력 : 불교란 시료(US : Undisturbed Sample) 시험 또는 US 채취 곤란시 → 연약지질에 VT(Vane Test)로 구한다.
② 사질토 (모래)	• 성질 : 0.05 mm ≤, 투수계수 크고, 순간 침하, 압밀성 작다. • 내부마찰각(ø) : US 채취 곤란시 → SPT(표준관입시험)로 구한다.
• 흙의 종류 : 암반, 조약돌, 호박돌, 이암(Mud Stone), 모래, 진흙(Clay), 실트(Silt), 개흙(Mud), 부식토(Humus), 롬(Loam) 등	

그림 2.1
① 옛건물이 철거되고

그림 2.2
② "흙과 건축"의 조화를 통해

그림 2.3
③ 아름다운 건축물이 탄생한다.

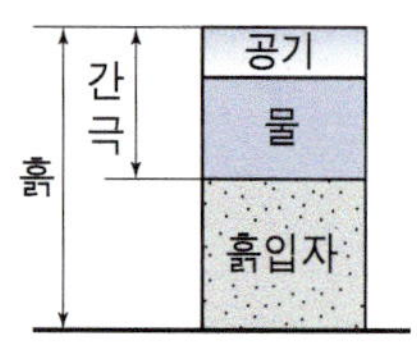

그림 2.4 흙의 구성

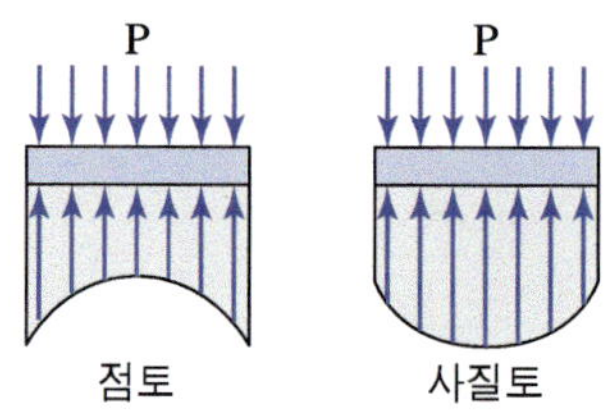

그림 2.5 지내력 분포도

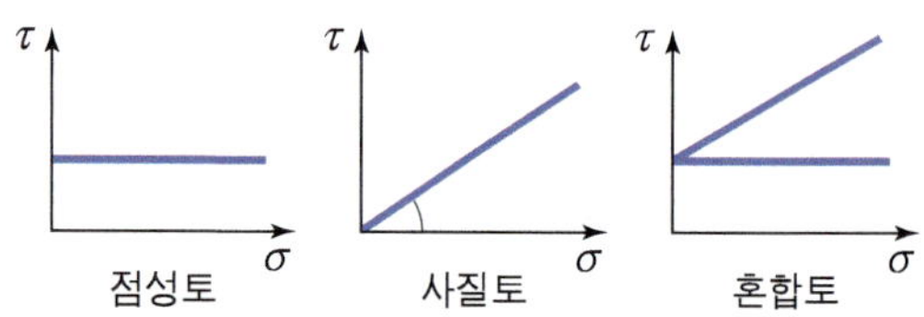

그림 2.6 전단강도와 응력 상관도

(2) 전단강도

1) 전단강도

$$\tau = c + \sigma \tan \phi$$

- 사질토 : $c = 0$(점착력) → $\tau = \sigma \tan \phi$
- 점성토 : $\phi = 0$(내부마찰력) → $\tau = c$

τ : 극한 지지력
σ : 파괴면에 수직한 힘
$\tan \phi$: 마찰계수
ϕ : 내부마찰각
c : 점착력

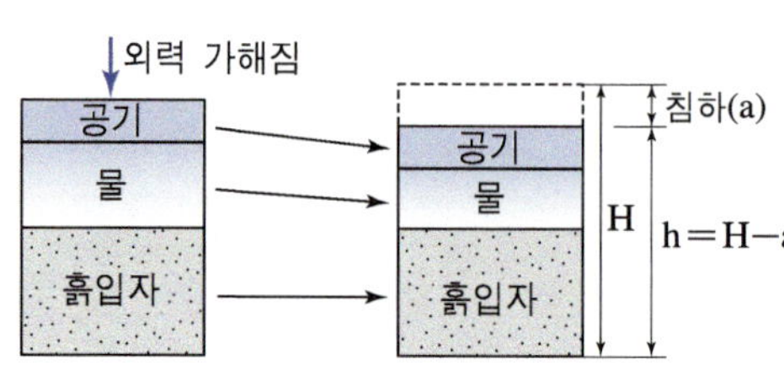

그림 2.7 흙의 침하 개념도

2) 전단시험

- 직접전단시험
  - 일면(1면) 전단시험
  - 이면(2면) 전단시험
- 간접전단시험(3축압축시험)

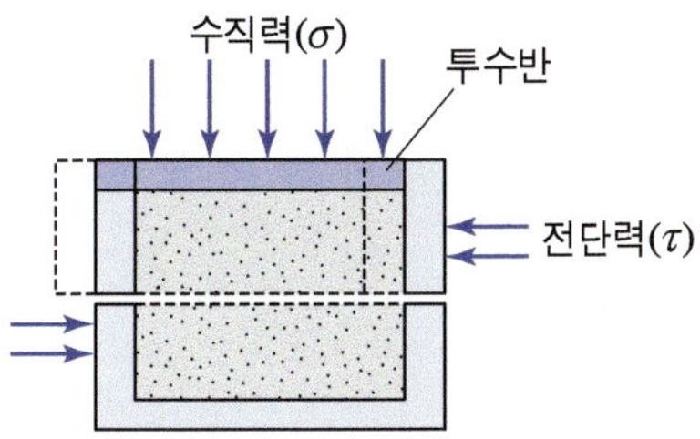

그림 2.8 일면 전단시험

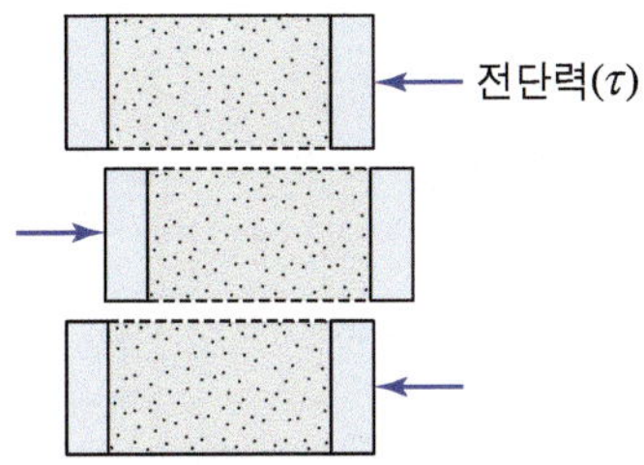

그림 2.9 이면 전단시험

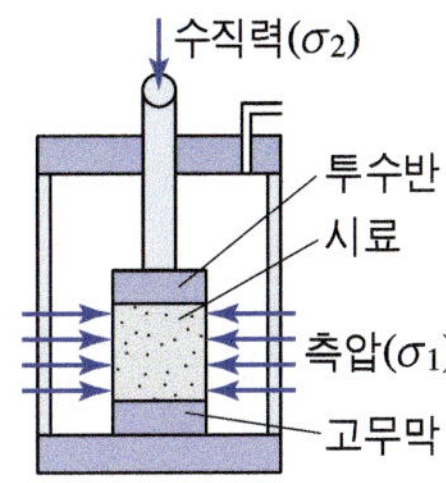

그림 2.10 3축 압축시험

(3) 안전성(Safety) 검토

1) 사면의 안전(Safety)

- 안전률 $FS = \dfrac{M_r}{M_0}$
- $FS \geq 1.3 \sim 1.4$일 때 안정성 확보

2) 측압(모래, 모래+점토, 점토)

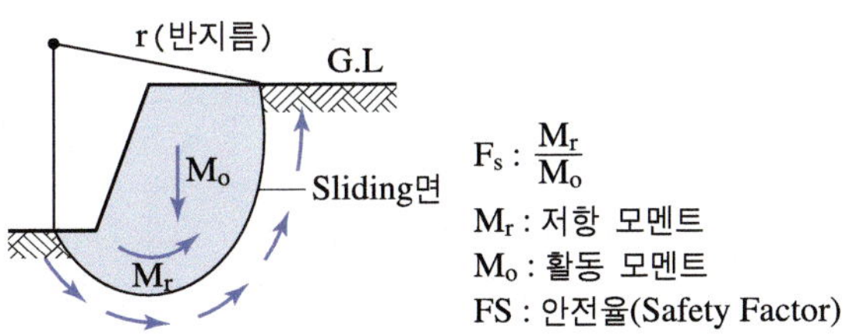

그림 2.11 사면파괴 모식도

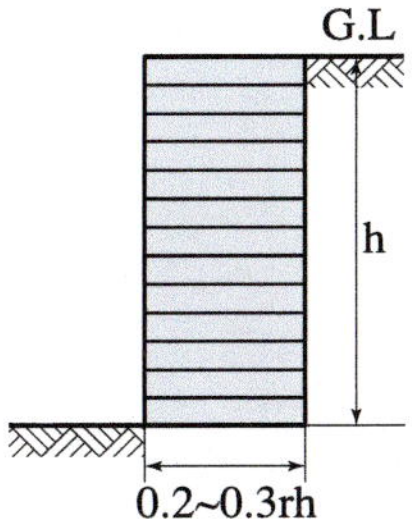

그림 2.12 모 래

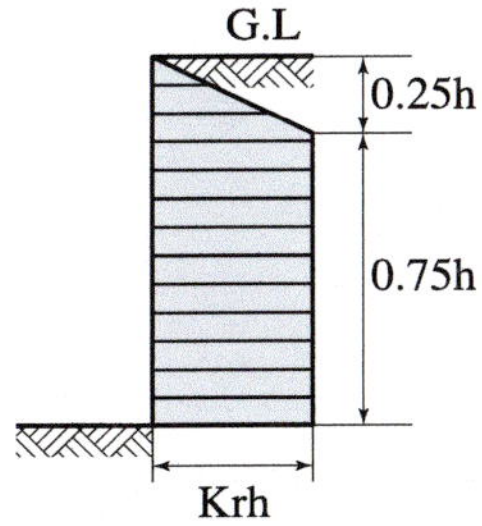

그림 2.13 모래+점토

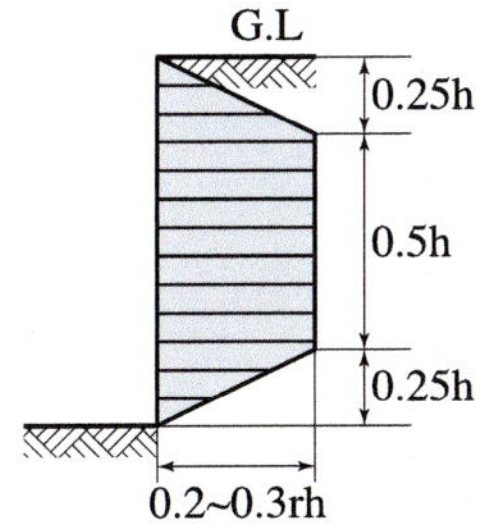

그림 2.14 점 토

그림 2.15 사면의 안전 – 오픈 컷 공법

▶ *비탈면 안전을 위해 우기시 물이 사면에 스며들지 않도록 보양한다.*

3) 히빙(Heaving) 현상

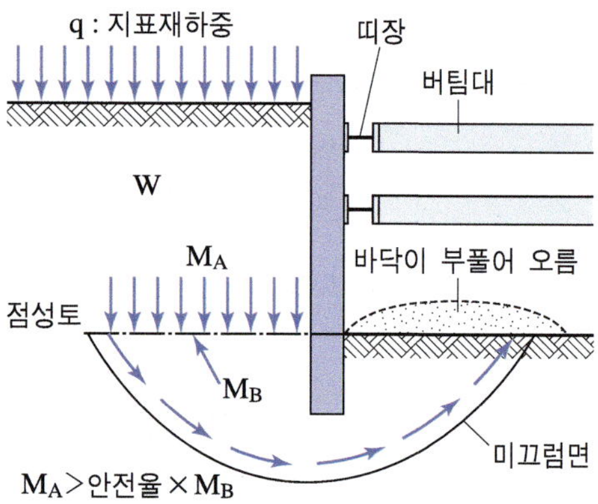

그림 2.16 히빙 현상

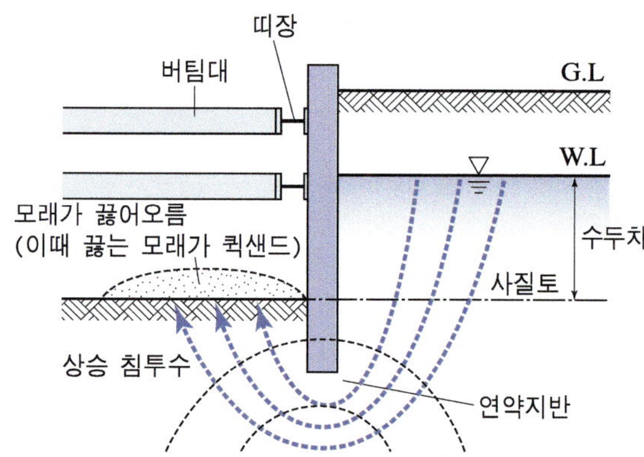

그림 2.17 보일링 현상

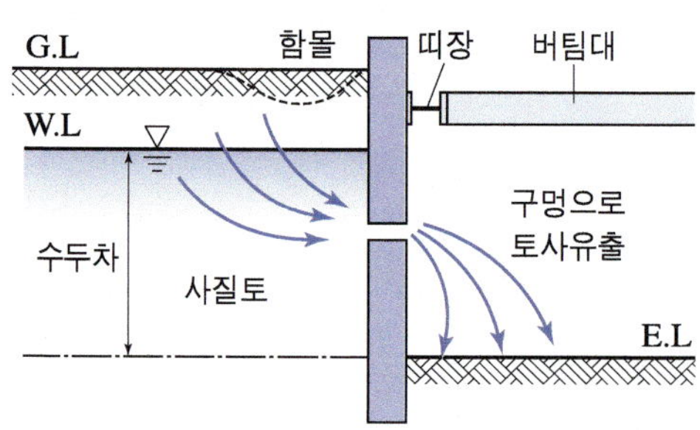

그림 2.18 파이핑 현상

4) 지하수에 대한 검토

- 보일링(Boiling), 파이핑(Piping) 현상 : 퀵샌드(Quick Sand : 끓어 오르는 모래)
- 피압수에 의한 굴착 저면 부풀어 오름
- 액상화 현상(Liquefaction) : 수평력(횡력 · 지진력)에 의해 지반 내력 상실

1.2 지반 조사 실무

1.2.1 목 적

1) 연약지반의 구성길이 및 범위를 파악하여 토공사에 필요한 시추 주상도 작성
2) 신축 예정부위 지층의 제성질 파악, 구조물 설계 및 시공계획관리의 기초자료 제공
   - 지층 구성 상태, 예상 허용지지력
   - 지하수위 분포상태, 지층의 물리적 역학적 성질
3) 신축하고자 하는 구조물의 안전성(Safety) 확보가 최종 목적임

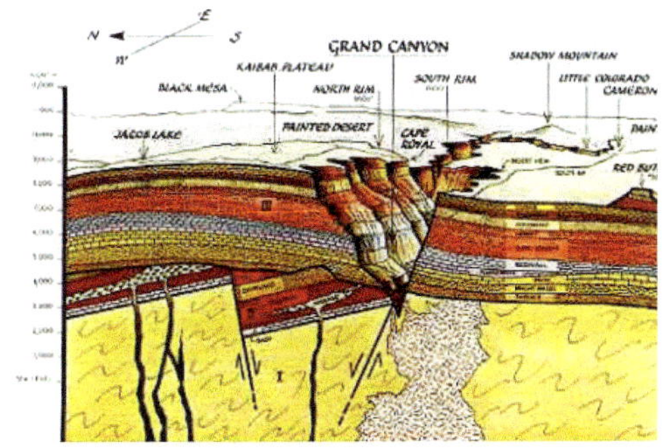

그림 2.19 지층 성상 개념도
▶ 지반의 성상을 조사하여 주상도를 작성하고 이에 따라 지하 기초공법을 정함

1.2.2 지질 지반 보고서

1) 지질조사 업체의 영세성(하청업체)으로 인해 지반조사 수치의 신뢰도 낮음
2) 시공사는 착공 전 별도 지반조사를 정확히 실시하여 설계도서와 비교 검토 필요
3) 설계도서와 서로 다를 경우 즉시 적용
   - 구조계산서(건물, 흙막이)등을 반드시 입수하여 사전비교, 검토
   - 지반조사를 신뢰성 있는 업체에 의뢰, 설계(흙막이) 용역비를 현실화시킴

1.2.3 지반 지질 조사 실무

(1) 조사 범위

1) 시추조사 : 총 16개소 중 BH-5번을 예시하도록 함
2) 표준관입시험 : 126회
3) 보고서 작성 : 1식

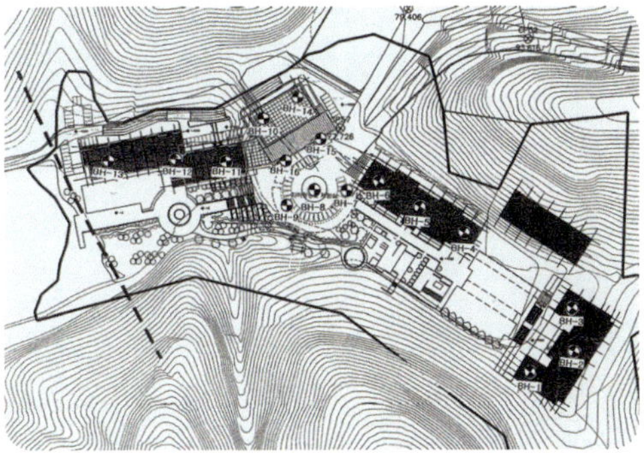

그림 2.20 도면상에 조사 선정 위치 표시

(2) 조사장비

1) 유압시추기 YT-150형(회전수세식) 1대

2) 이수펌프(Mud Pump) 1대 및 엔진(Engine) 1대

3) 표준관입시험기 및 부대장비 일체

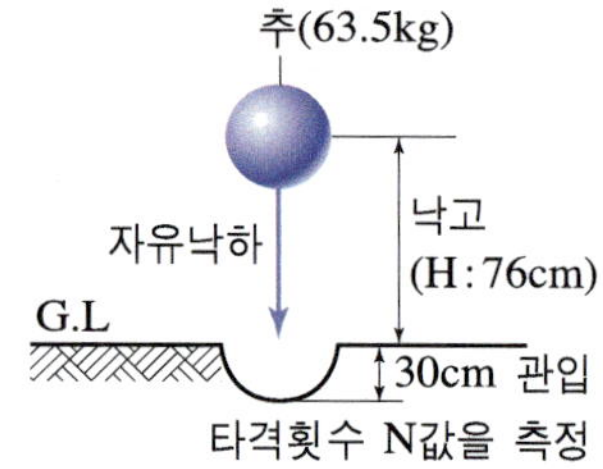

그림 2.21 표준관입시험 개념도

(3) 조사방법

1) 조사 선정 위치

- 평면도상에서 구조물 계획 및 지형물을 고려하여 발주자와 협의
- 현장답사를 통해 총 16개소 선정

2) 시추조사

- 회전식 YT-150형 수세식 유압 시추기 사용하여 BX Size(58mm)구경으로 실시
- 공벽붕괴 우려 토질에는 Casing을 삽입하고 결과는 지질 주상도에 제반사항 기재

3) 표준관입시험(SPT : Standard Penestration Test)

- 기준 : 원위치동적 Sounding의 한 방법으로 한국공업규격(KS-2318)에 의거 실시
- 방법
  - 중량 63.5 kg, 76 cm 높이 낙하, 30 cm 관입 요하는 타격횟수 N값 측정
  - N값 : 점성토(N=30 : 밀실한 지반), 사질토(N=50 : 밀실한 지반)

그림 2.22 BH-5번, 시추조사 전경-유압 시추기

그림 2.23 BH-5번, 표준관입시험 전경

(4) 토질 성상도 및 시추 주상도 작성

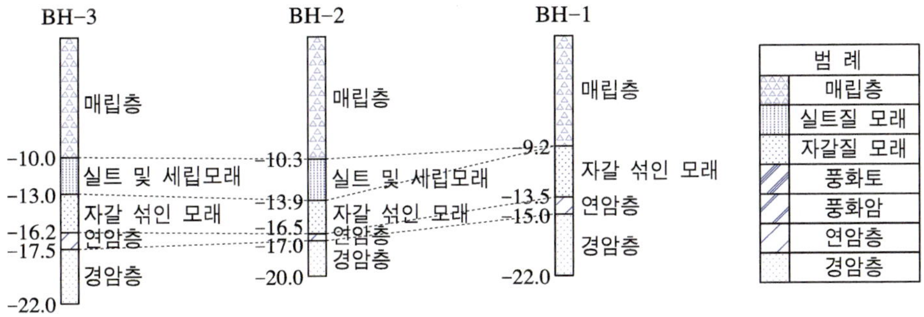

그림 2.24 토질 주상도의 예시

(5) 조사결과 요약 분석

1) G.L로부터 매립층 및 토사층, 뻘모래층 및 점토층 그리고 하부는 풍화토 및 풍화암, 기반암층인 사암 및 셰일암층으로 구성됨
2) 지지지반의 심도가 6.0m 내일 때는 직접기초, 그 이하일 때는 깊은 기초 형식을 취하면 됨

그림 2.25 일반적인 건축 지반 시추조사 전경

▶ *표준관입시험을 실시하여 N값을 산정함*

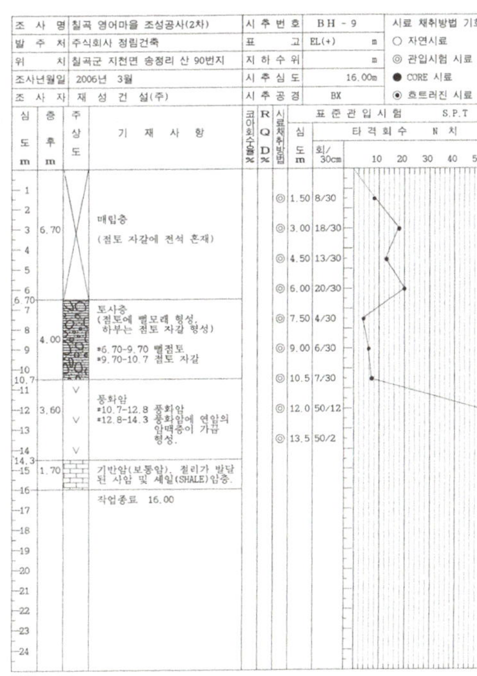

그림 2.25 시추 주상도

▶ *주상도에 각토질의 깊이와 N값이 표시됨*

1.3 지반개량공법(지반안정공법)

1.3.1 목 적

1) 정의 : 흙의 성질에 합치하기 위한 인공적 토질 강화, 개량(개조) 방법
2) 지내력이 불충분한 연약지반 개조와 건축공사에서는 주로 차수의 목적으로 사용되며, 지지력 증강 또는 구조물의 부동침하 저지를 위한 공법

1.3.2 종 류

1) 혼합법
2) 탈수법
3) 재하공법
4) 배수공법
5) 고결 안정공법
6) 치환공법
7) 다빔, 진동, 압입공법
8) 전기화학공법

1.3.3 공법별 세부사항

(1) 혼합법

1) 정의 : 흙, 모래, 돌 등의 입도조성 또는 화학적 혼합을 이루는 공법의 총칭
2) 종류
   - 입도조정법 : 노반, 운동장 활주로의 기층이나 성토강화 개량에 사용
   - 소일 시멘트(Soil Cement) : 사질토 적용, 흙분쇄+물+시멘트=혼합
   - 화학약제 혼합법 : 흙에 소석회, 염화석회, 물유리 등 화학재 혼합

(2) 탈수법

1) 정의 : 지반 중 수분을 탈수시켜 지반 밀도를 향상시키고 간극수를 제거하여 압밀촉진, 접착력, 강도를 증대시키는 공법
2) 종류
   - 샌드 드레인(Sand Drain)공법
   - 페이퍼 드레인(Paper Drain) 공법

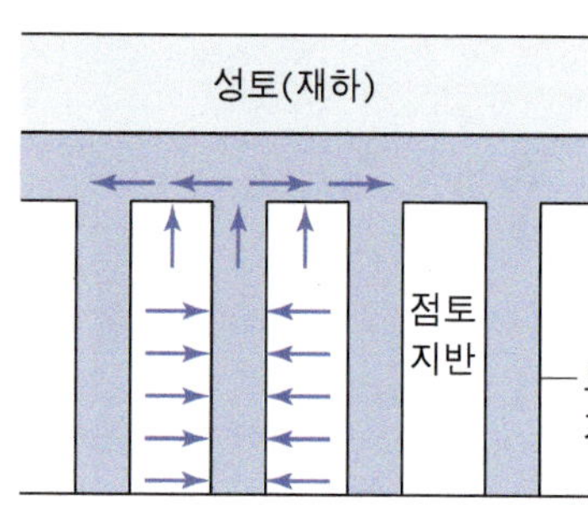

그림 2.27 샌드 드레인 공법 원리

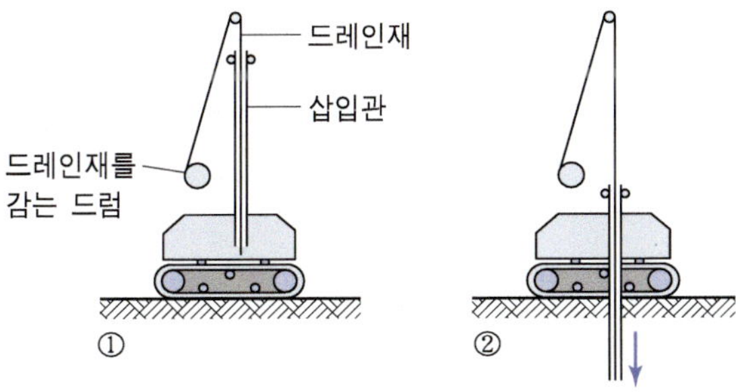

그림 2.28 페이퍼 드레인 공법 순서

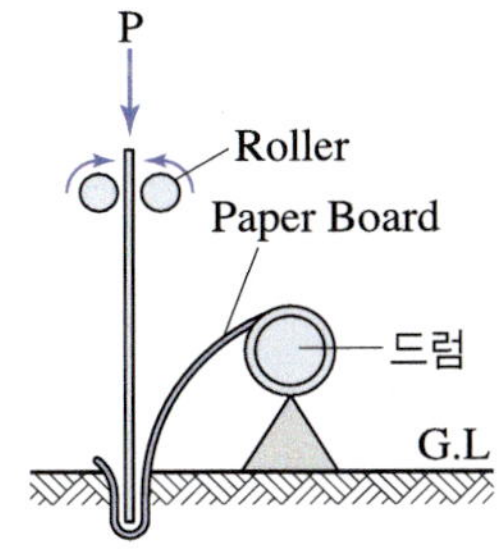

그림 2.29 페이퍼 드레인 공법 개념

- 생석회법
  - 정의 : Sand Pile 대신 산화칼슘(CaO : 생석회)의 수분과 반응시키는 공법 ($CaO+H_2O \rightarrow Ca(OH)_2$+수화열 생성)
  - 현상 : 발열 수반 → 위험물 취급에 주의

(3) 재하공법

1) 정의 : 연약지반에 하중을 장기간 가하여 흙의 압밀 촉진을 이루는 공법의 총칭

2) 종류
   - 프리로딩(Pre-Loading) 공법
   - 서차지(Curcharge) 공법
   - 사면선단 재하공법

(4) 배수공법

1) 정의 : 지중 속 물이 지반에 미치는 영향을 최소화하게 처리하는 공법의 총칭

2) 종류

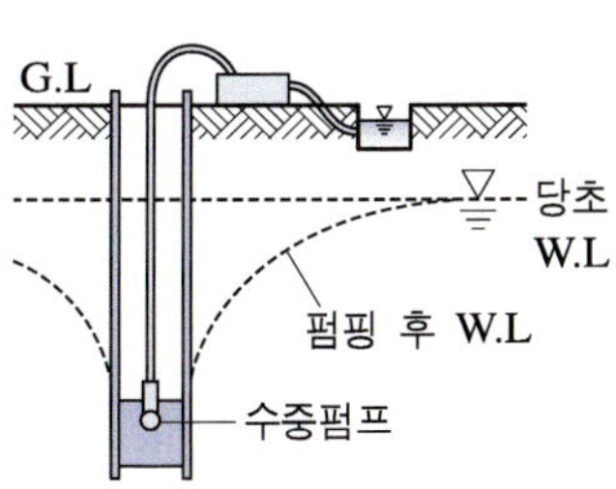

그림 2.30 지멘스 웰 공법

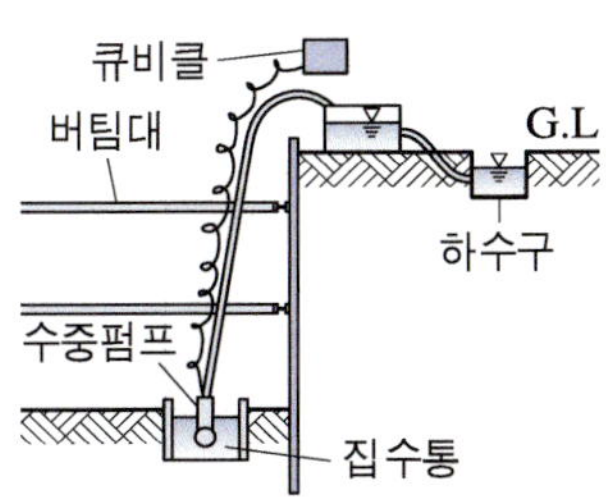

그림 2.31 집수통 공법

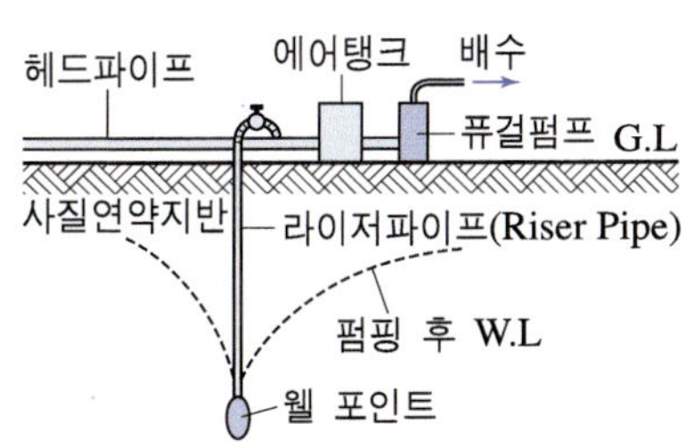

그림 2.32 웰 포인트 공법

- 중량배수
  - 집수통(Sump Pit) 공법
  - 지멘스 웰(Siemens Well)
- 강제배수
  - 웰 포인트(Well Point) 공법
  - 진공식(Vacuum) 지멘스 웰
- 특수공법 : 동결공법, 소결공법
- 기타 : 전기침투공법, 배수 펌프(Pump)

(5) 기타 공법

1) 고결안정공법(주입공법) : 시멘트 주입법, 약액 주입법
2) 치환공법 : 연약지반 흙 → 양질의 흙 치환
3) 다짐, 진동, 압입공법
4) 전기화학공법 : 전기침투법, 전기고결법

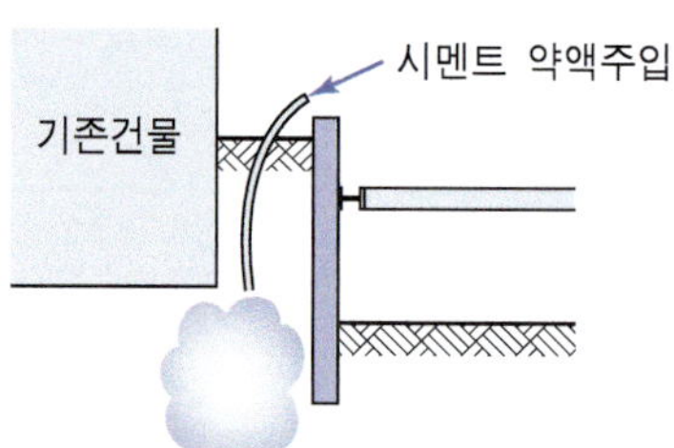

그림 2.33 주입공법

그림 2.34 지반에 시멘트 주입공법 적용 전경

▶ *비탈면 오픈컷 실시 후 배면 상부측 지반에 시멘트 주입공법을 적용하여 비탈면 안정성 확보*

1.3.4 연약지반 구조대책

(1) 상부구조

1) 경량화(Light-Weight) 및 중량분배 균등
2) 인접건물과의 거리 유지 및 Under Pinning 공법(인접지 보수 · 보강 · 보양공법) 적용
3) 건물의 강도(강성)를 높임

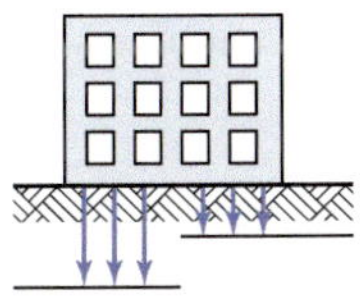

그림 2.35 이질 지층

그림 2.36 불균형 구조

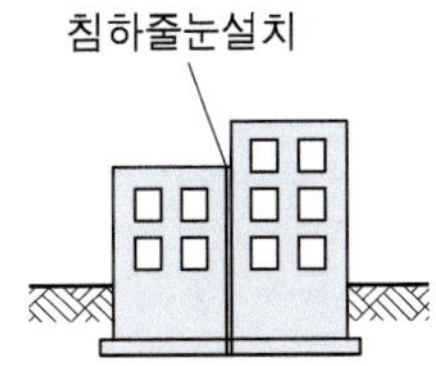

그림 2.37 침하줄눈

4) 건물길이 축소(60 m 이상시 Expension Joint 설치) : 침하줄눈(Settlement Joint) 설치

5) 이질지층, 불균형 구조 회피

(2) 하부구조

1) 기초 경질지반에 도달시킴

2) 마찰 파일(Friction Pile) 사용

3) Float Foundation화(뜬기초) : 전면적 지하실 설치, 건물중량 〈 배토중량

4) 지중보(Tie-Beam) 설치 및 기초구조물 강도(강성) 유지(복합기초)

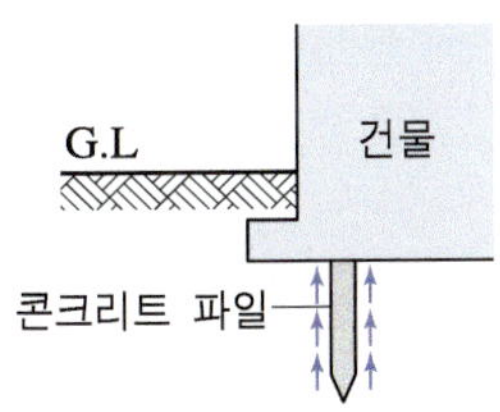

그림 2.38 마찰 파일

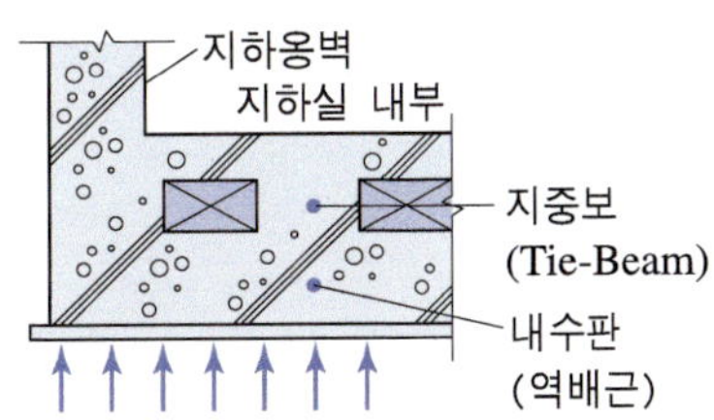

그림 2.39 지중보

그림 2.40 지하바닥 내수판 콘크리트 타설 전경

▶ *내수판 타설 후 지중보(길게 철근이 보이는 보) 콘크리트를 타설하는 것이 순서이다.*

1.4 토 압

1.4.1 이 론

1) 기본이론

$$P_A < P_P + R \rightarrow \text{안전(Safety)}$$

2) 토압(Earth Pressure)

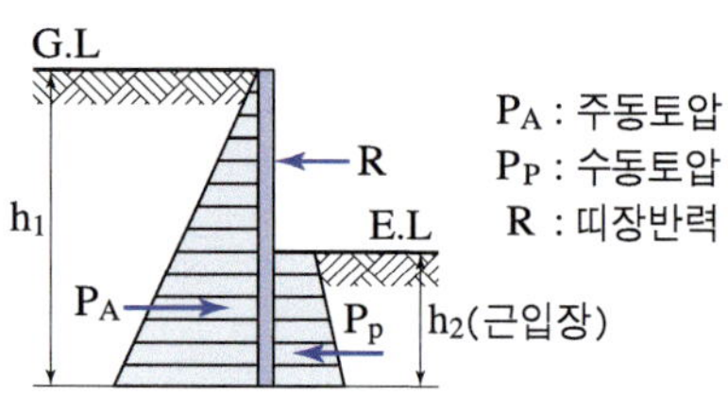

그림 2.41 토압 응력도

그림 2.42 흙막이 벽체 코너 브래싱 전경

▶ *코너쪽은 토압을 견디기 위해 위와 같은 가새 형식의 버팀대(Strut) 시공이 일반적임*

- P_A(주동토압)$=K_A \cdot R \cdot h_1 [t/m^2]$
- P_P(수동토압)$=K_P \cdot R \cdot h_1 [t/m^2]$

$$K_P = \frac{1}{K_A}$$

$$K_A = \tan^2\left(45^\circ - \frac{\phi}{2}\right)$$: 주동토압계수(0.2~0.8)

R : 흙의 단위중량 $[t/m^3]$

P_A : 주동토압 $[t/m^2]$

P_P : 수동토압 $[t/m^2]$

K_A : 주동토압 계수

K_P : 수동토압 계수

1.4.2 토압의 분류

1) 강성벽체에 작용하는 토압 : 옹벽, 석축, 다이어프램 월(Diaphragm Wall : 강성벽체) 등
2) 연성벽체에 작용하는 토압 : 굴착 토류벽, 흙막이공법과 관련

1.4.3 토압의 종류

1) 주동토압(P_A : Active Earth Pressure) : 흙이 구조물을 밀 때 생기는 압력
2) 수동토압(P_P : Passive Earth Pressure) : 구조물이 흙을 밀때 생기는 압력
3) 정지토압 : 흙이 정지상태($\delta=0$: 지하외벽)

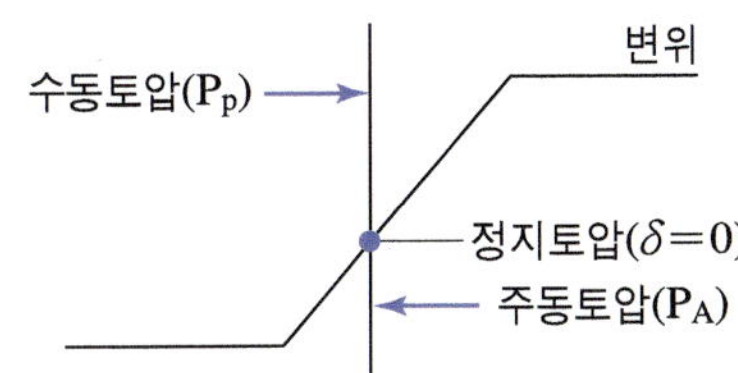

그림 2.43 토압의 개념도

1.4.4 소규모 흙막이의 예

1) 띠장 : 휨 모멘트가 0에 가까운 지점 설치
2) a : b : c = 1 : 2 : 1
3) 저면타입 길이 c는 클수록 좋음
4) 견고한 지반 또는 비투수층 도달

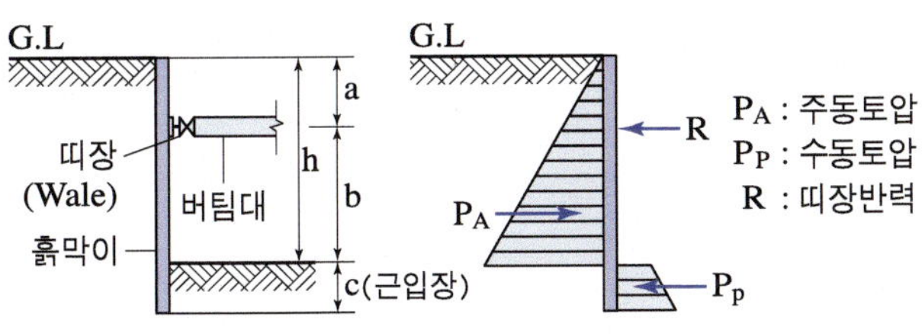

그림 2.44 토압 모식도

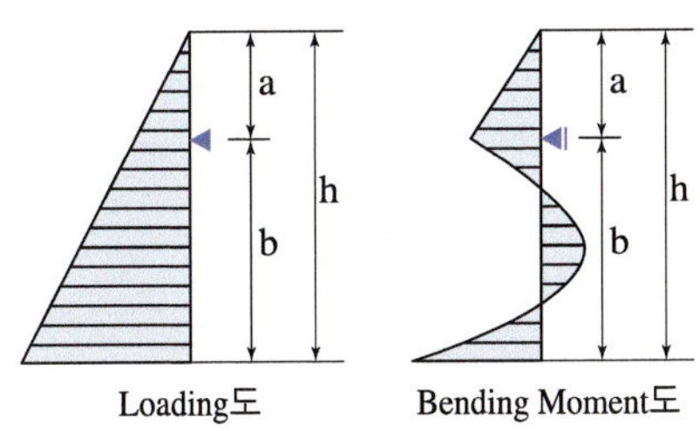

그림 2.45

1.5 터파기 및 흙막이공법

1.5.1 계획 일반사항

현장에 임하는 기술자는 통찰력과 고도의 기술, 풍부한 경험과 신중함으로 결단력이 요구됨을 잊어서는 안된다.

(1) 사전조사

1) 토공사 시공계획은 계약서 및 설계도서 분석이 중요
   - 시방서(Specification), 설계도면, 현장 설명서 등
   - 공사기간(Time), 시공의 정도(정밀도)

2) 계획을 위한 사전조사
   - 지반조사(토질조사) : 시료채취, 표준관입시험, 베인 테스트 지하수 조사, 토질시험
   - 대지 주위 및 인접건물(가옥) 상태
   - 대지 주변 매설물 : 상하수도, 전력통신, 가스, 지하철

3) 공정계획과 지하 배수계획 수립

그림 2.46
터파기 및 흙막이공사 전경

(2) 사고원인

1) 개 요
   - 근래 건축물은 대지 협소, 도심지화, 지하층 이용 확대에 따른 지하 굴착공법의 중요도 부각으로 대형사고 경향
   - 도심지 굴착사고는 당 현장만의 문제가 아니라 그 주변에 대해서도 물적, 인적 피해를 가져오는 등 중대 재해 발생

2) 문제점
   - 향후 안전공사를 위한 피드백 불완전 : 사고 실태 파악이 제대로 되지 않음
   - 이유
     - 건설현장 특성상 공표되기를 꺼림
     - 단일 원인보다는 복합적 원인에 기인하는 경우가 대부분

그림 2.47 공사현장 흙막이벽 붕괴사고
▶ *우기철 호우 뒤 벽체에 토압+수압까지 가세되어 붕괴된 것으로 추정됨. 우수가 침투하지 않도록 보양이 중요함*

3) 사고원인
   - 토류벽의 시공불량

- 시공시 근입장 부족으로 히빙, 보일링 유발
- 지지구조의 시공불량, 시공 지연에 의한 변형
- 무계획한 토공작업으로 과대 토압, 수압 발생
- 사용 부재의 재질불량 및 품질관리 미흡
- 본 구조물 완료 후 H-Pile 인발시 진동
- 뒷채움(Back Fill) 및 되메우기시 다짐 부실
- 정보화 시공을 위한 각종 계측 관리 소홀

(3) 시공상 요점

1) 구조상 안전하고 구축하기 쉬운 형식 택함(접합부 형상 간단히, 철물 보강)
2) 우기시 흙막이 벽체에 물이 스며들지 않도록 철저한 보양 실시
3) 버팀대가 닿는 부분은 보강하고, 각 부재의 교차부에는 수평, 수직면 다같이 버팀대, 가새, 귀잡이 등 보강
4) 받침기둥, 수평버팀대 등이 떠오르지 않게 하중, 인장재 설치하고 수평버팀대는 중간이 약간 처지게 함
5) 수평버팀대(Strut)의 중앙을 약간 처지게 시공 : Center Pile의 상승 수직력 고려
6) 수평버팀대를 상부로 사용(재료, 작업장)할 때 특히 보강
7) 지주버팀대 등의 밑둥이나 단부가 침하하지 않도록 조치
8) 수량이 많은 현장에서는 널말뚝의 밑둥넣기(근입장)를 깊게 하고, 계속 양수 작업
9) Under Pinning : 인접 가옥, 중량물이 접근해 있을 때 실시
10) 주위 지반, 도로 등의 침하 유무, 지반의 이동상황, 지하수의 출수로 관찰
11) 버팀대, 띠장 등의 휨, 구부림 등에 주의하고 우려시 보강
12) 백 그라우팅(Back Grouting), 보강 후 철저한 되메움 실시

그림 2.48 상부 작업장 및 통로 사용시 보강

그림 2.49 흙막이 버팀대 보강 작업

1.5.2 터파기 공법(굴착 공법)

(1) 개 요

1) 최근 건축물의 대형화, 고층화 추세에 따른 시공법의 합리화, 공해방지에 대한 사회적 요구가 절실해지고 있다.

2) 흙막이, 배수, 구체 구축, 기초시공을 종합적으로 고려하여 유기적, 합리적으로 결부시킨 각 요건에 적합한 굴착공법을 적용하는 것이 바람직하다.

(2) 공법 분류

1) 오픈 컷(Open Cut) 공법
- 비탈면 오픈 컷 공법
- 흙막이 오픈 컷 공법
  - 자립공법
  - 버팀대(Strut) 공법
  - 어스 앵커(Earth Anchor) 또는 타이 로드(Tie Load) 공법

2) 아일랜드 컷(Island Cut) 공법

3) 트렌치 컷(Trench Cut) 공법

4) 톱 다운 (Top Down) 공법

5) 케이션(Caisson) 공법

그림 2.50 자립 공법

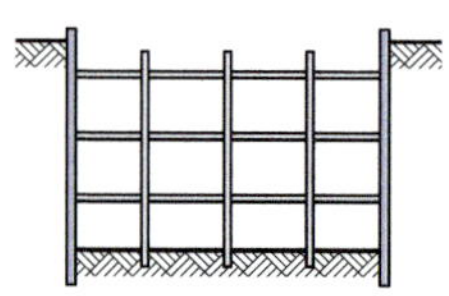

그림 2.51 버팀대 공법

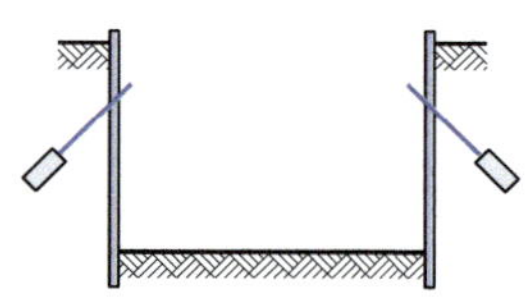

그림 2.52 어스 앵커 공법

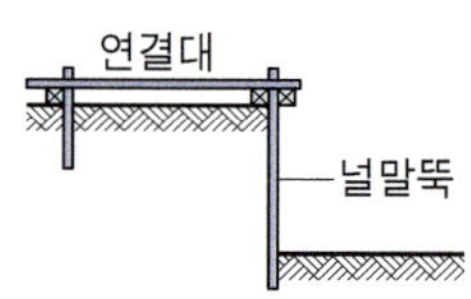

그림 2.53 타이 로드 공법

(3) 오픈 컷(Open Cut) 공법

1) 정의 : 흙막이 없이 건물 전역에 걸쳐 넓은 면적을 일제히 굴착하는 공법

2) 오픈 컷 공법 분류
- 비탈면 오픈 컷
  - 장점 : 경제적(지보공 불필요), 가설기간 단축, 골조작업 수월

– 단점 : 채용 대지와 지반의 한계성, 굴착깊이 제한, 비탈면 위험시 대책 난이

• 흙막이 오픈 컷 공법

– 자립공법 : 토압을 흙막이벽의 휨저항으로 지지

– 어스 앵커 및 타이 로드 공법 : 깊은 기초 굴착에 많이 사용

– 버팀대 공법 : 다채용 공법, 시가지 적합, 대지 어디서나 굴착 가능

그림 2.54 넓은 지하 굴착공사 비탈면 오픈 컷

그림 2.55 버팀대 공법 적용과 굴착작업 전경

3) 어스 앵커 공법(Earth Anchor Method)

• 정의 : 흙막이벽 등의 배면을 원통형으로 굴착하여 앵커를 설치, 주변 지반을 지탱 하는 공법(Tie Back Anchor/Tie Load System)

• 공법의 특징

– 버팀대와 지주 불필요, 작업장소 확보, 굴착능력 큼

– 사면, 부정형 평면도 시공 가능, 부분굴착 시공 가능, 주변 지반 영향 적음

• 시공순서

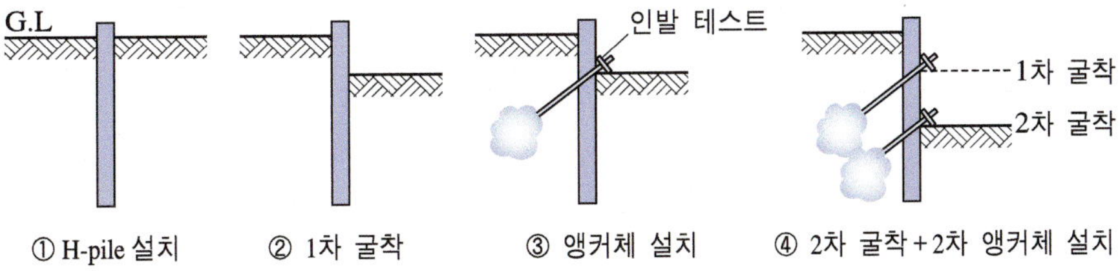

그림 2.56 어스 앵커 공법 시공순서

그림 2.57
어스 앵커 천공작업 – 기계이름 : T-4

그림 2.58
어스 앵커 2단 설치 완료 후 현장 전체 전경

(4) 아일랜드 컷 공법(Island Cut : 부분굴착)

1) 정의 : 비탈면 오픈 컷 공법과 흙막이 오픈 컷 공법의 장점만 취해 흙막이를 박고 주위 비탈면을 남겨둔 후 중앙부를 굴토하여 기초선을 먼저 구축하고 버팀대를 설치하는 공법

2) 특징
- 굴착면이 넓을수록 좋음
  (1차굴착 : 2차굴착＝1 : 2 이상)
- 지보공 절감(버팀대공법의 30~50% 절감가능)
- 내부의 토공에 중장비 사용 가능
- 연약지반의 경우 비탈관계로 깊은 굴착 부적당
- 지하구조체 2회 실시 : 공사기간 길어짐
- 박스 아웃(Box Out) 설치 : 버팀대 통과 구멍

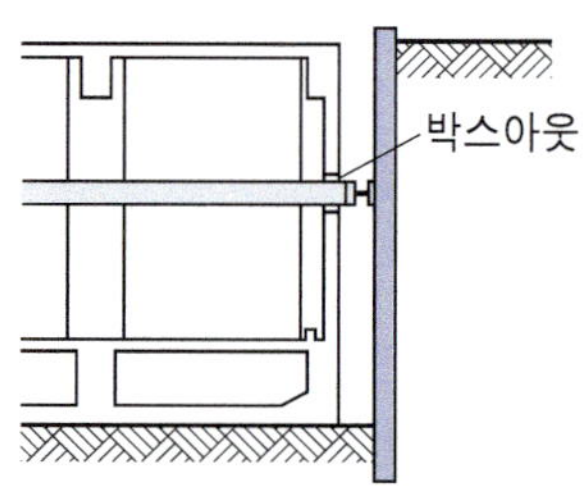

그림 2.59
박스 아웃(Box Out) 개념도

3) 공법순서 개념도

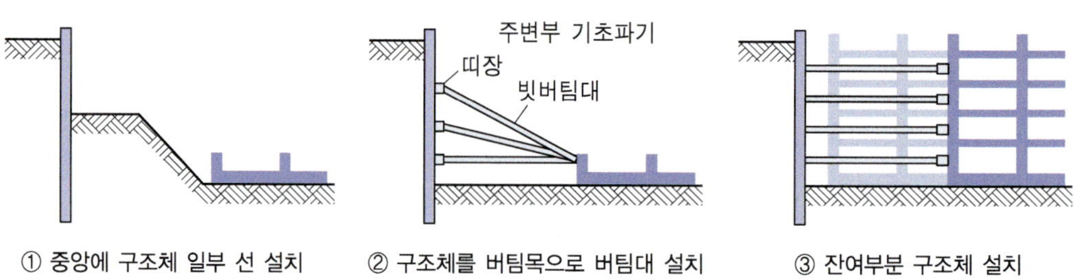

그림 2.60 아일랜드 컷 공법 시공순서

(5) 트렌치 컷 공법(Trench Cut)

1) 정의 : 오픈 컷 공법의 반대로 바깥구조체 선 설치 후 중앙부분으로 연결해나가는 공법의 총칭

2) 특징 : 연약지반에 오픈 컷 공법을 적용하기 어려울 때 부득이하게 사용

3) 공법의 순서 개념도

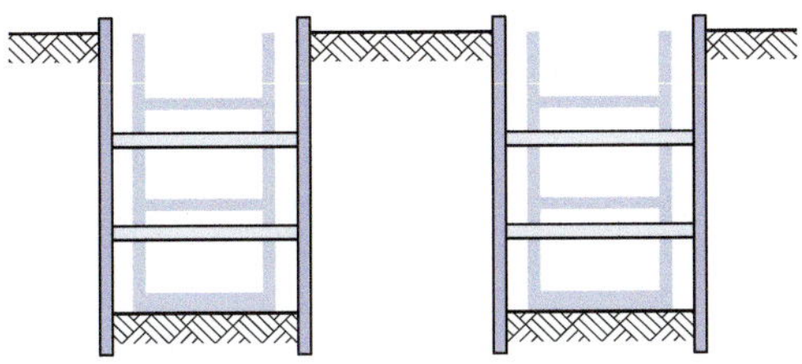

그림 2.61 ① 양쪽부분에 구조체 선 설치

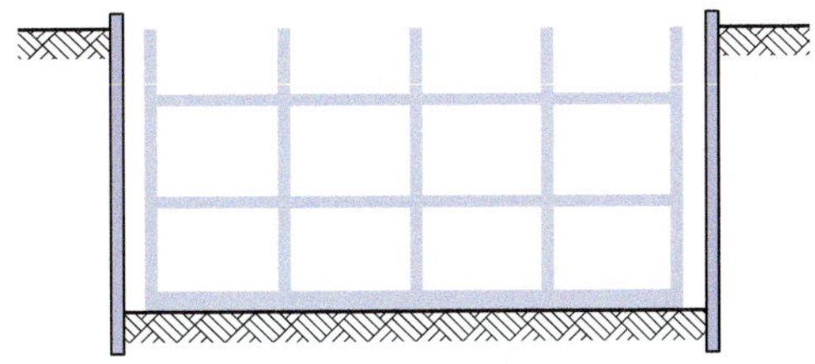

그림 2.62 ② 잔여 중앙부위를 나중에 연결 완성시킴

그림 2.63 구조체 이용한 버팀대 설치

▶ *하부쪽 버팀대가 슬래브를 통과하는 부분에 박스 아웃이 설치됨*

그림 2.64 역타공법 지하층 굴착 작업 전경

(6) 톱 다운 공법(Top-Down Method : 역타공법)

1) 정의 : 지하의 굴착과 병행하여 기둥 및 기초 완성 후 1층에 슬래브 등의 콘크리트를 타설하고, 이것을 흙막이 방축널로 하여 지하로 계속 굴착하면서 구조물을 완료하는 공법

2) 발생배경

- 1883년 독일 폭격 대피용 방공호로 영국에서 이 공법이 적용
- 1960년 초 유럽쪽 도심지 재개발공사에서 이용

3) 공법의 특징

- 흙막이 안전성 제고 및 주열식 흙막이(Slurry Wall : 슬러리 월) 벽체를 지하실 옹벽으로 이용
- 부정적인 평면형상이라도 문제없고, 1층 바닥 선 시공(작업공간 지붕 활용)
- 지하 슬래브 개구부(Open Space)의 중요성(보강대책 및 환기용 용도)
- 상층 구조물과 하층 구조물의 타설 이음부 시공에 특히 유의

4) 시공법의 분류

- 본체 구조물 기둥을 이용하는 경우
- 가설기둥을 이용하는 경우

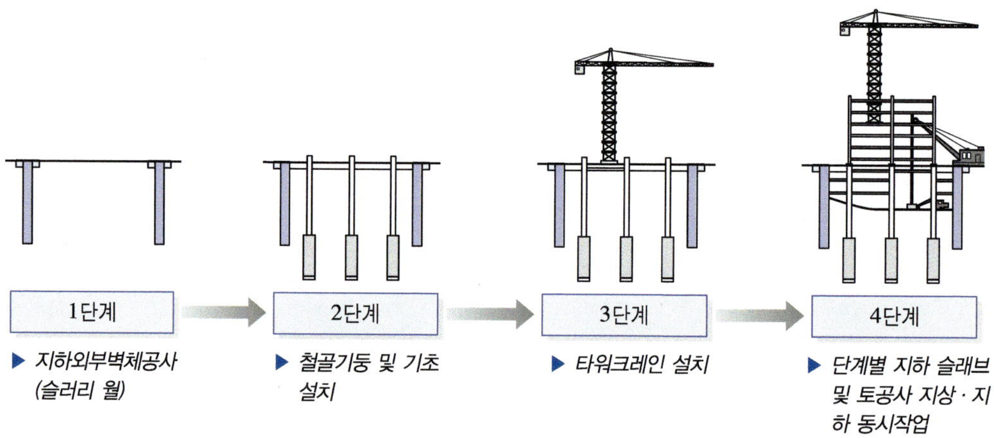

그림 2.65 역타공법 시공순서

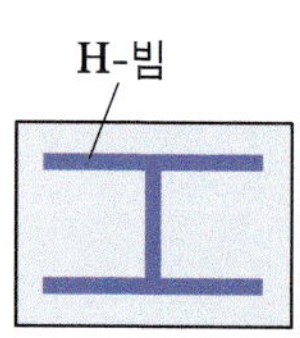

그림 2.66 본 기둥 이용 방식
▶ *H-빔을 직접 본 구조물용으로 사용*

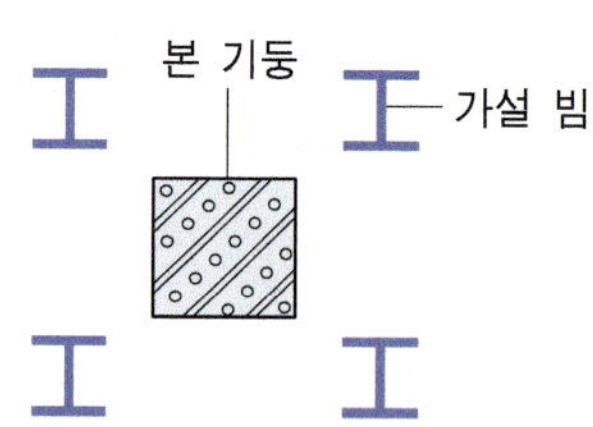

그림 2.67 가설 기둥 이용 방식
▶ *가설 기둥을 본 구조체 둘레에 설치하고 구조체 형성 후에 제거*

5) 시공순서 개념도

- 연속벽 시공(Slurry-Wall) 시공
- 심초굴착 : 오거(Auger)로 굴착
- 철골기둥 세우기+기둥 기초공사

- 1층 철골보 세우기
- 1층 바닥 콘크리트 타설
- 지하 1층 바닥 밑까지 굴착
- 지하 1층 철골 세우기
- 지하 1층 바닥 콘크리트 타설
- 지하층 반복작업 및 지상층 철골작업

그림 2.68 1층 바닥 타설 후 지하층 장비 굴착

그림 2.69 심초 굴착 후 기둥 철근배근 + 철골 세우기

그림 2.70
기둥 기초공사 – 트레미 콘크리트

6) 순타공법의 작업 모식도

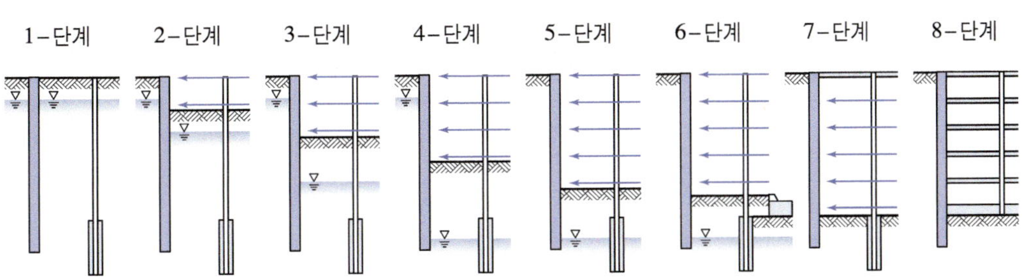

그림 2.71 순타공법 단계별 작업순서

1.5.3 흙막이공법

(1) 개 요

1) 근래의 건축은 대지가 협소한 도심지 건축 경향이며, 작업공간 여유 대지가 전무한 상태임

2) 이에 따른 지하층 이용 확대를 위해 터파기 깊이가 깊어짐으로써 사고에 대한 위험성이 날로 커지고 있음

그림 2.72 초기 흙막이작업 전체 전경

그림 2.73 흙막이공사 중 현장 전체 전경

(2) 공법의 분류

1) 줄기초 흙막이공법

2) 엄지 말뚝식 흙막이공법

3) 버팀대식 공법

4) 시트 파일(Sheet Pile)

5) 주열식 흙막이공법

6) 지하 연속벽(Slurry-Wall) 공법

7) 기타 : 현장에서 많이 사용하는 공법
- CIP(Cast In place Pile) 공법
- SCW(Soil Cement Wall) 공법

(3) 줄기초 흙막이공법

- 적용 : 굴착저면이 지하수위가 위에 있을 때 간이 흙막이용으로 주로 사용됨
- 규모 : 깊이(1.2 m 내외), 버팀대 6~10 cm 각재 설치

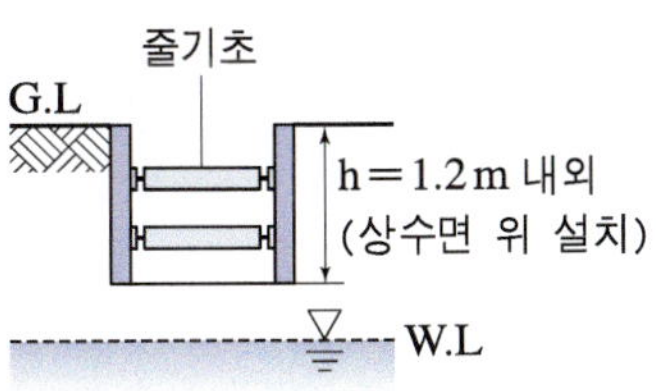

그림 2.74 줄기초 흙막이공법

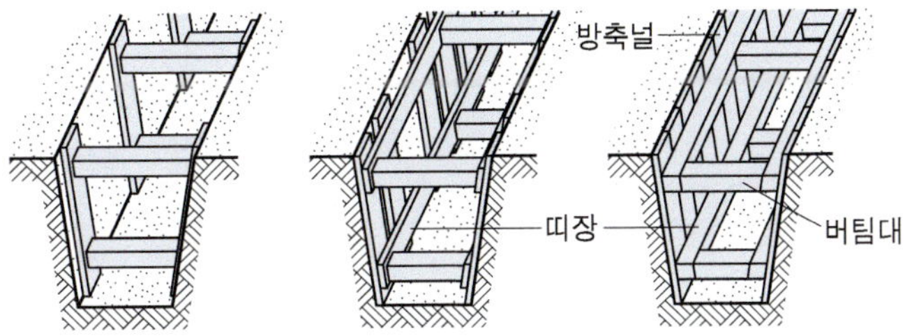

그림 2.75 줄기초 흙막이공법의 여러 형태 모식도

(4) 엄지말뚝식 흙막이공법

1) 적용 : 굴착 저면이 지하수위보다 낮은 곳 적용 가능

2) 사용 재료

- 엄지말뚝 : 통나무, 각재, I형강, H형강
- 토류판 : 1~2층 소규모용, 6cm 내외 두께판 사용

그림 2.76 흙막이용 토류판 반입

그림 2.77 H형강 엄지말뚝 가공 전경

그림 2.78 엄지말뚝 흙막이 전경

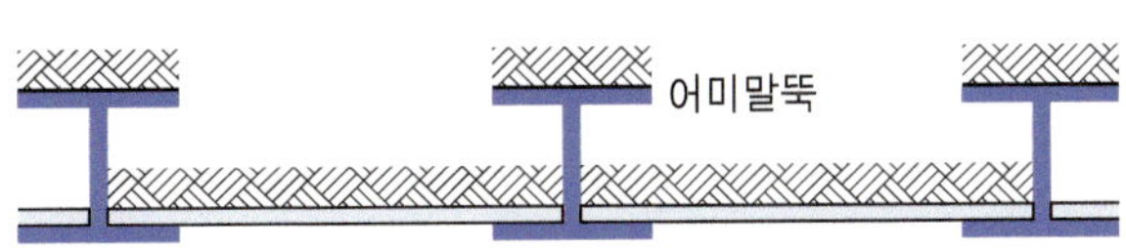

그림 2.79 엄지말뚝 흙막이공법 개념도

(5) 버팀대 공법(Strut Mathod)

1) 개요 : 흙막이 오픈 컷의 기초에 적용

2) 종류

- 수평버팀대식
- 빗버팀대식
- 타이 로드 앵커 방식

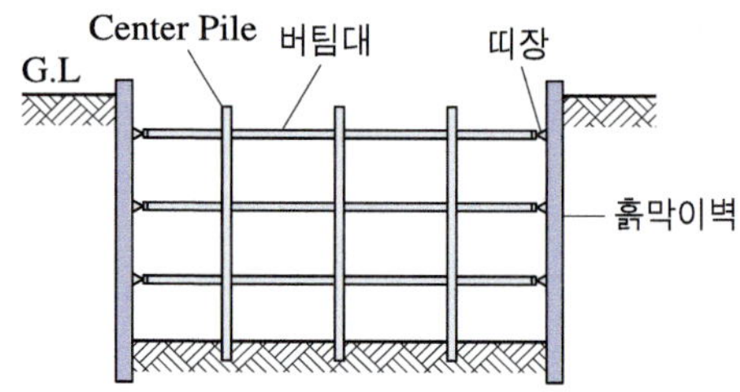

그림 2.80 버팀대 공법

그림 2.81 수평버팀대식 공법

그림 2.82 빗버팀대식 공법

(6) 시트 파일(Sheet Pile)

1) 개요 : 강재 널말뚝(Sheet)을 연속 박되 수밀성 있는 1장의 벽 구축

2) 종류

- Simplex Type
- Larssen Type
- Lackwannas Type

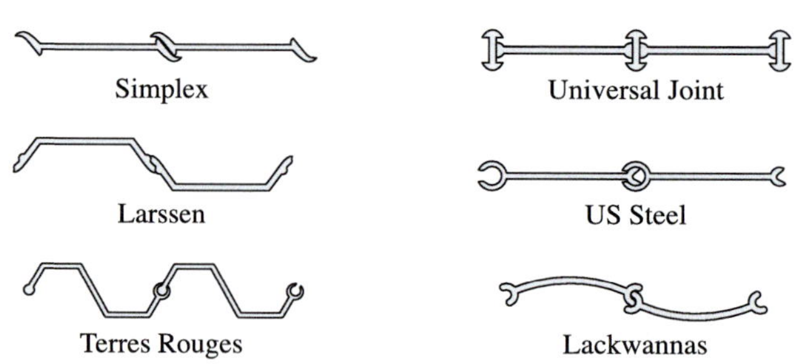

그림 2.83 시트 파일(Sheet Pile) 형태

- Terres Rouges Type
- US Steel
- Universal Type

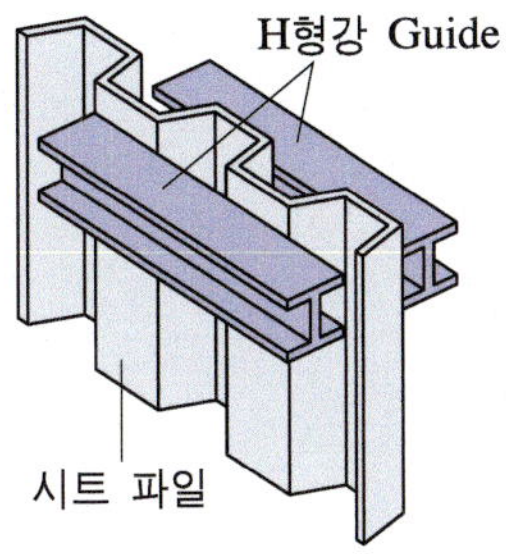

그림 2.84 시트 파일 공법 모식도

그림 2.85 현장 시트 파일 적용 전경

(7) 주열식 흙막이공법

1) 정의 : 현장타설 말뚝과 기성 콘크리트 말뚝 등을 속으로 늘어 놓아 주열 형체를 구성하는 공법

2) 배열방식
- 접점배치 : 접점형
- 지그재그 배치 : 지그재그형
- 오버 랩(Over Lap) 형
- 혼합형
- 독립형

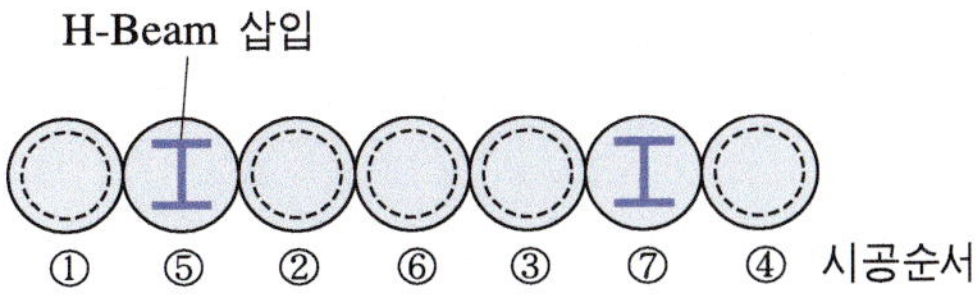

그림 2.86 주열식 공법 시공 개념도

▶ *연속말뚝 흙막이(어스 오거로 굴착한 수직구멍에 H-Beam을 세우고, 콘크리트나 모르타르를 채운 후 그대로 말뚝으로 만든다.)*

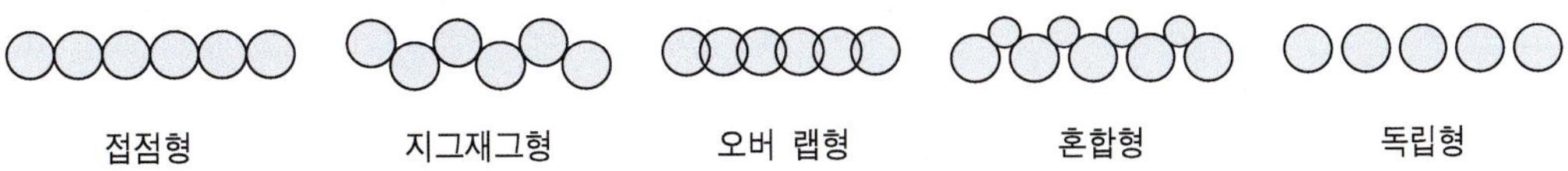

그림 2.87 배열방식

건·축·시·공·실·무

3) 특징

- 수용성이 아직 난점, 건물 지하 외벽으로 사용불가
- 슬러리 월보다 원가 저감되나 공사비 비싼편임
- 굴착시 공벽 붕괴 위험, 공해방지 공법(소음, 진동, 지반침하)

(8) 연속벽(Slurry-Wall) 공법

1) 개요

- 안정액(Bentonite)을 써서 지중 트렌치형의 굴착 후 철근 콘크크리트 벽체를 연속으로 제작
- 주열공법의 단점인 수밀성을 보완한 무진동, 무소음 공법으로 지하 외벽으로 사용

2) 특징

- 주열공법의 누수결점을 해결한 본격적인 지수벽 공법으로 안전성 확보
- 모두 안정액(이수) 속에서 굴착
- 규격 : H(시공깊이) = 10~30 m
  W(벽두께) = 40, 50, 60, 70, 80 cm

3) 일반적인 시공순서

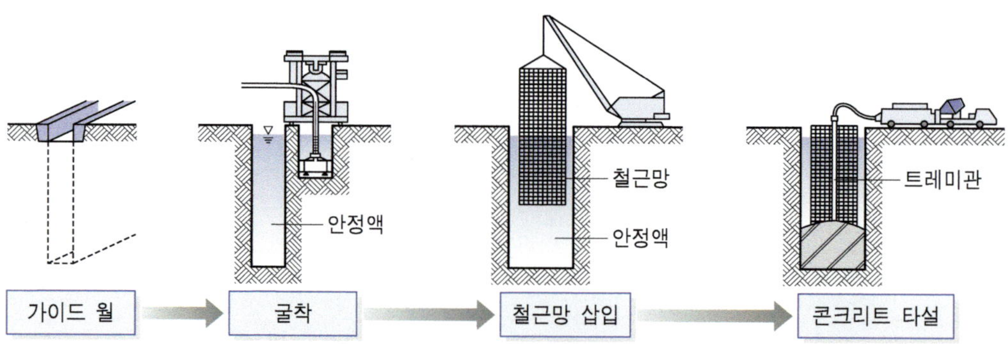

그림 2.88 시공순서

- 가이드월(Guide Wall) 설치
- 트렌치(Trench) 굴착
- 슬라임(Slime) 제거
- 스톱 앤 튜브(Stop End Tube) 설치 또는 조인트 패널 연결
- 철근 버킷(Bucket) 조립 설치
- 트레미 콘크리트(Tremie Concrete) 타설
- 스톱 앤 튜브 또는 조인트 패널 제거

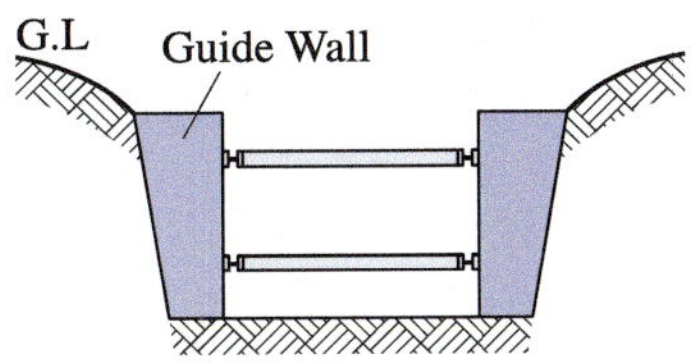

그림 2.89 가이드 월

그림 2.90 조인트 패널 설치

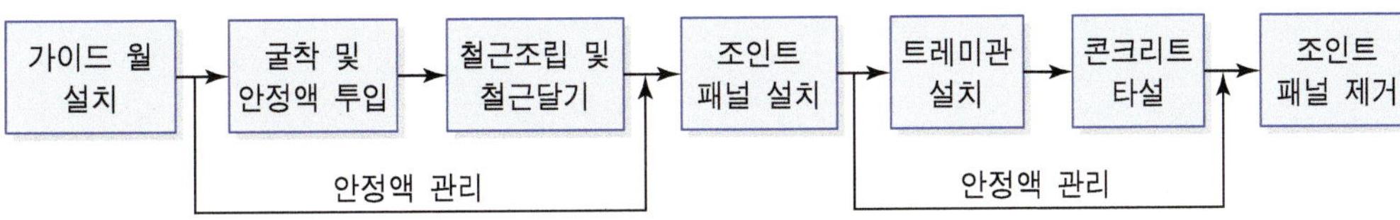

그림 2.91 슬러리 월 시공순서

그림 2.92 가이드 월 설치 후 트렌치 굴착

그림 2.93 안정액 관리, 철근 버킷 삽입 전경

그림 2.94
트레미관 속으로 콘크리트 타설

(9) 기타 공법

1) CIP(Cast In Place Pile) 공법

- 정의 : 어스 오거(Earth Auger) 굴착기로 천공한 후 속채움에 Prepacked 모르타르 또는 콘크리트 타설 하여 구근의 말뚝을 형성하는 공법
- 특징
  - 주열식 흙막이 벽체로 많이 채용
  - 지하 구근 형성 후 터파기시 차수성 미약

그림 2.95 CIP 흙막이공법 적용 현장

- 시공순서
  - 오거(Auger)로 지반 굴착 후 철근 바구니(Cage) 삽입
  - 주입관(Insert Pipe) 설치 및 자갈(골재) 채움
  - 모르타르(Mortar) 주입 및 양생

그림 2.96 굴착 오거 설치 후 수직도 확인

그림 2.97 굴착완료 후 철근 버킷 설치

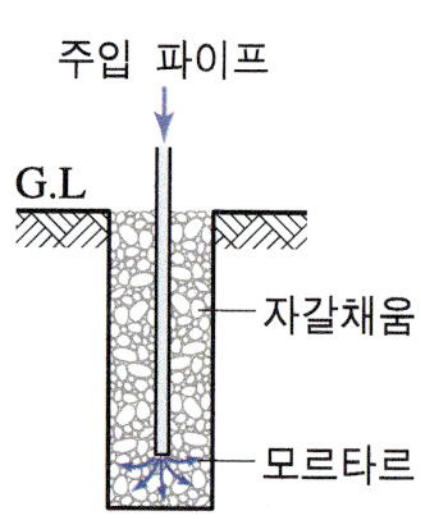

그림 2.98 CIP 말뚝

그림 2.99 굴착 후 철근 버킷 대신 H형강 설치

그림 2.100 골재 충전 후 모르타르 타설 전경

2) SCW(Soil Cement Wall) 공법

- 정의 : 오거(Auger)로 천공하여 원 위치의 흙에 벤토나이트와 시멘트 페이스트를 혼합, 분사 주입하여 현장에서 흙막이 및 차수공벽을 형성하는 공법

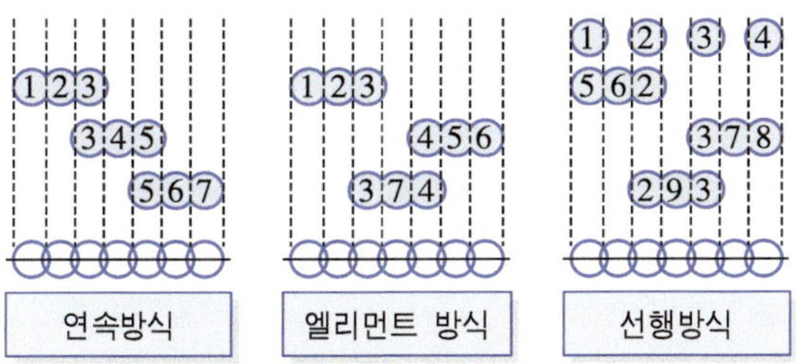

그림 2.101 SCW 배치방식

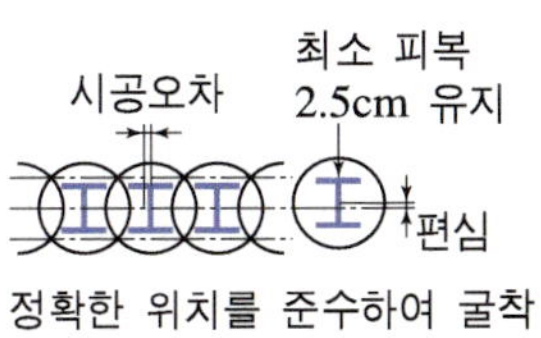

그림 2.102 시공오차 범위

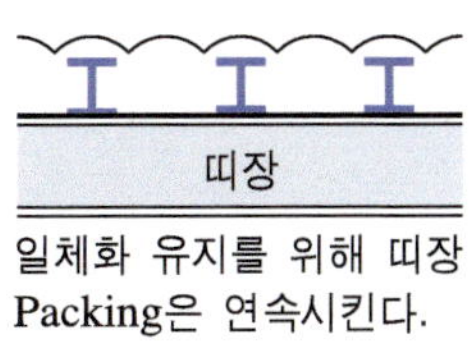

그림 2.103 일체화 유지

그림 2.104
SCW 시공 후 흙파기 전경

- 오거 굴착방식 : 연속방식, 엘리먼트(Element) 방식, 선행방식
- 특징
  - 소음 진동이 작고 차수성이 우수함
  - 보조용 백호로 계속적인 보조작업이 필요함
- 시공순서
  - 지하장애물 제거 및 언더피닝(Underpinning) 시공

– 가이드 월(Guide Waii) 설치 : 폭 0.8 m, 깊이 0.5~1.0 m

– 소일 시멘트(Soil Cement)의 조합 : 오거 굴착 및 심재 삽입

– 흙막이 벽체 조성 및 폐토 처리

그림 2.105 SCW 오거 천공 전경

그림 2.106 오거 기계 모습

1.6 정보화 시공 계측관리 / 언더피닝 공법

1.6.1 정보화 시공 계측관리(Real Time Construction Control System)

1) 정의 : 현장의 흙막이벽, 주변지반, 인접건물, 지하수위 등에 대한 변위 사항들에 대하여 컴퓨터 시스템을 이용해 정량적인 수치로 나타내는 관리기법

2) 계측 항목

- 크랙(Crack) 측정 : 인접건물 영향 및 안정성 판단
- 지표면 침하 측정 : 주위 도로 및 가설구조물 안정도 판단
- 지중 수령 변위 측정 : 굴착에 따른 심도별 수평 변위량 측정
- 지중 침하 측정 : 심도벽 지중 수직 변위량 측정
- 지하 수위 측정 : 수위 변동, 차수벽 효과 확인
- 응력 측정 : 엄지말뚝 및 띠장(Wale)의 안전도

3) 계측의 분류 및 기기

- 응력(Stress)의 계측
  - 측압(토압, 수압) : 토압계, 간극수압계
  - 흙막이 재응력(Strut Wall)
    - 유압식 토압계 : 스트레인 게이지(Strain Gage)

– 처짐계(Deflecto Meter) : 전기식, 기계식
– 응력계
– 인접건물 : 스트레인 게이지(Strain Gage), 크랙 게이지(Crack Gage)

• 변위(Strain)의 계측

– 흙막이 재
  - 외주벽 이동 : 트랜싯(Transit), 경사계(Incrino Meter)
  - 외주벽 침하 : 레벨(Level)
  - 버팀대 이동 : 트랜싯
  - 버팀대 침하부상 : 레벨
– 주변지반
  - 수평이동 : 트랜싯
  - 침하 : 레벨
  - 균열 : 목측(Visual), 크랙 스케일
– 인접건물
  - 침하 : 레벨
  - 균열 : 크랙 게이지, 목측, 크랙 스케일
– 지하수위 : 수위계(Water Level Meter)

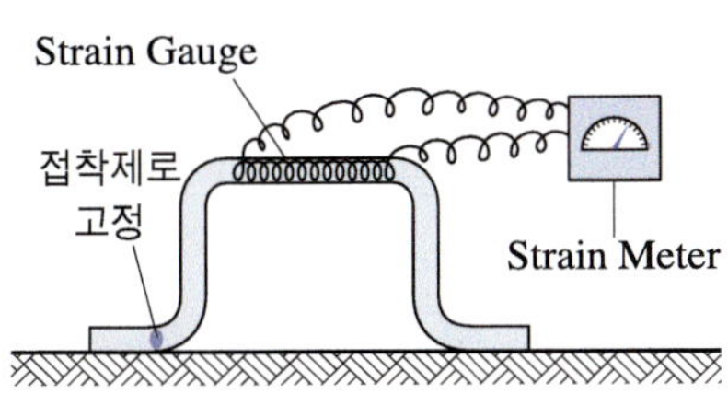

그림 2.107 Crack Gage

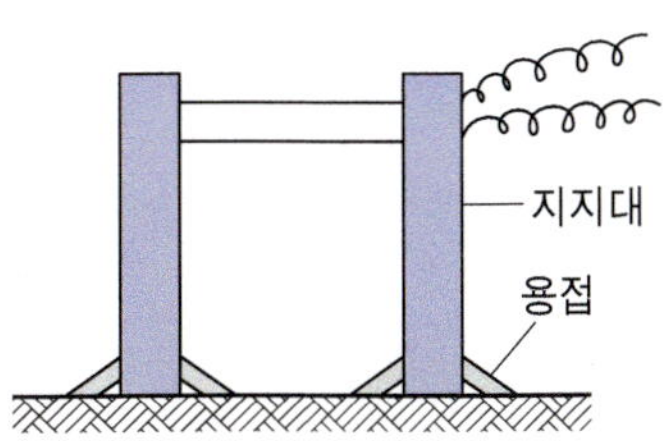

그림 2.108 응력계

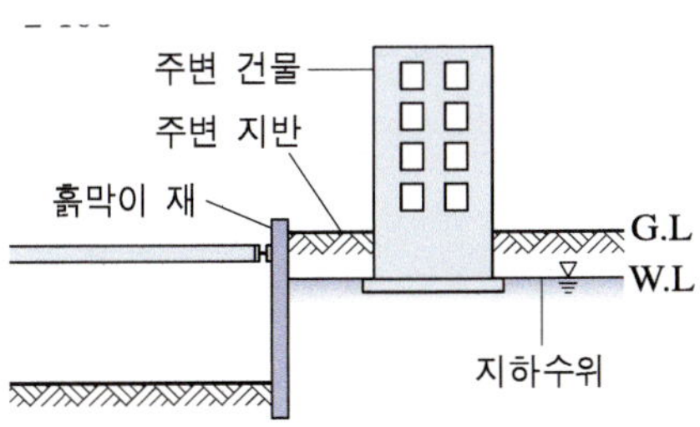

그림 2.109 변위(Strain) 측정 개념도

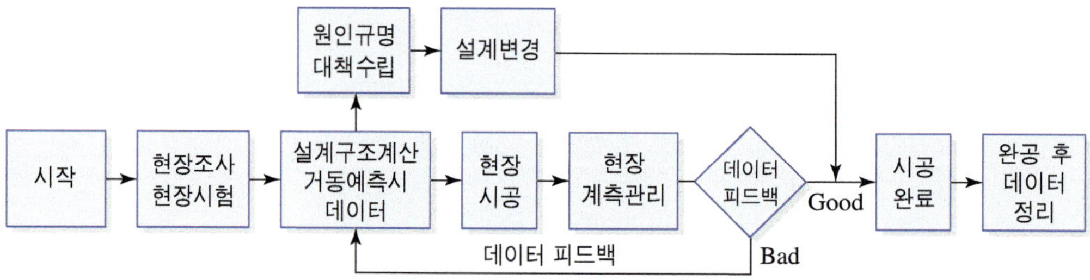

그림 2.110 계측관리 프로세스

그림 2.111 어스 앵커 띠장에 설치된 토압계

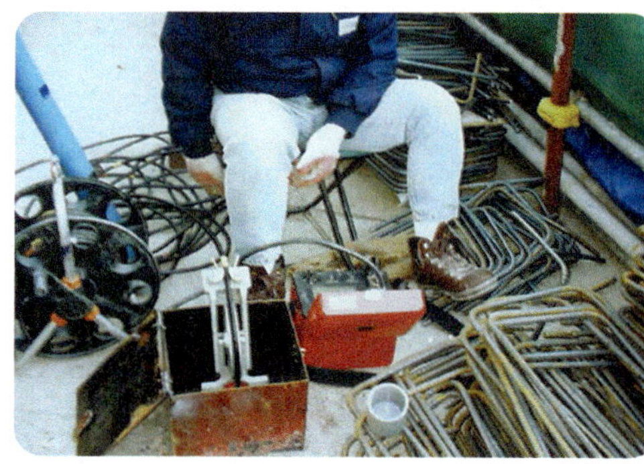

그림 2.112 흙막이벽 상부 경사계 계측 전경

그림 2.113 지하 수위계 설치모습

▶ *정기적으로 계측을 하여 보고서를 제출함*

1.6.2 언더 피닝(Under Pinning) 공법

1) 정의 : 인접 건축물의 침하, 변형방지를 목적으로 인접지를 영구 혹은 일시적으로 보강, 보양하는 공법

2) 언더 피닝을 실시하는 경우

- 침하 경사가 생겨 복원하는 경우
- 침하 경사를 미연에 방지할 경우
- 건물을 이동할 경우

3) 공법 분류

• 받이공법

– 가받이공법

– 보받이공법

– 지주받이 공법(지주에 의한 방법)

그림 2.114 언더 피닝 지주받이 전경

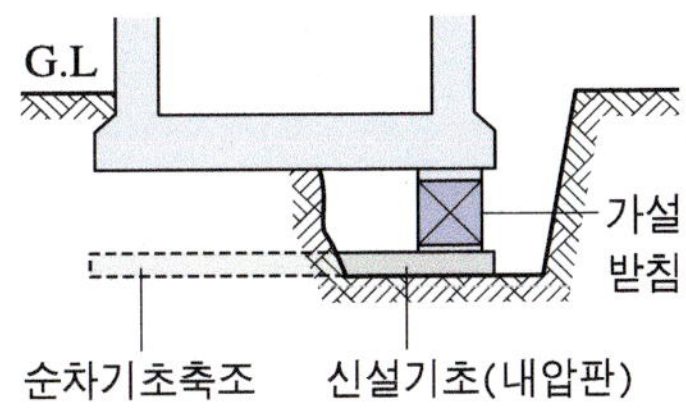

그림 2.115 가받이공법 개념도

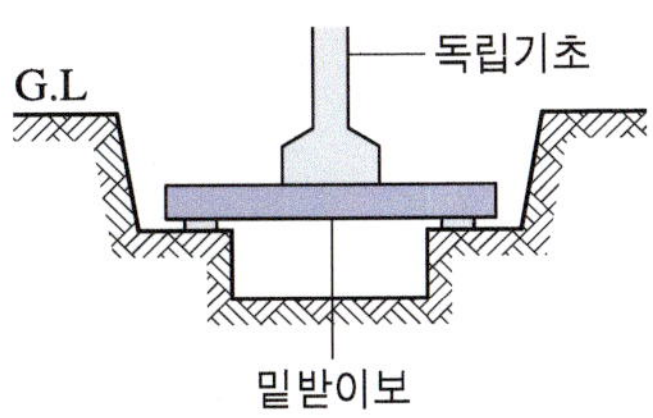

그림 2.116 보받이 방법

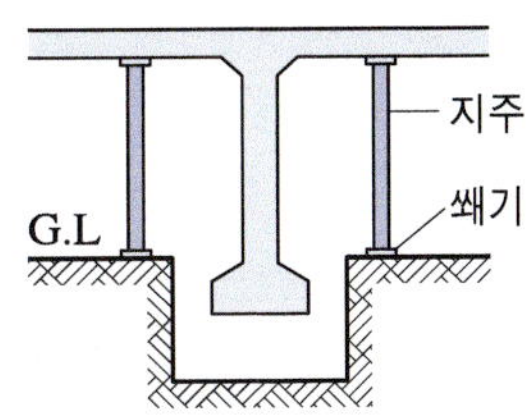

그림 2.117 지주에 의한 방법

• 종류

– 이중널말뚝공법 : 인접건물과 간격 있고, 연약지반 흙과 물의 이동 방지

– Well 또는 PIT 공법 : 경미한 건물, 지하수위 위에 있는 기존 건물 지중 침하 방지

– 차단벽공법 : 지하수위 위공사, 하부 흙 굴토 부위 이동 방지

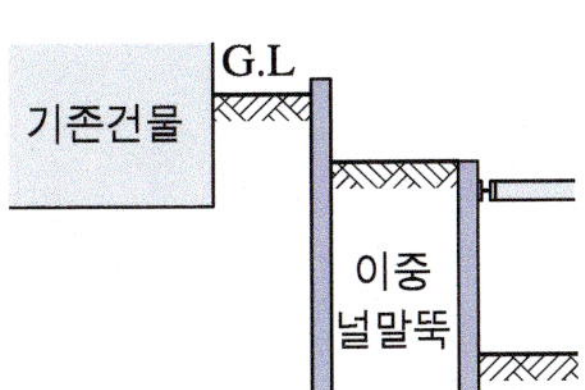

그림 2.118 이중널말뚝공법

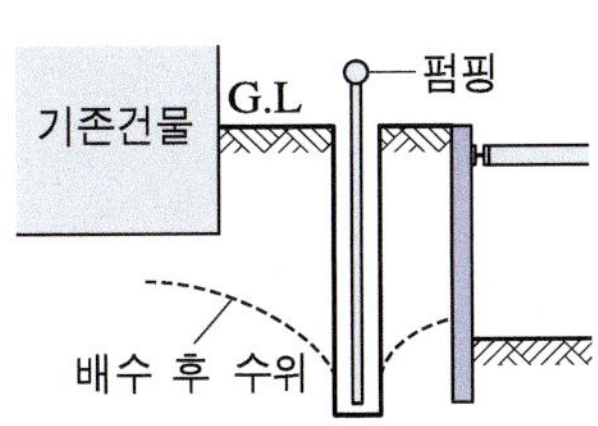

그림 2.119 Well 공법

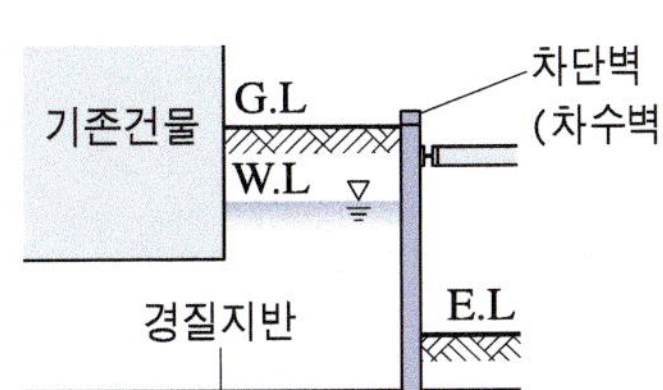

그림 2.120 차단벽 설치공법

1.7 시공 기계

1.7.1 기계의 선정

1) 작업능률
2) 작업비용
3) 적정 용량(Capacity)의 기종

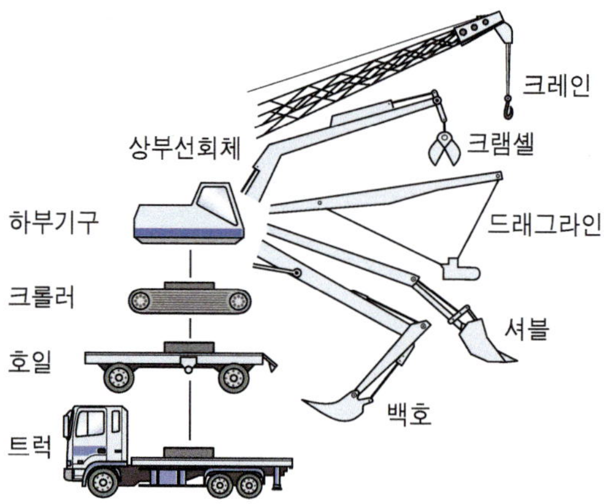

그림 2.121 시공기계 구조

1.7.2 기계 기구

1) 파워 셔블(Power Shovel) : 지반면보다 높은 곳(Shovel : 삽)
2) 백호(Back-Hoe) : 지반면보다 낮은 곳 적합(Hoe : 곡괭이)
3) 크렘셸(Clam Shell) : 사질지반 좁은 곳
4) 드래그 라인(Drag-Line) : 굴삭길이 8 m, 넓은 면적 가능, 힘 약함
5) 앵글 도저(Anzle Dozer) : 산허리 등을 깍는 데 유용, 베토관 30° 회전가능
6) 캐리올 스크레이퍼(Carryall Scraper) : 100~150 m 중거리 정지공사
7) 컨베이어(Conveyor) : 벨트식(Belt Type), 버킷식(Bucket Type)

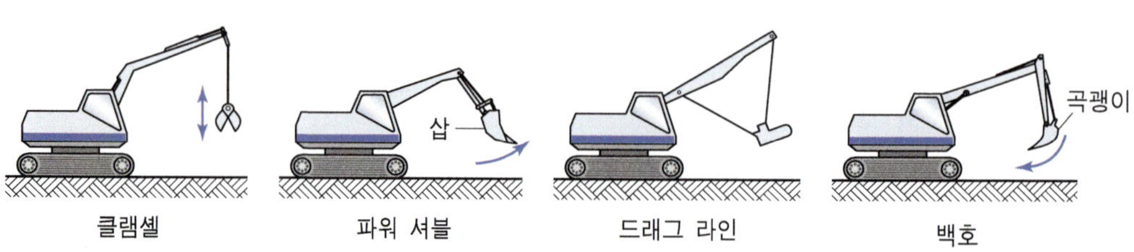

그림 2.122 기계기구 종류

(3) 되메우기

1) 불도저(Bulldozer) : 단거리 운반(50~60 m 적정, 최대 100 m)

2) 모터 그레이더(Moter Grader) : 땅고르기, 정지공사 가감, 도로 노면정리

그림 2.123 셔블(페이로더)

그림 2.124 드래그 라인

그림 2.125 백호(포크레인)

2 물(Water) "물은 장난꾸러기"

2.1 수압과 부력

2.1.1 개 요

1) 국내에도 지하 50 m급 건물이 생기기 시작하여 부력에 대한 특별한 대책이 요구됨

2) 지하수위 이하의 구조물
   - 수압(Water Pressure)에 반드시 견뎌내야 함
   - 건물 전체는 부력(Up-Lifting Force)의 영향을 받음

3) 특히 골조공사 시공 중에 부력이 발생됨에 유의

2.1.2 수압과 부력 이론

P_W(수압) $= K_W \cdot r_W \cdot h_2 = h_2$ [t/m^2]

V(부력) $= \Sigma A(r_W \cdot h_2)$ [t]

$\therefore W_D \geq 1^{25} \times V \rightarrow$ 안전(Safety)

K_W : 수압계수(1)

r_W : 물의 단위중량(1t/m^3)

h : 수두차[m]

W_D : 건물 자중

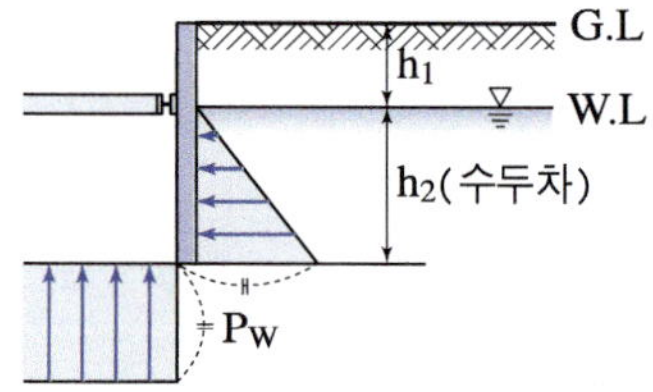

그림 2.126 수압과 부력 응력도

2.1.3 부력과 그 대응책

1) 부력(Up-Lifting Force)

- V(부력)보다 W_D(건물자중)가 가벼우면 떠오름(부력발생)
- 건물 자중중심과 부력중심 불일치시 우력(짝힘)으로 건물이 기울어짐

2) 대응책

- 고정하중 증가
  - 건물의 자중(W_D)을 늘려 부력(V)보다 크게 함
  - 기초 내수판(Mat Slab) 내에 잡석 등을 채움
- 록 앵커(Rock Anchor) 시스템 설치
  - 지하바닥에 영구적으로 설치
  - 부력에 대응하여 건물을 당기는 역할 수행
- 지하수위 저하 공법(Dewatering) 채택
  - 지하실에 영구적인 배수 시스템(Dewatering) 적용
  - 우천시 펌핑하여 지하수위 저하 → 부력 감소
- 마찰말뚝(Friction Pile) 이용 방법
  - 말뚝 주변 마찰로 부상력 억제
  - 파일 항타가 곤란한 경우 제자리 콘크리트 말뚝 설치

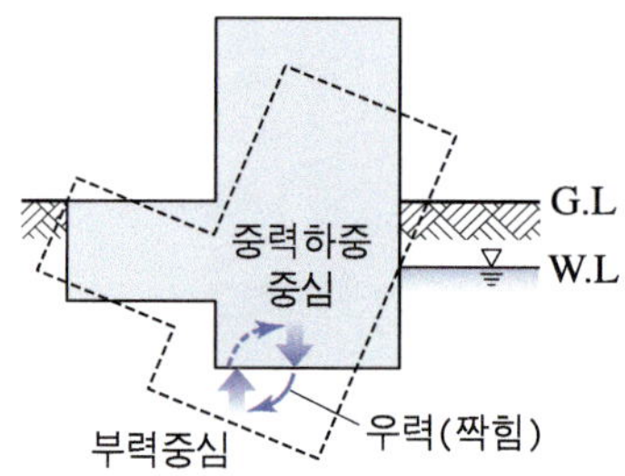

그림 2.127 우력으로 건물 기울어짐

그림 2.128 버림 콘크리트 타설 후 록 앵커 시공 전경

그림 2.129 록 앵커 인장시험 전경

2.2 지하수(물 때문에 생기는 문제)

2.2.1 종 류

(1) 자유수

1) 비교적 얕은 위치에 위치
2) 흙 중의 간극을 통해 대지와 접하며 평형상태 유지
3) 강우 등 침투로 자유로이 승강하는 지하수

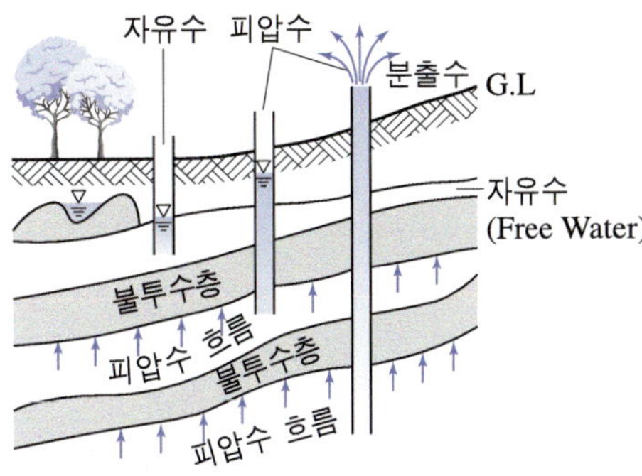

그림 2.130 피압수와 자유수

(2) 피압수

1) 지중에서 어느 정도 압력을 받는 지하수
2) 상하 불투수층 사이의 투수층으로 압력수두차에 의해 흐름이 생기는 경우

2.2.2 문제 및 대책

(1) 피압수에 의한 굴착 저면의 부풀어 오름

1) 굴착 저면 얇은 불투수층이 있고 하부에 피압수 흐름
2) 상부 흙 중량보다 큰 압력으로 굴착 저면을 들어올려 흙막이 파괴 야기

(2) 보일링(Boiling) 현상

1) 사질지반의 경우 발생됨
2) 수위(수두)차에 의해 발생하는 침투압 때문에 굴착부분 침식과 동시에 모래가 액상화(Liquefaction)하여 분출하면서 끓어오르는 현상(끓는 모래를 퀵샌드라고 함)

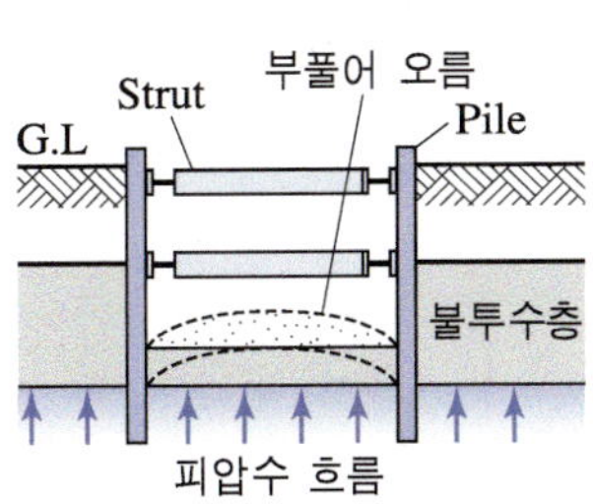

그림 2.131 굴착저면의 부풀어 오름

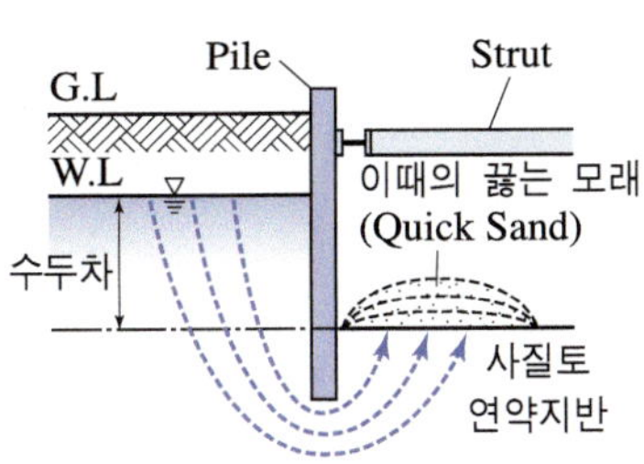

그림 2.132 보일링(Boiling) 현상

(3) 흙막이벽 중간 누수에 의한 주변 지반 부분 함몰

1) 느슨한 사질지반 굴착시
2) 벽체 배면의 토사가 누수로 유실되어 Piping 현상 생김
3) 흙막이 벽 배면 공극 발생
4) 물의 흐름 공극 집중 → 공극이 점차 넓어짐으로써 주변 지반 함몰시킴

(4) 지하수 양수에 의한 지하수위 저하 인한 주변 장해

1) 우물 고갈
2) 지반의 압밀침하(Consolidation Failure)
3) 인접건물의 부동침하(Unequal Settlement)
4) 공공 시설물 침하 파손
   - 지하수도, 도로 침하균열
   - 도시가스 배관시설, 통신 케이블, 상하수도, 지하철 등

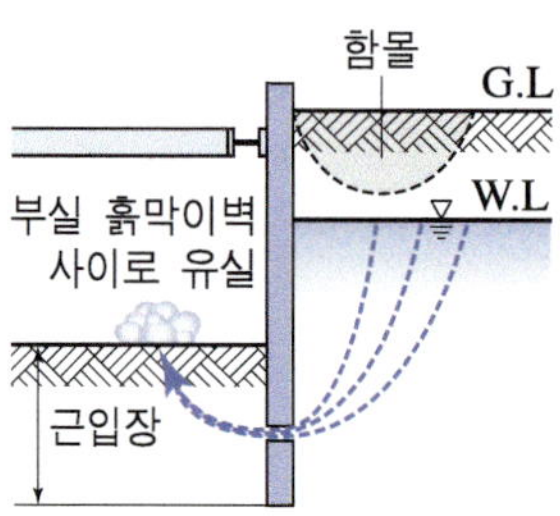

그림 2.133 파이핑 현상

그림 2.134 중력배수를 위한 물길 조성작업
▶ *배수로에 부식포+잡석을 채워서 집수정으로 통하는 배수라인 설치*

(5) 대 책

1) 공법 선정시 지수성 높은 흙막이공법 선정
   예 : 지하연속벽 〉Sheet Pile 〉H-Pile 토류벽
2) 지하수위 저하공법 채용시 : 주위상황 사전조사
3) 엄지말뚝, 지하연속벽 등의 근입장을 깊게 함
4) 사전 조사의 철저와 벽체의 강성을 높임
5) 이웃주민과 우호적 관계 유지 및 정보화 시공 계측관리

2.2.3 지하수처리

(1) 개 요

1) 지하수위, 투수성, 피압대 수층 지반 → 터파기시 상세한 조사 실시
2) 지하수 처리에 대한 공법 선택의 검토(배수공법, 차수공법)
3) 시공의 난이, 주변 영향 고려 → 적절한 지하수 처리공법 선정

(2) 검토를 위한 조사

1) 부지지반, 주변지반 및 지하수의 상황에 관한 조사
2) 주변 상황에 관한 조사
   - 부지 주변 배수구, 하수구의 상황 및 배수처리 능력
   - 부근 일대 지하수의 이용상황

(3) 지하수 처리 검토

1) 검토 요점 : 배수공법과 차수공법의 적절한 선정
2) 적용 공법 개념
   - 배수공법 : 종래의 지하수 처리 주체공법, 굴착저면 지하수위 처리
   - 차수공법 : 터파기 주변, 바닥면 불투수성을 조성하여 지하수 유입을 막는 공법
   - 복수공법 : 지하수가 빠져 나감으로써 지반침하를 대비하여 고갈된 물을 다시 주입하는 공법의 총칭
     - 주수공법 : 고갈한 물을 주입하는 방법
     - 담수공법 : 자연적으로 나가는 물만을 주입

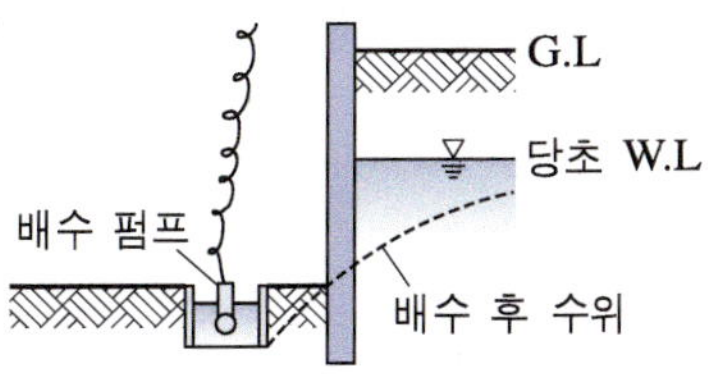

그림 2.135 배수공법 개념도

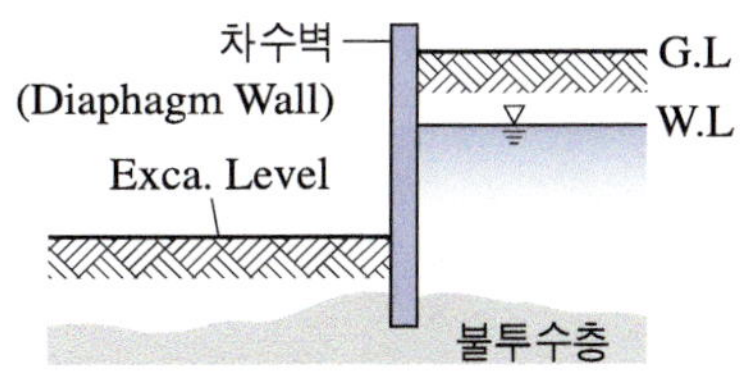

그림 2.136 차수공법 개념도

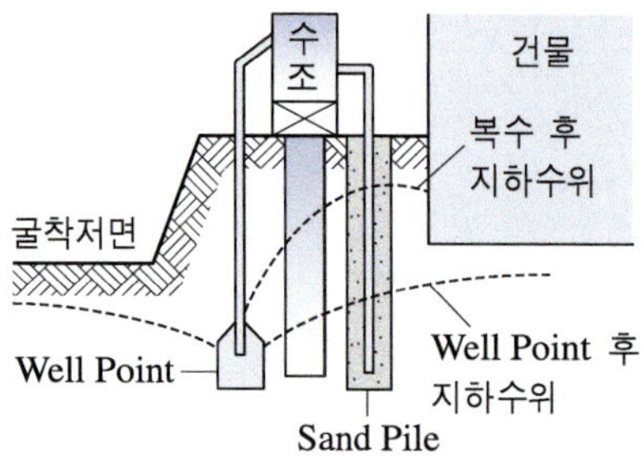

그림 2.137 주수공법

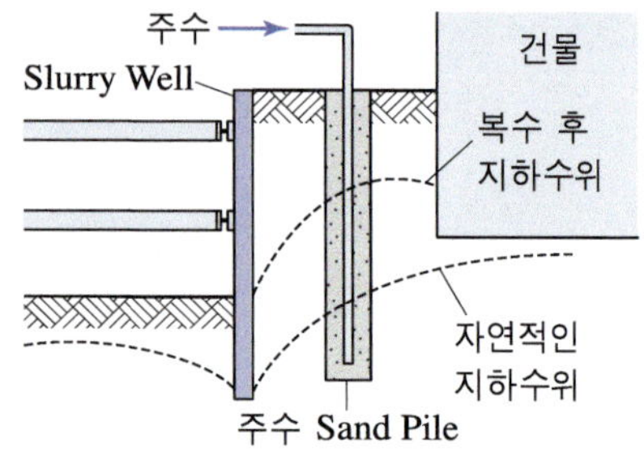

그림 2.138 담수공법

(4) 주위 지하수위 저하 영향

1) 지반 및 건물 침하

2) 우물의 고갈

3) 인근 건물의 지지력 저하

4) 공공 매설물의 침하

- 상 · 하수도, 도로, 가스 배관 시설, 통신 케이블 등
- 함수율 높은 땅의 큰나무 : 수분 탈취로 인한 압밀 침하 발생

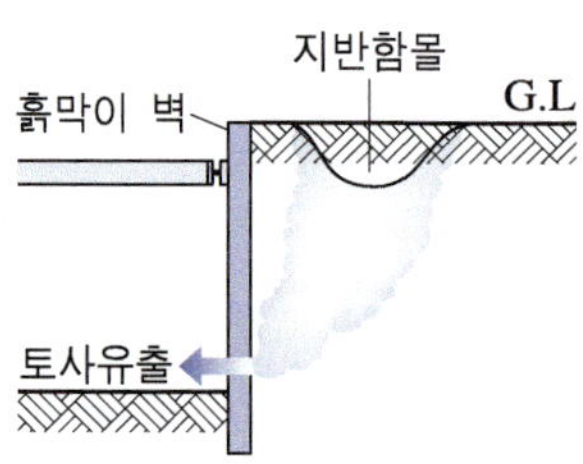

그림 2.139 토사유출 널뒷면 함몰

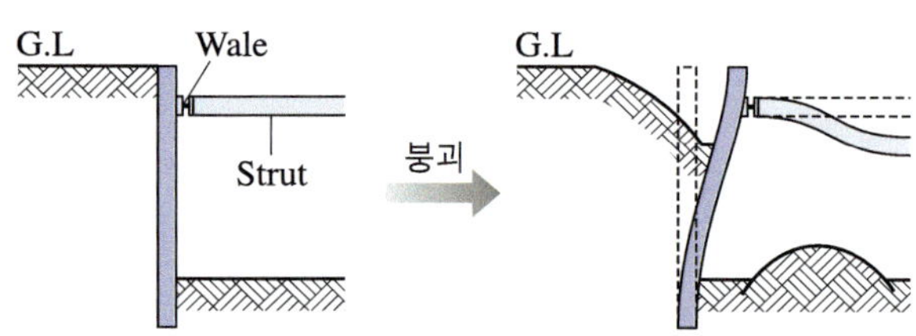

그림 2.140 흙막이 벽체의 붕괴

2.2.4 배수공법(지하수위 저하공법)

(1) 정 의

지중 속 물을 지반에 영향이 미치지 않게 펌핑하는 등의 조치를 취하는 공법의 총칭

(2) 종 류

1) 중력배수
- 집수통공법(Sump Pit) : 집수정공법
- 지멘스 웰(Siemens Well : Deep Well)

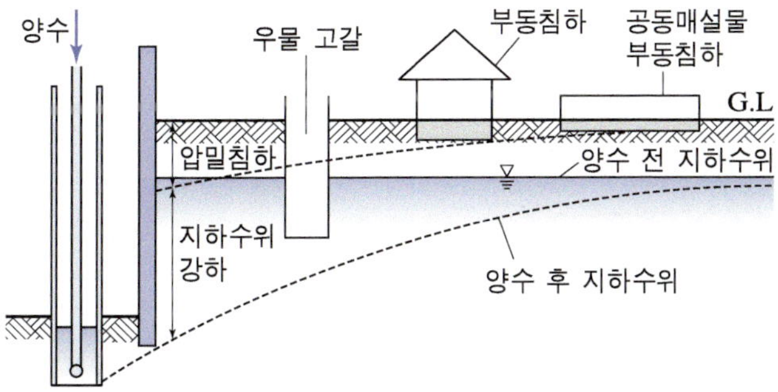

그림 2.141 지하수위 저하시 주변장해

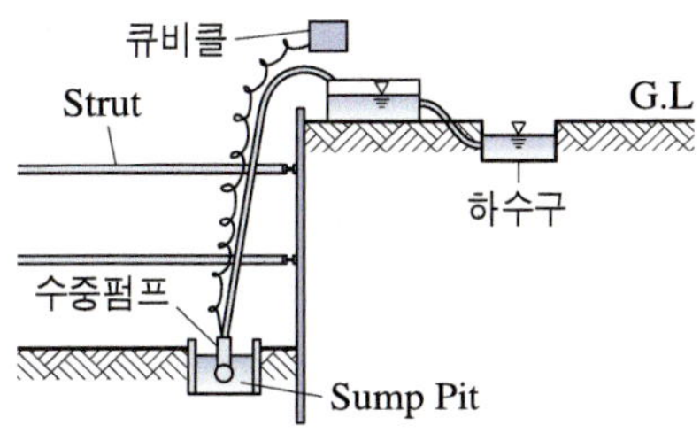

그림 2.142 집수통공법

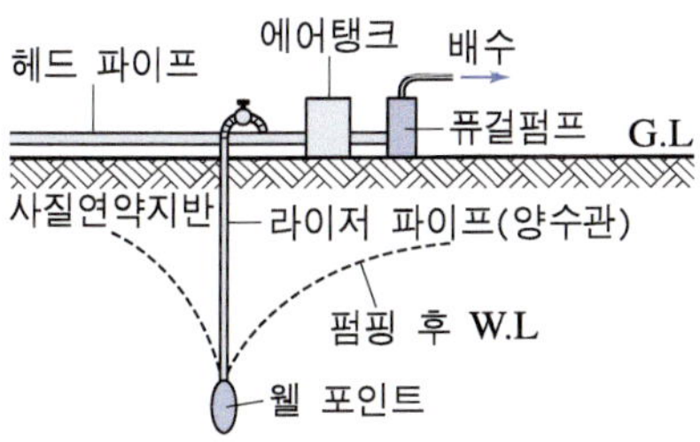

그림 2.143 배수공법(웰 포인트)

그림 2.144 현장 웰 포인트 공법 적용 전경

2) 강제배수
- 웰 포인트(Well Point)
- 진공식 지멘스 웰(Siemens Well)

3) 특수공법 : 동결공법, 소결공법

4) 기타 : 전기침투공법, 배수 펌프(Pump)

(3) 중력배수

1) 정의 : 낮은 곳에 고이는 지하수를 인공적으로 배수시키는 공법의 총칭

2) 집수정(Sump Pit) 공법
- 적용 : 투수성 좋은 모래 자갈 채용, 설비 간단, 공사비 저렴
- 특징
  - 굴착면보다 깊은 곳에 설치, 센트리퓨걸 펌프(Centrifugal Pump), 수중 펌프 사용
  - 호스(Hose) 끝에 스트레이너(Strainer) 설치

3) 지멘스 웰(Siemens Well : Deep Well) 공법

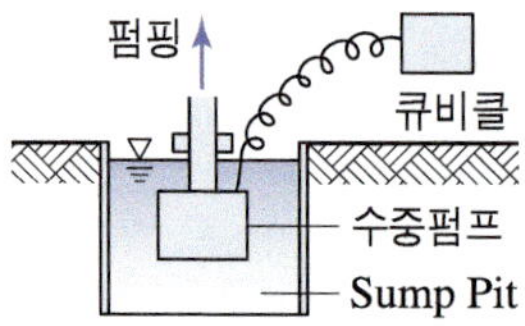

그림 2.145 집수정 공법

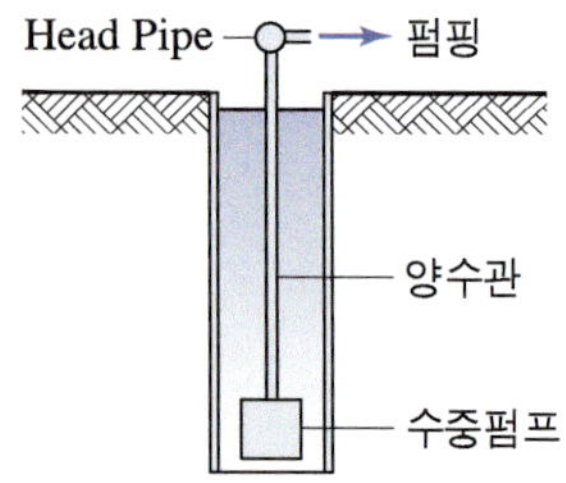

그림 2.146 지멘스 웰

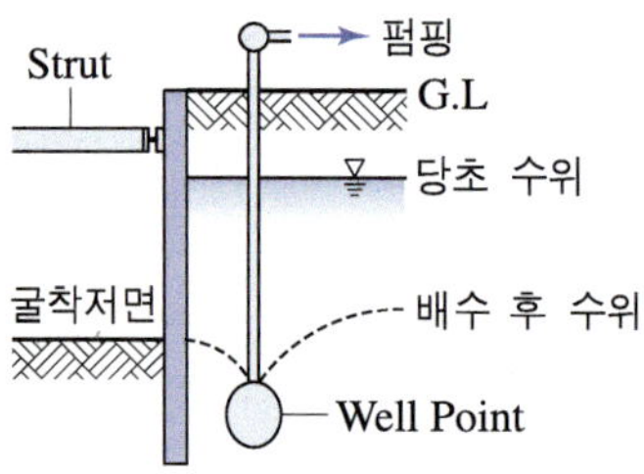

그림 2.147 강제 배수공법

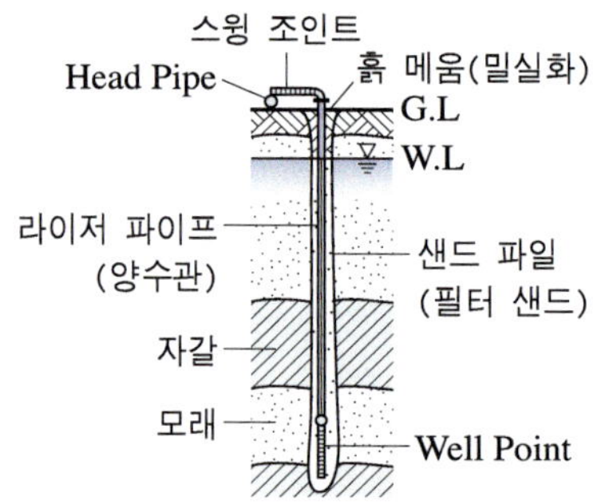

그림 2.148 웰 포인트 공법 상세도

- 적용 : 샌드 필터(Sand Filter)가 있는 우물 이용
- 특징
  - 투수계수가 큰 사질토 지반에 이용(수위 강하 균등)
  - Strainer 외부에 잔자갈, 모래로 Filter 완성 후 외관 파이프를 빼냄

(4) 강제배수

1) 개요 : 집수관 내의 공기를 뽑아내 진공상태가 됨으로써 지하수가 강제로 펌핑되는 공법의 총칭
2) Well Point 공법(일명 지하수위 저하법)
   - 정의 : 모래 자갈층의 지반에 파이프를 박아 강제로 공기를 뽑아내어 지하수위를 저하시키는 공법
   - 적용 :32~38 m/m 주관, 집수관(Riser Pipe)을 1.2~1.5 m 간격으로 굴착 지반 설치하여 상부를 ϕ150 정도 관(Head Pipe)으로 Well Point Pump
3) 진공 Siemens Well 공법 : Well Point + Siemens Well 병용

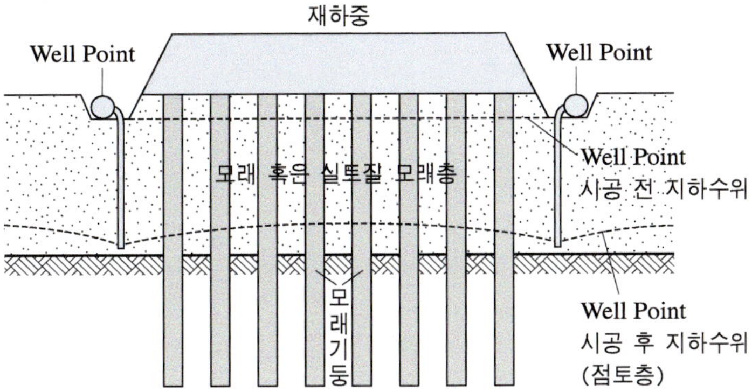

그림 2.149 재하와 웰포인트 병용 공법

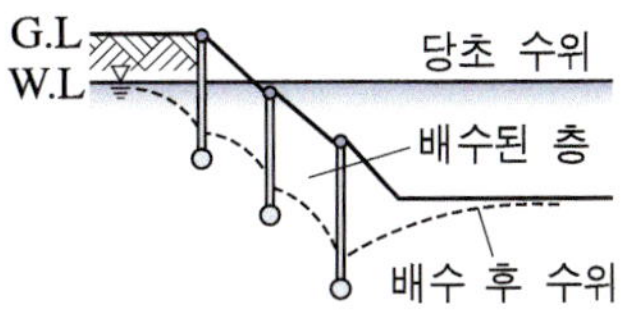

그림 2.150 다단식 웰 포인트 공법

(5) 전기침투법(전기삼투현상 이용)

1) 정의 : 전기적인 집중이론에 의한 방법

2) 적용 : 점토지반의 간극수를 탈수하며, 배수와 동시에 직류전기를 통하여 처리됨

(6) 특수공법

1) 동결공법 : 액체질소, 액화질산, Freon Gas, CFC(염화불화탄소) 이용 지하수 동결

2) 소결공법 : 고결안정공법

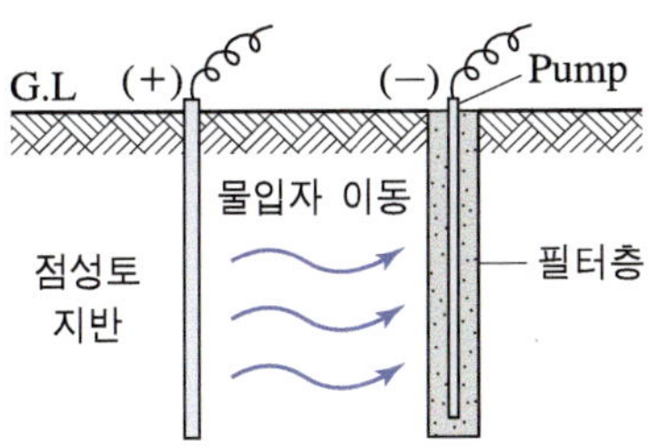

그림 2.151 전기침투법

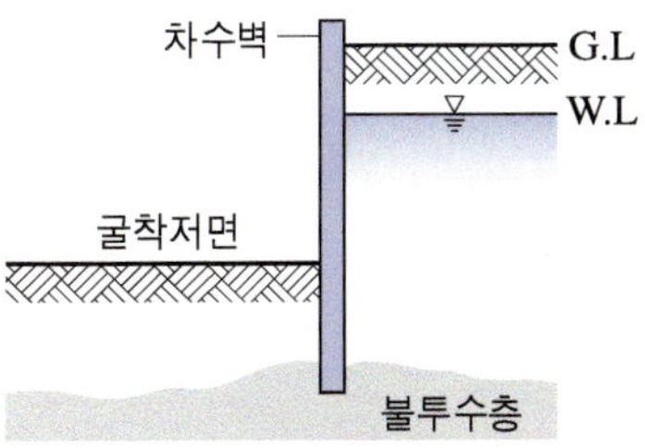

그림 2.152 차수공법 개념

2.2.5 차수공법(止水공법)

(1) 분 류

1) 물리적 방법(차수 흙막이 벽)

• 강널말뚝방법

- 현장타설 철근 콘크리트 Slurry Wall 공법
- 동결공법

2) 화학적 방법(주입공법) : 고결 안정공법

- 벤토나이트, (점토)주입공법
- 시멘트 주입공법
- 제트 그라우팅(Jet Grouting) 공법

그림 2.153 시멘트 주입공법 적용 후 전경

(2) 특 징

1) 흙막이벽이 직접 치수선인 공법

- 강널말뚝공법
- 현장타설 Slurry Wall 공법

2) 흙막이벽에 접하는 지반을 불투수성으로 하는 공법

- 동결공법, 벤토나이트, (점토)주입공법, 시멘트 주입공법, 약액 주입공법이며 차수공법으로써 보호적 공법
- 배면 지반, 인접건물 기존 지반 강화에도 이용

2.2.6 영구적인 배수공법(Permanent Dewatering System) 실무

(1) 정 의

물길이 빠져 나갈수 없는 지반에서 지하 기초설치시 기초 바닥면에 영구적인 배수시설을 설치하여 수위 상승시 펌핑해 지하수위를 낮추는 배수공법의 총칭

(2) 특 징

1) 밀실한 지반에 물이 고여 향후 부력 발생이 우려될 때 적용
2) 펌핑한 지하수를 건물의 중수도 및 허드렛물로 이용 가능
3) 일정 수위 도달시 자동으로 펌핑되는 시스템 적용
4) 배수 펌프의 관리 철저 및 예비 펌프 반드시 필요

(3) 기초판 저면 영구 배수공법 적용 실무

그림 2.154
기초 바닥면 물길 조성 작업 후 전경

그림 2.155
집수정으로 배수 라인 설치

그림 2.156
주름관에도 물길구멍을 뚫고 잡석을 채운 모습

그림 2.157
잡석+부식포+주름관과 속채움 상세 모습

c·h·a·p·t·e·r·0·3·FOUNDATION WORK

3장
기초 공사 | Foundation Work

1 지정(Soil Foundation)의 개념

1.1 정 의

건축물을 지반에 안전하게 구축하기 위해 기초자체나 지반의 내력을 증진시키는 부분을 총칭

1.2 보통지정

1) 모래지정
2) 잡석지정
3) 자갈지정
4) 밑창(버림) 콘크리트 지정

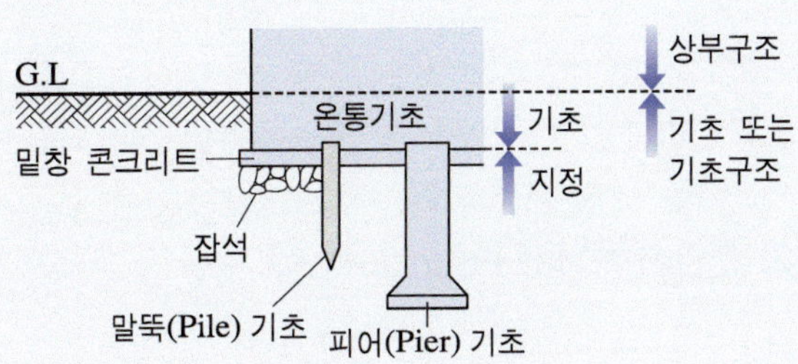

그림 3.1 지정의 개념도

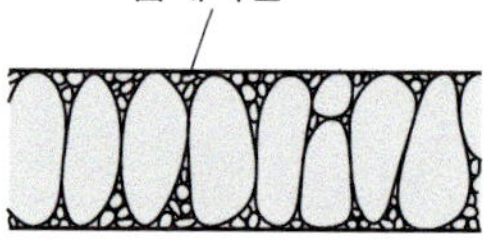

그림 3.2 잡석지정

▶ *틈새자갈(잡석의 30%) 깔기 후 다지기*

그림 3.3 터파기 오픈 컷 후 잡석지정 작업 전경

그림 3.4 잡석지정 후 밑창 콘크리트 지정 완료

2 건물 기초(Building Foundation)

2.1 직접기초(Direct Foundation)

(1) 확대기초(Footing Foundation)

1) 독립기초(Individual Footing)
2) 복합기초(Combined Footing)
3) 연속기초(Continuous Footing)

(2) 전면기초(Mat Foundation)

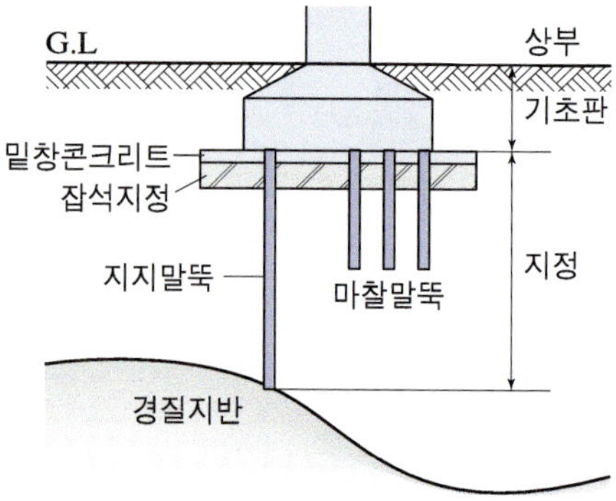

그림 3.5 독립기초와 하부 지지 파일 형식

2.2 말뚝기초(Pile, Pier Foundation)

2.2.1 개 요

1) 말뚝(Pile)기초 : 기초의 보강을 위해 박거나 또는 눌러서 시공

2) 피어(Pier)기초 : 기초 저면 지반을 먼저 굴착한 후 구멍 속에 콘크리트 타설 시공

그림 3.6 말뚝기초 – 콘크리트 말뚝 기초 시공 전경

그림 3.7 피어기초 – 지반 굴착 후 H형강 기둥 설치

2.2.2 말뚝의 종류

(1) 역학상 분류

1) 지지말뚝(Bearing Pile) : 경질지반에 지지

2) 마찰말뚝(Friction Pile) : 지반과 말뚝의 마찰

3) 다짐말뚝(Compaction Pile) : 말뚝을 박음으로써 주변 지반의 치밀성이 확보됨

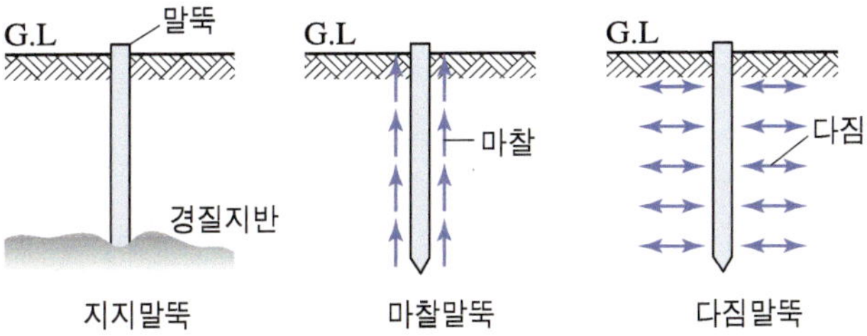

그림 3.8 말뚝의 역학상 분류

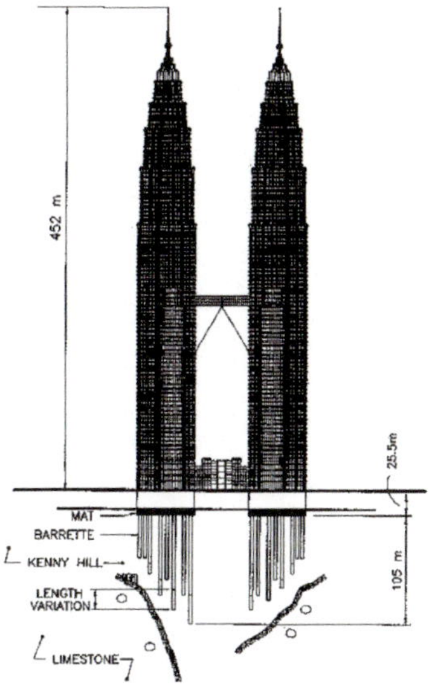

그림 3.9 말레이시아 페트로나스 빌딩

▶ *기초구조 – 피어기초공법 적용*
삼성과 일본 청수건설에서 시공한 RC조 세계 최고 높이의 건물임

(2) 재료상 분류

1) 나무말뚝(Wooden Pile)

2) 기성 콘크리트 파일
- 원심력 콘크리트 파일
- PS 파일(Pre-Stressed Pile)
- PHC 파일

3) 제자리 콘크리트 말뚝(Pier 기초의 굴착공법)
- 베노토 공법(Benoto)
- 이코스 공법(ICOS)
- 어스 드릴(Earth Drill)
- 리버스 서큘레이션 드릴(RCD : Reverse Circulation Drill)
- 프리팩트 콘크리트 파일(Prepacked Concrete Pile)
  - CIP(Cast in Placed Pile)
  - PIP(Prepacked in Placed Pile)

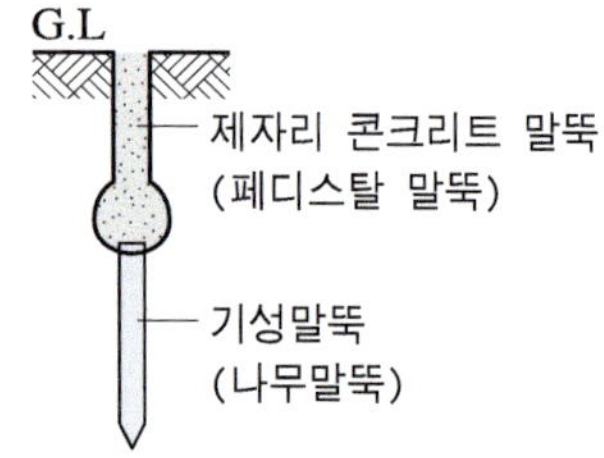

그림 3.10 합성말뚝

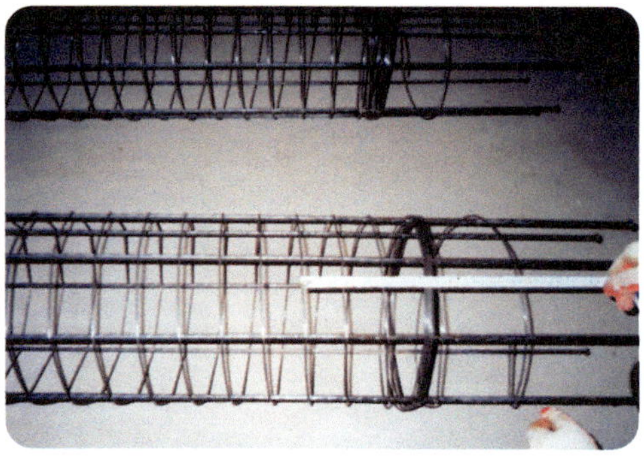

그림 3.11 기성 콘크리트 파일 속 철근망

그림 3.12 파일 증기 양생

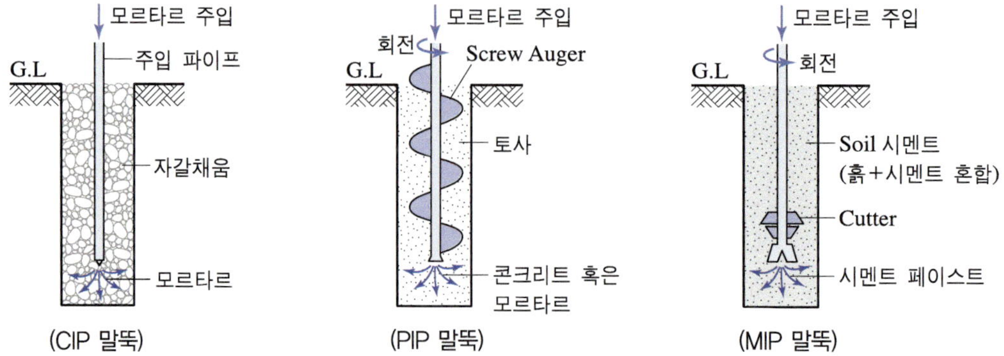

그림 3.13 말뚝의 재료상 분류

그림 3.14 고강도 프리스트레스 파일 장내 운반 전경

그림 3.15 강관말뚝 시공 전경 – 원형강관

그림 3.16 강재 말뚝 가공 전경 – H형강

그림 3.17 압입 공법 전경

▶ *프리 보링(굴착) 후 H형강을 삽입하고 압입공법을 적용하여 1m 정도 박음*

– MIP(Mixed in Placed Pile)

4) 강재말뚝(Steel Pile) : 강관 Pile, H형강(H-Pile)

5) 합성말뚝 : 다른 재료의 조합 파일

(3) 설치 방법에 의한 분류

1) 타격 공법 : 타격으로 박음

2) 진동 공법 : 진동을 주어 말뚝을 박음

3) 압입 공법 : 눌러서 박음

4) 중공 굴삭 공법(침설 공법) : 선굴착 후 파일을 넣음

5) Jet 공법(수사식) : 고압의 물을 분사시킴

6) 프리보링(Pre-Boring) 공법 : 보링기로 선굴착하는 공법

3 항타 기계(Pile Driver)

3.1 개 요

1) 최근 민원과 건설현장의 환경보존을 중시하기 때문에 무진동·무소음 공법의 항타기가 주로 사용됨
2) 도심지에서 저소음, 저진동공법의 개발이 필수적이며, 직항타 관입은 기피 경향

그림 3.18 파일 항타 기계 전경－유압 해머 공법

3.2 시대별 적용공법

(1) 1940년대 이전 : 떨공이공법(Steel Ball Practice)

쇠 떨공이에 로프를 매어 인력으로 잡아당겨 자유낙하하중에 의해 목재말뚝 시공

(2) 1940~1970년대 : 드롭 해머 공법(Drop Hammer Practice)

윈치를 이용해 철재공이를 들어올려 공이의 자유낙하에 의한 타격 공법

(3) 1960~1990년대 : 디젤 해머 공법(Diesel Hammer Practice)

실린더와 피스톤으로 구성되어 있는 해머가 자유낙하하여 말뚝을 치는 순간 발화폭발하며, 반동으로 상승·하강을 반복하여 말뚝을 박는 공법

(4) 1975~현재 : 현장타설 말뚝공법(In-Situ Piling Practice)

기계 또는 인력으로 지반을 먼저 굴착한 후 굴착공 내에 콘크리트 혹은 모르타르를 타설하여 현장에서 조성하는 철근 콘크리트 말뚝 또는 모르타르 말뚝을 형성하는 공법

(5) 1990~현재

1) 유압 해머 공법(Hydraulic Hammer Practice)
유압장치에서 보내진 압력유에 의해 램이 일정 높이에 이르렀을 때 유압을 개방하여 램을 자유낙하시키며 이를 반복해 연속적으로 말뚝을 박는 공법

2) 매입말뚝공법(Pre-Bored Piling Practice)
저진동, 저소음 공법으로서 지반을 오거로 일정심도까지 먼저 굴착한 후 기성 말뚝을 삽입하고 말뚝선단의 지지력과 주면마찰력을 극대화 시키기 위해 시멘트풀을 주입하고 경타로 말뚝을 정착시키는 공법(유압함마, 유압직타)

그림 3.19 유압식 파일 항타기 몸체 전경

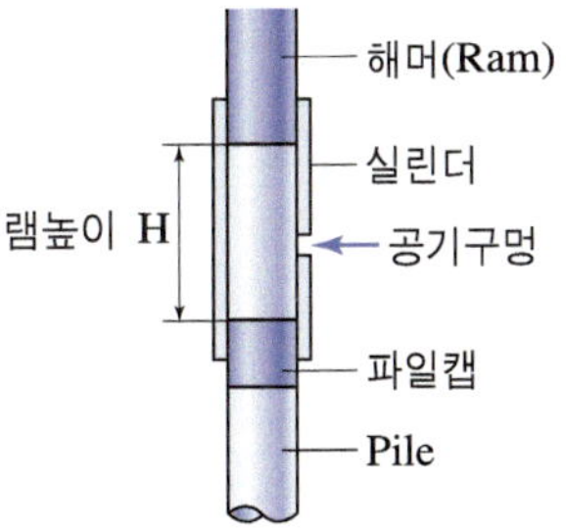

그림 3.20 디젤 해머 기구 모식도

4 시공상 품질관리(Quality Control)

4.1 말뚝박기 기초(Pile 기초)

(1) 시공상 주의사항

1) 위치 정확하게 시공하고 수직으로 최종까지 연속 타입

2) 소정 위치까지 박는 것을 원칙 : 예정 위치 이전 파일 지내력 나오지 않으면 파일길이 변경
3) 예정 위치 이상 무리하게 박을 때 : 두부 보강, 이음, 수량증가, 기초저면 변경
4) 파일 중파 : 파일 중간 파손 주의

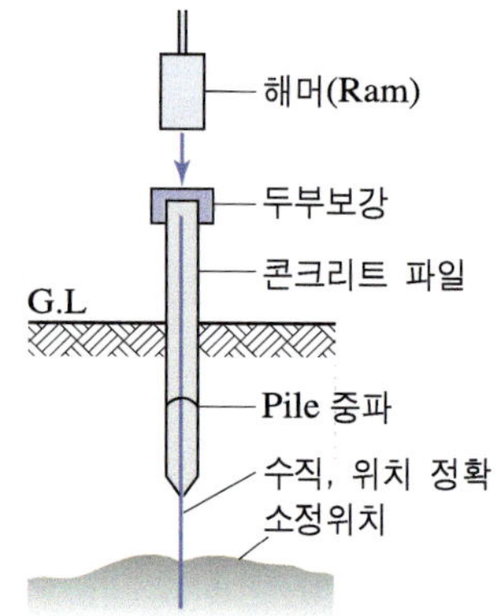

그림 3.21 말뚝박기 QC 개념

(2) 지지력 산정방법

1) 말뚝 재하(LT : Load Test) 시험 : 원칙적인 방법이지만 비경제적임
2) 동적 관입량 체크(Rebound Check) : Dynamic Pile Load Test
3) 토질 주상도 N값으로 산정

4.1 현장 타설 기초(Pier 기초)

(1) 피어 기초 시공상 요점 7가지

1) 슬라임(Slime) 제거
2) 선단부 지반의 교란, 부풀음
3) 굴착기계 들어올림에 의한 하단 지반 느슨해짐
4) 공벽 붕괴
5) 콘크리트의 품질
6) 건설공해
7) 규격관리

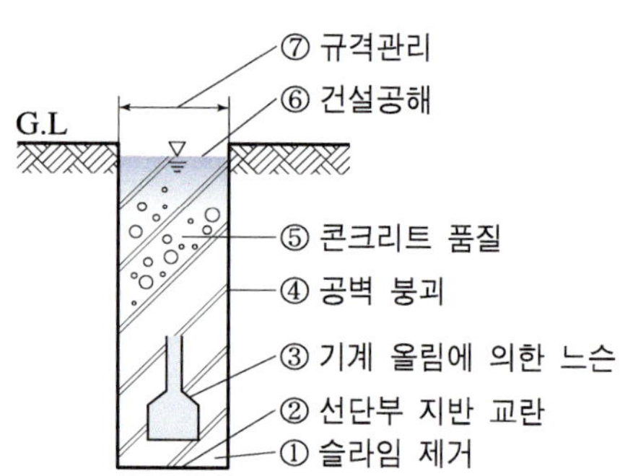

그림 3.22 피어 기초 시공상 요점 7가지

(2) 재하 시험법

시험법	정재하 시험		동적재하 시험
	종래법(반력말뚝방식)	선단재하법	
모식도 개 요			
내 용	• 실적이 많아 신뢰도 높음 • 반력말뚝, 재하 거더 필요 • 말뚝 끝에 하중이 전달되기 어려움 • 반력말뚝의 영향이 있음	• 반력말뚝 불필요 • 말뚝 끝 하중 – 침하를 구하기 쉬움 • 재하 하중은 선단저항과 마찰저항이 작은 쪽의 극한값으로 결정	• 장치 간단 • 파동이론에 의한 해석이 필요 • 말뚝체에 인장력이 생김
비 고	최근 선단유압말뚝시험이 신공법으로 개발되어 사용되고 있음		

5 시공 실무 세부사항(Construction Detail)

5.1 나무말뚝(Wooden Pile)

(1) 개 요

가을에 채취된 생소나무의 껍질을 벗겨 사용해 왔으나 현재 지구환경 및 자연보존 측면, 그리고 타재료의 많은 개발로 인해 사용되지 않고 있는 자재이다.

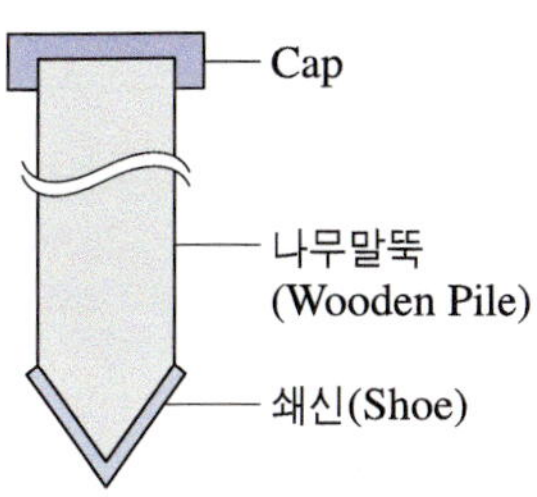

그림 3.23 나무말뚝

(2) 규격 및 시공

1) 규격 : 길이 l=7 m(4~9 m), 변형 : 중심축 l/50 이내, 중심선이 면내이면 사용가능

2) 지하수위(상수면) 이하(1m)에 시공 함

3) 하단부 쇄신(Shoe)을 대고 말뚝머리에 캡을 끼워 갈라짐 방지

5.2 기성 콘크리트 말뚝

(1) 생산공장

1) 자재 검수(현장 담당자의 생산공장 답사)

- 파일의 재질검사 및 시험 입회
- 현장 파일 항타 작업 이전 충분한 물량 확보 여부 확인

2) 운반 : 파일 생산 후 일정기간 양생된 자재를 현장으로 운반

그림 3.24 각종 파일 시험 입회

그림 3.25 생산된 파일 현장 반입 물량 확인

그림 3.26 파일 양생 후 현장 운반

▶ *파일 생산 후 일정 양생기간이 경과된 파일을 현장으로 운반함*

(2) 현장 항타 시공 실무

1) 현장 파일 항타 준비

- 항타 기계 선정 및 기계 반입과 현장 조립이 우선되어야 함
- 현장 바닥 터고르기 후 규준틀 설치 및 파일 위치 지정(꽂심기)

2) 시항타(시험항타)

- 1개 동당 파일 3개를 시험 항타한 후 최종관입량 및 박힌 깊이 확인
- 통상 박힌 깊이 + 1 m의 파일을 현장으로 반입시켜 로스분(잘려서 없어지는 말뚝)을 최대한 줄임

그림 3.27 항타기계 조립, 평 규준틀 설치 전경

그림 3.28 시항타 후 파일 상태와 파일 위치

▶ 개별 파일 중심위치가 표시된 꽂심기가 바닥에 둥굴게 표시되어 있는 것을 볼 수 있음

그림 3.29 시항타 시공 직전 모습

▶ 시항타 파일에 길이 눈금을 표시해 항타 후 파일이 박힌 길이를 확인함

3) 본항타

• 쉽게 끌어올 수 있는 위치를 고려하여 파일을 하차시킴

• 수직도 확인과 파일 꽂심기 위치에 정확히 항타 실시

그림 3.30 본항타 시행시 소음 · 진동 방지막 전경

그림 3.31 본항타 시행 현장 전체 전경

4) 파일 이음 : 장부식, 충전식, 볼트식, 용접식

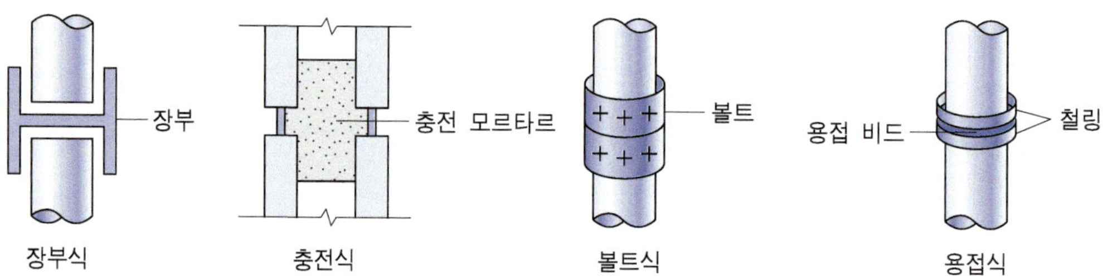

그림 3.32 파일이음 종류

그림 3.33 용접식 파일이음 상태 확인 전경

▶ *통상 파일의 길이가 부족할 때는 2개의 파일을 상하 용접으로 이어서 사용함*

5) 최종 침하 관입량 체크(Rebound Check : 리바운드 체크)

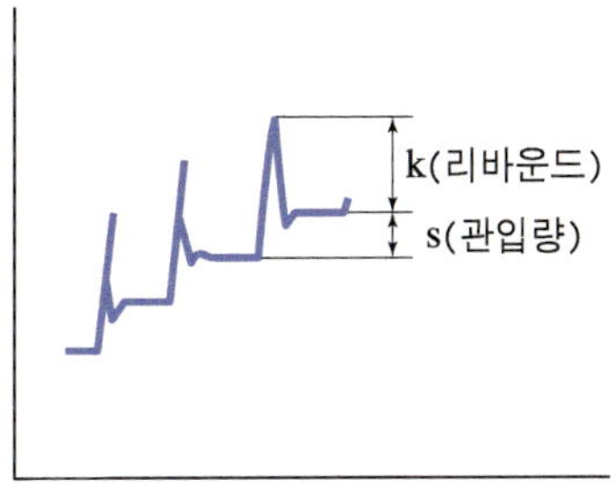

그림 3.34 눈금지에 기록된 Rebound량

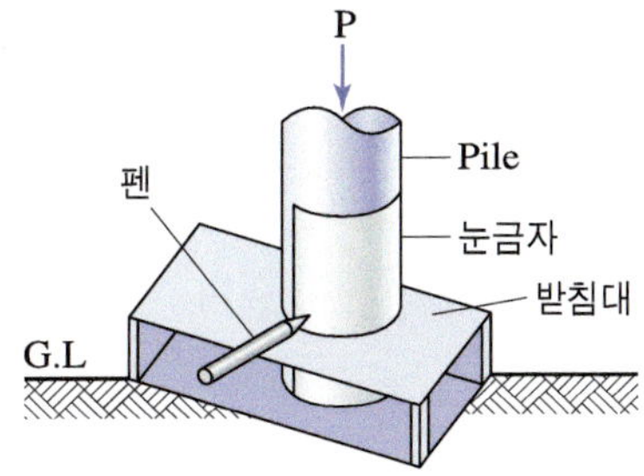

그림 3.35 동적 관입량 모식도

그림 3.36 동적 관입량 체크 후 전경

▶ *최종 침하량(리바운드 체크)을 눈금지에 표시하고 이에 대한 근거를 남겨두어야 함*

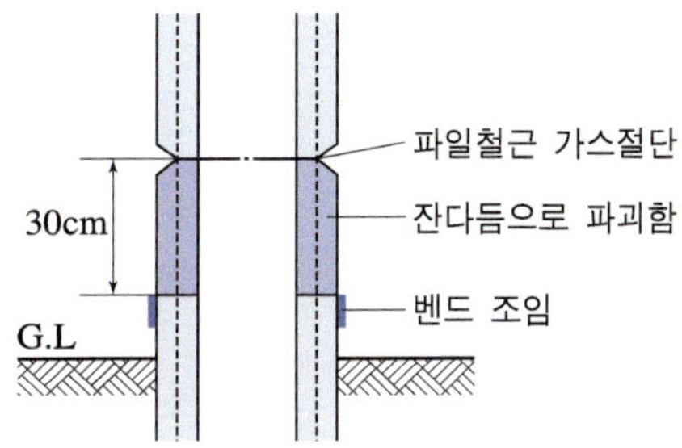

그림 3.37 말뚝의 길이가 긴 경우

6) 말뚝머리 정리(두부 정리)

- 말뚝의 길이가 긴 경우
  - 절단점 10 cm 아래에 벤드 처리(균열 발생 방지)
  - 절단 부위에는 부스러기나 균열이 생기기 쉬우므로 깨끗하게 청소한 후 기초 콘크리트 타설
- 말뚝의 길이가 짧은 경우

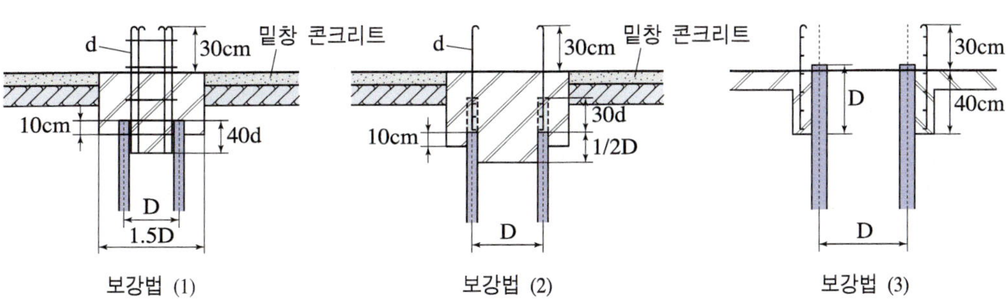

그림 3.38 말뚝길이가 짧은 경우의 보강법

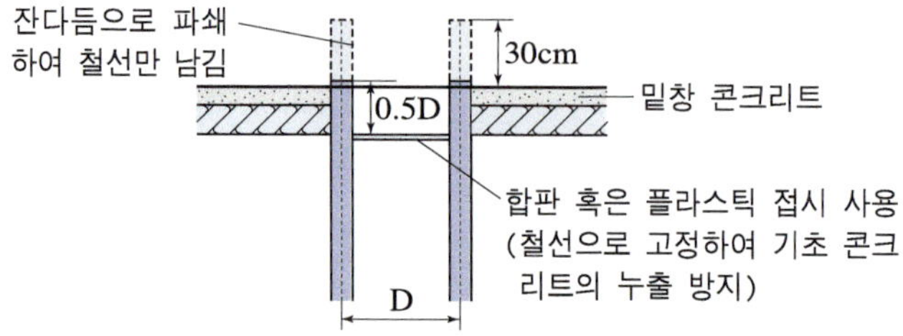

그림 3.39 말뚝머리와 기초의 접합점

- 말뚝머리와 기초의 접합점
  - 밑창 콘크리트 상부 파일 잔여 철선은 30° ~ 40° 각도로 처리
  - 기초(Mat)와의 부착력 향상

그림 3.40 두부 정리 후 바닥다지기 상태 전경

그림 3.41 밑창 콘크리트 타설 후 파일 두부 상태

7) 기초 철근 배근 : 버림(밑창) 콘크리트가 타설된 후 먹메김을 하고 기초 철근을 그림 3.43과 같이 설치한다.

그림 3.42 두부 정리 후 기초 철근 배근 직전 전경

그림 3.43 두부 정리 파일 위 기초 철근 배근 후 전경

그림 3.44 스크루 오거 프리보링 작업 전경

(3) 인접지 근접으로 인한 항타 시행 곤란시

1) 일반 사항 : 항타공법은 소음 진동으로 시공 제약을 받고 최근 환경 보존 및 공해 방지 차원에서 사용 억제 경향
2) 항타 공법 시행 곤란시
   - 파일 항타 위치에 프리보링(Pre-Boring) 선굴착 실시
   - 콘크리트 파일을 심고 난 후 1 m 정도만 압입항타공법(무진동 · 무소음) 적용

5.3 제자리 콘크리트 말뚝(현장치기 말뚝공법)

5.3.1 개 요

1) 말뚝지정은 기초와 지반의 지지력을 보완하며, 현재까지 사용되어 오던 타격식은 소음, 진동, 공해로 사회문제로 대두되고 있다.
2) 따라서 저공해 저소음공법으로 자리잡은 제자리 콘크리트 말뚝공법은 무진동 · 무소음 공법의 일환으로 많이 사용되고 있다.

5.3.2 공법별 특징 비교

말 뚝	장 점	단 점	관리정도
타설말뚝	• 말뚝 끝부분 지름이 같은 말뚝에서는 수직지지력이 가장 큼 • 지지층에의 관입 및 동적인 지지력 확인이 1개마다 가능 • 공기 짧고 공사비용도 쌈 • 모래지반 등에서는 말뚝이 관입함으로써 주위 지반을 다져서 지지력을 증가시킴	• 소음 · 진동 큼 • 방음장치 붙인 해머 또는 유압 해머인 경우, 소음은 규제 이하로 할 수 있음 • 인접구조물을 수평이동 가능 • 타설 때로는 말뚝체가 파손할 때가 있음 • 대구경말뚝의 시공이 어렵다.	비교적 쉬움
매설말뚝	• 소음 · 진동이 비교적 작다. • 공법에 따라서는 지지층의 토질을 육안으로 확인 가능 • 말뚝길이 조정이 비교적 쉬움 • 비교적 큰 지름인 말뚝(1 m 안팎)까지 시공 가능	• 말뚝 1개마다의 지지력 확인 불가능 • 타설말뚝에 비해 공기가 길고 공사비도 비쌈 • 흙 · 흙물의 처리가 필요 • 시공자에 따른 등차가 심함	어려움
현장타설 말뚝	• 소음 · 진동이 비교적 작음 • 대구경말뚝의 시공 가능 • 말뚝길이의 변동이 쉬움 • 지지층 토질을 육안으로 확인 가능	• 흙 및 흙물의 처리가 필요 • 슬라임(Slime) 제거 • 굴착공 내액(內液) 관리 난이 • 공법에 따라서는 대규모 가설비가 필요 • 말뚝 1개마다의 지지력 확인 가능 • 시공자에 따른 등차가 심함	어려움

5.3.3 주요 현장타설 말뚝의 공법 세부사항 비교

검토항목	어스 드릴 공법	올 케이싱 공법	리버스 서큘레이션 공법
굴 착	자중 및 유압으로 가압한 상태에서 어스 오거 버킷을 회전시켜서 굴착	해머 그래브(Hammer Grab)를 낙하시켜서 낙하 에너지에 의해 지반 속에 관입시켜 지반을 파쇄 굴착	비트의 회전으로 지반 파쇄 굴착

검토항목	어스 드릴 공법	올 케이싱 공법	리버스 서큘레이션 공법
배 토	양동이를 끌어올려서 처리	해머 그래브를 끌어올려서 처리	물과 함께 빨아올림
공벽 붕괴 방지	비중이 높은 흙물(니수)을 구멍 속에 채움	전층 케이싱을 사용하지만 지하수위 이하의 모래 · 사력에서는 물을 넣음	표층부분에 케이싱을 넣어 구멍 속 수위 지반의 수위보다 2 m 이상 높게 유지
구멍바닥 슬라임	많음	구멍 속에 물을 넣은 경우는 적음	적음

5.3.4 피어(Pier) 기초의 굴착공법

(1) 개요

1) 근래 건축물의 고층화, 대형화, 도심지화에 따른 지가 급상승과 대지 협소 추세
2) 기초깊이가 깊어지고 연약지반 및 도심지 공사의 요구사항인 무진동 · 무소음 공법의 필요성에서 개발된 공법

그림 3.45 현장 올 케이싱 위 해머 그래브 전경
▶ *올 케이싱 속에 해머 그래브를 낙하시켜 말뚝 속의 토사를 퍼올리는 작업*

(2) 공법의 종류

1) 베노토 공법(Benoto Method)
2) 이코스 공법(ICOS Method)

3) 어스 드릴(Earth Drill) 공법

4) 리버스 서큘레이션 드릴 공법(RCD : Reverse Circulation Drill)

(3) 베노토(Benoto) 공법(프랑스 베노토사)

1) 정의 : Casing Tube를 요동시키면서 유압적으로 압입, 내부를 해머 그래브(Hammer Grab)로 굴착, 철근망 삽입 후 콘크리트 타설하면서 Casing Tube를 순차적으로 뽑으면서 현장 타설 말뚝 축조

2) 특징

- 무진동 · 무소음공법, 시공의 확실성(지지층 확인 가능)
- 적용 지층이 넓고 지반 변화의 영향이 적다
- 기존 구조물에의 근접 시공이 가능
- 경사 말뚝 시공의 가능

그림 3.46 해머 그래브와 케이싱 튜브 전경

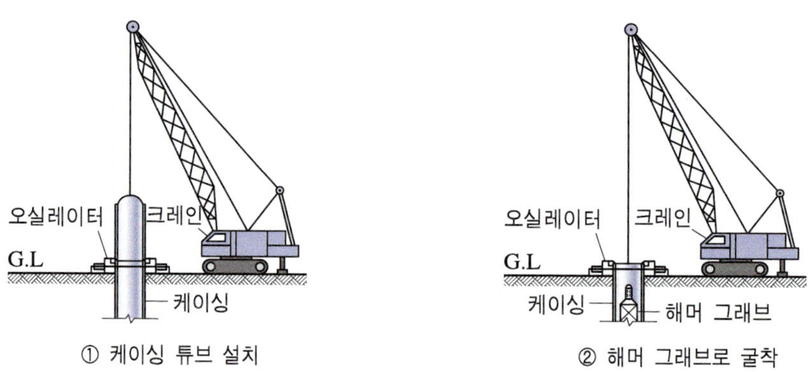

그림 3.47 베노토 공법 시공순서

3) 시공순서

- 케이싱 튜브(Casing Tube) 진동 압입
- 해머 그래브 굴착: (ϕ60~120 cm, 길이 30~60 m), 경질지반시 Chesel 사용
- 슬라임(Slime : 바닥의 찌꺼기) 제거
- 철근바구니, 트레미(Tremie)관 삽입
- 콘크리트 타설 : 케이싱 튜브(Casing Tube), 트레미(Tremie)관 인발
- 구멍 되메우기

그림 3.48 공벽 붕괴 방지를 위한 케이싱 튜브 전경

(4) ICOS 공법(이탈리아 ICOS사)

1) 정의 : 안정액(Bentonite)을 이용하여 해머 그래브 굴착, 흙막이(차수벽)일 경우 하나씩 건너서 시공하여 제자리 말뚝을 형성하는 공법

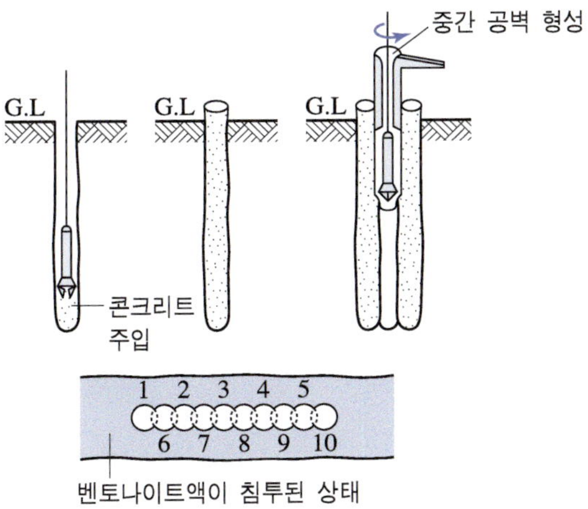

그림 3.49 ICOS 공법

그림 3.50 피어 기초 벤토나이트액 전경

2) 공법순서

- 안정액(Bentonite) 이용
- 해머 그래브(Hammer Grab) 굴착
- 흙막이(차수벽)일 경우 하나씩 건너서 시공

3) 특 징

- 양호한 흙막이(지수벽)벽
- 무진동, 무소음
- 주변 지반의 변화를 주지 않음
- 벤토나이트 용액 관리에 주의, 슬라임(Slime) 제거 유의

(5) 어스 드릴(Earth Drill) 공법(美 칼웰드사가 개발)

1) 정의 : 회전식 드릴링 버킷(Drilling Bucket)으로 터파기와 동시 안정액을 사용하여 굴착, 구멍 속에 철근망 삽입 후 콘크리트 타설하여 현장 타설 말뚝을 축조하는 공법

2) 공법의 분류

- 전면 굴삭공법 : 점성토, 용수 없음(양호한 지반)
- 표층 케이싱(Casing) 주수공법 : 5~7 m 표층에는 케이싱 삽입, 벤토나이트(Bentonite) 용액 사용
- 중간공법 : 표층 4~5 m 케이싱

3) 공법순서

- 점성토에 적합, 회전버킷식 굴착기(Earth Drill) 이용 굴착
- 벤토나이트 용액 사용
- 케이싱 튜브 사용 → 공벽 붕괴 염려시

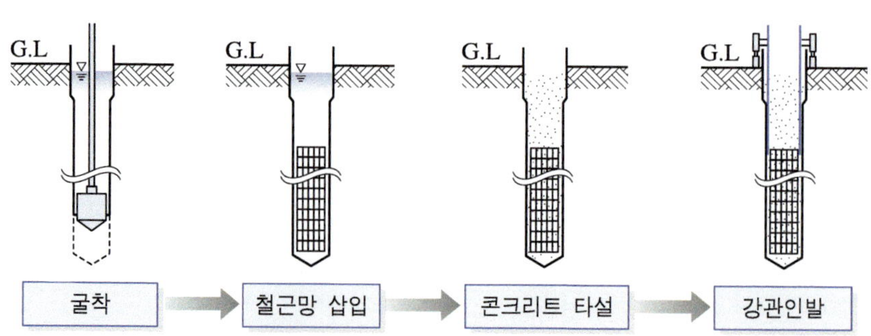

그림 3.51 어스 드릴 공법 순서

그림 3.52 어스 드릴과 파일 드라이버

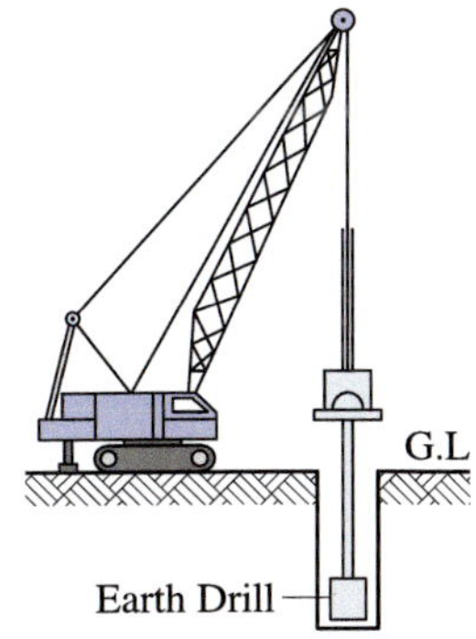

그림 3.53 어스 드릴 공법

4) 특 징

- 무진동, 무소음공법, 좁은 장소에도 사용 가능
- 설비 간단, 기동성, 시공속도 양호
- 굴착 능률이 우수하여 경제적
- 벤토나이트 용액 관리에 유의, 점성토에 가장 적합
- 모래지반 부적합, 안정액 폐수처리 곤란
- 굴삭 길이 한도(Carry Bar) → 지지말뚝 부적합

(6) 리버스 서큘레이션(Reverse Circulation Drill : RCD) 공법

1) 정의 : 드릴 비트(Drill Bit)를 사용해 굴착하고 굴삭토와 물(정수압)을 Suction (Reverse Circulation) 및 디샌딩(Desanding)하여 재사용하는 공법

2) 장 · 단점

- 장점
  - 케이싱 튜브가 필요 없이 굴삭 → 정수압 유지
  - 드릴 비트(Drill Bit)에 의한 연속굴삭
  - 세사층에 시공이 용이하나 타공법에서는 문제됨
  - 수상 작업에 적합, 소음, 진동이 적다.
- 단점
  - 시공에 물이 다량 필요하고, 정수압 관리 난이
  - 배출된 토사, 이수 처리 설비 필요
  - 드릴 로드가 통과하지 못하는 호박돌, 암반 굴착 불가

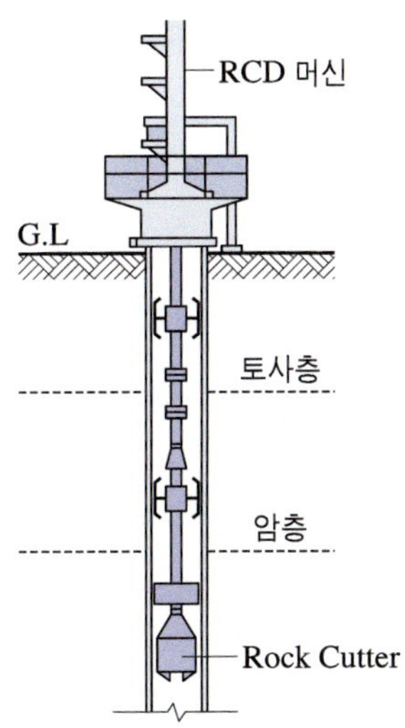

그림 3.54 RCD 기계

그림 2.55 디샌딩(Desanding) 처리 작업 전경

그림 2.56 RCD 굴착 장비 세트

그림 2.57 드릴 비트 근접 전경
▶ *RCD 공법의 굴착에 쓰임*

5.4 기타 공법

5.4.1 케이슨(Caisson) 공법(잠함기초)

(1) 정 의

미리 지상에서 구축한 구조물의 하부를 굴착, 자중 혹은 적당한 중량물의 재하에 따라 소정의 심도까지 침하시키는 공법

(2) 특 징

1) 흙막이 및 동바리 불필요하고 부지 최대 이용, 구체 지상 시공으로 정밀도 확보 가능
2) 연약지반에 시공 가능, 주변 지반에 불영향

(3) 공법의 분류

1) 우물통식(Well Caisson)

- 강판식 : 대구경 강판을 사용하는 공법
- 기성 콘크리트식 : 기성 콘크리트(흄관, 콘크리트관)를 사용하는 공법
- 합판, 목재식 : 합판, 목재 등을 사용하는 공법

2) 잠함식(Caisson) : 오픈 케이슨, 공기식 케이슨

5.4.2 압입공법

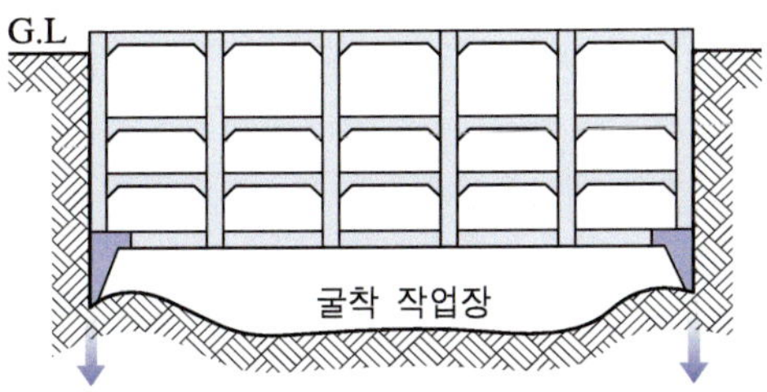

그림 3.58 오픈(Open) 케이슨 공법

그림 3.59 바이브로 해머 사용 압입공법 전경

(1) 정 의

기성재 말뚝 또는 방축널(흙막이벽)을 압력에 따라 침하시키는 공법으로 유압기구를 갖춘 압입기계의 반력을 이용해 기성 파일을 밀어 넣는 공법의 총칭

(2) 특 징

1) 소음 진동이 적고, 지지내력의 추정 가능
2) 주변 지반 교란이 없음

(3) 타공법과의 병용

1) 프리보링(Pre-Boring) : 보링기 등으로 선굴착하는 공법
2) 중공 굴삭공법(침설) : 선굴착 후 기성말뚝을 설치하는 공법
3) 제트(Jet)공법 : 고압수를 분사시키는 공법
4) 시멘트 모르타르 주입공법

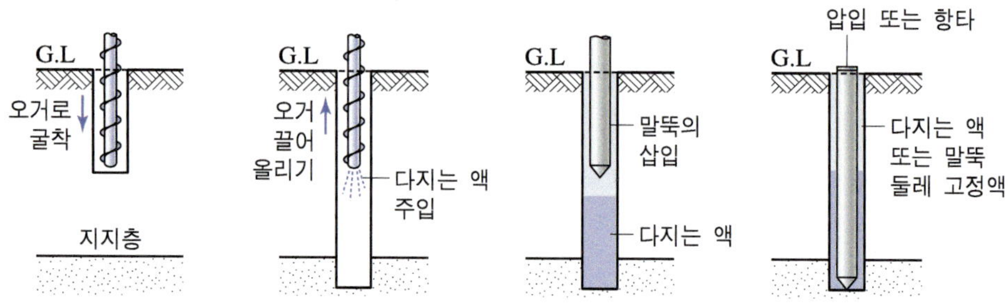

그림 3.60 시멘트 모르타르 주입공법 시공순서

5.4.3 중공굴삭공법(침설공법)

(1) 정 의

끝이 개방된 중공의 기성 콘크리트 말뚝을 케이싱 대신 쓰고, 오거(Auger) 혹은 버킷(Bucket) 등으로 말뚝 밑의 흙을 굴착 배제하면서 파내려가는 공법

(2) 중공파기공법의 분류

1) 버킷(Bucket)
2) 스파이럴 오거(Spiral Auger)
3) 리버스 서큘레이션(Reverse Circulation)
4) 수중굴착기
5) 해머 그래브(Hammer Grab) : Benoto+Caising

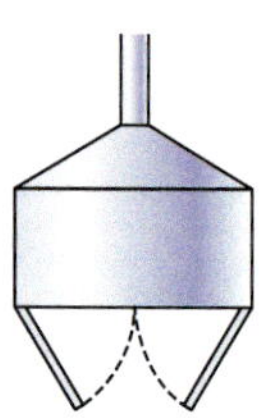

그림 3.61
Bucket

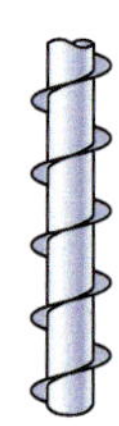

그림 3.62
Spiral Auger

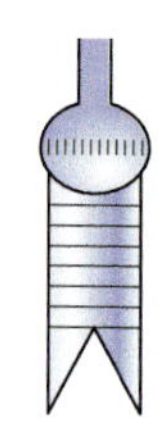

그림 3.63
Hummer Grab

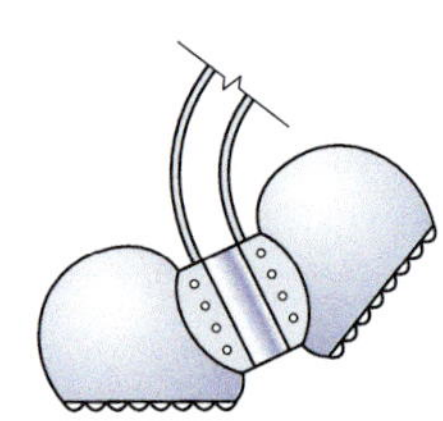

그림 3.64
Drill Bit

(3) 특 징

1) 지질 판명 가능: 배토, 토사

2) 말뚝파손이 없고 대구경 말뚝 적당

3) 중간 경질층 굴삭 통과하나 지지력면에 불안

(4) 시공순서

1) 기계의 설치 → 온통파기 → 밑말뚝세우기 → 굴삭 → 파일발판 → 장비 해체 이용

2) 중공굴삭공법은 단독으로 쓰지 않고 Pre-Boring, 압입, 제트 공법과 병용방법 → 개발

5.4.4 제트공법(Jet Method)

(1) 정 의

기성재말뚝, 방축널(흙막이벽)에 Jet Pipe를 설치, 선단부에 제트 노즐(Nozzle)에서 물을 분사시켜 지반을 무르게 하여 압입병용, 침강(침설)시키는 공법

(2) 시공 요점

1) 지지내력의 확인, 적용 지층 구분 고려(배출토사로 지층 판명 가능)

2) 수원(상수원)의 확보 및 이수(진흙물) 배출토 처리

3) 비교적 딱딱한 지층에도 시공 가능

4) 다소 복잡하고 비용 과다, 타공법의 결점을 보강하는 정도이며 적용 사례가 적음

그림 3.65 수원 확보 현장

5.4.5 제트 그라우팅 공법(Jet Grouting)

(1) 정 의

지반에 고압 분류수를 분사하여 지반을 파쇄시키고, 파쇄된 공극을 주입재로 충진시켜 나가는 공법

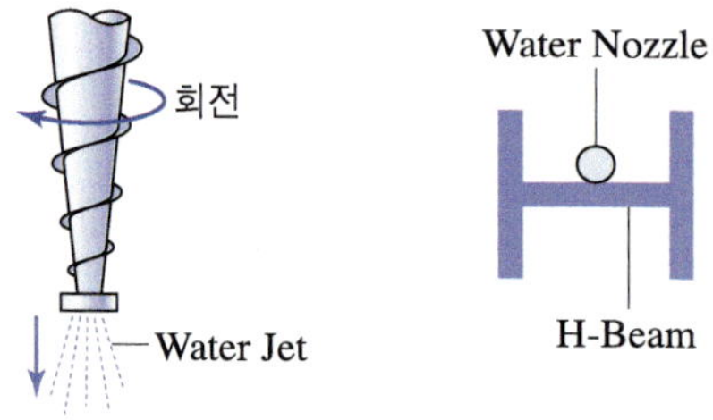

그림 3.66 제트 공법

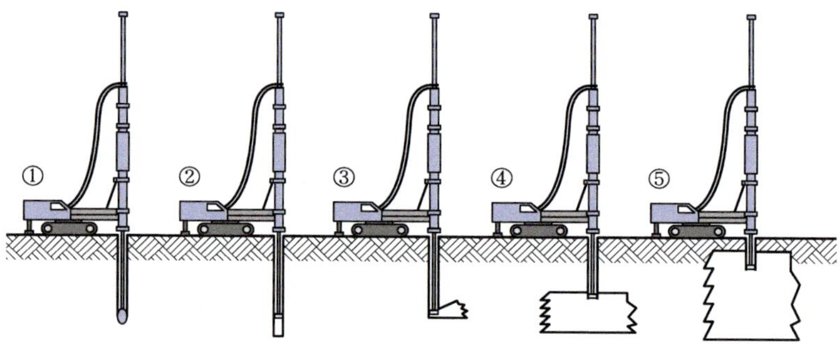

그림 3.67 제트 그라우팅 공법 순서 개념도

(2) 시공 요점

1) 지반 내에 고압(400~600 kg/cm^2)의 분류수를 분사하여 지반을 절삭, 파쇄시킴
2) 형성된 공극 충전 원주상의 고결체를 형성
   - 주입재를 충전하여 원주상의 고결체를 형성
   - 직접 주입재를 고압(200 kg/cm^2)으로 분사시켜 혼합 경화

(3) 작업순서

1) 장비 및 작업준비
2) 흙파기, 천공, 교란 및 절삭
3) 그라우팅 주입, 회전 분사
4) 장비 해체 및 작업 종료

4장
철근 콘크리트 공사
Reinforced Concrete Work

1 거푸집 공사(Form Work)

1.1 거푸집 공사 일반

(1) 개 요

거푸집은 구체공사의 초기단계에 이루어지는 가설물로서 거푸집의 양부는 콘크리트 시공과정 및 결과에 중요한 영향을 미치는 작업이므로 가설자재라고 할지라도 정확하고 충분한 내력과 경제성을 가지고 주의 깊게 조립·설치하여야 하며, 현장 안전 및 환경개선 측면에서 거푸집의 시스템화가 중요하다.

(2) 목 적

1) 응결까지 형상치수 확보와 콘크리트 표면의 마무리
2) 콘크리트 수화(Hydration)작용 및 경화의 건전한 진행
3) 피복두께 및 구체구조의 정밀도 확보

그림 4.1 현장 구체공사 전경

▶ *거푸집과 철근배근 완료 후 펌프카로 콘크리트 타설 중인 현장 전경*

(3) 일반적인 거푸집 구성요소

거푸집 널 자재 + 각종 지지부재 + 기타 부속 철물류

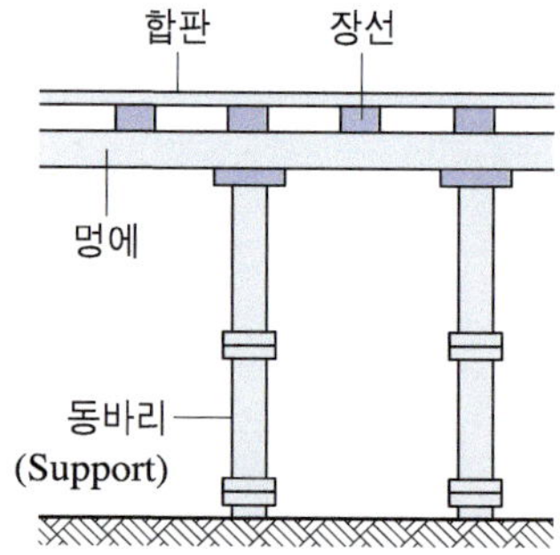

그림 4.2 슬래브 거푸집 구조 개념도

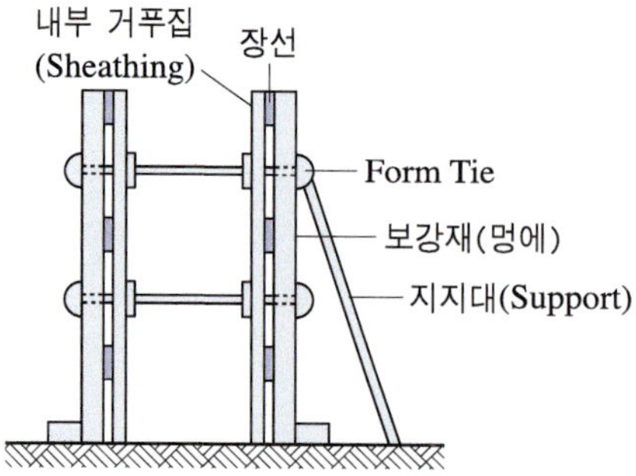

그림 4.3 벽체 거푸집 구조 개념도

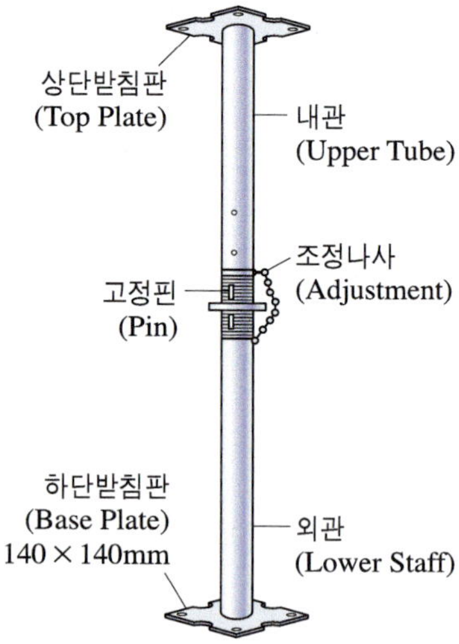

그림 4.4 지지대(Support) 구조

(4) 향후 방향

1) 재래 공법
- 합판+장선+멍에+지지대(Support)
- 개인 능력 의존 : 일일 1인당 작업량 7~9 m^2/일 · 인

2) 새로운 방향
- 거푸집의 시스템(System)화
- Non Support화(무비계, 무서포트화), Form-Less화(해체 작업 생략)
- 조기 탈형화, 마감재 선설치화

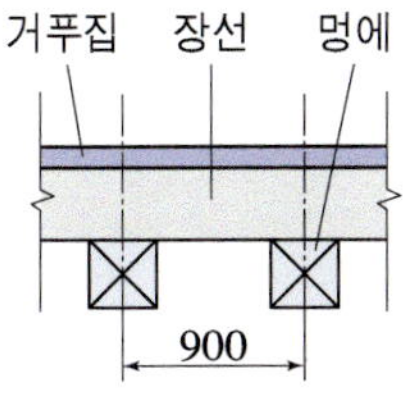

그림 4.5 재래공법

그림 4.6 인력에 의존한 재래식 거푸집

그림 4.7 시스템 거푸집 시공 전경

1.2 거푸집 시공계획

(1) 시공계획

1) 공법 선택 방향 : 자재의 단위(Unit)화, 공법의 단순화, 소모성재를 내구재로 전환
2) 거푸집 선택 : 자재 경량화, 전용성, 해체성, 작업성, 경제성, 작업환경 개선
3) 거푸집(Form) 자체의 시스템화
4) 폐기물, 잔여물의 최소화 공법 지향(환경보존)

(2) 시공도(Shop Drawing) 작성

1) 공법, 강도 경제성을 고려한 시공도 작성
2) 형틀 이외 공사(창호, 급배수, 전기, 설비공사) 검토하여 시공상 불필요한 것이 없도록 조치

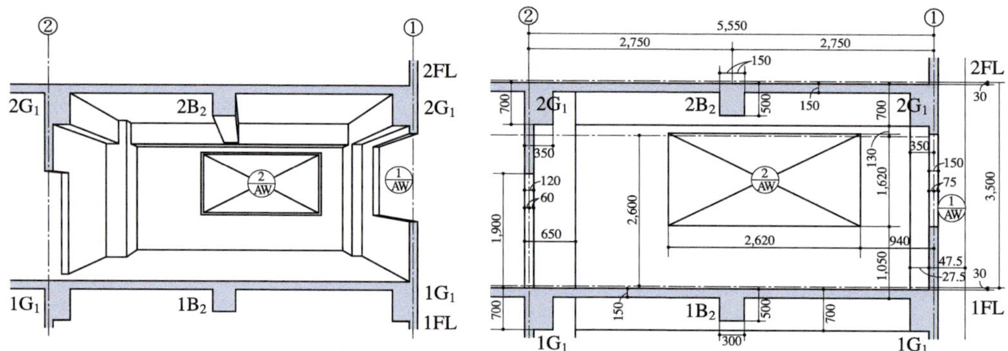

모양도　　　　　　　　단면도

그림 4.8 세부적인 구체 시공도 작성

(3) 현장 사용 자재 검토

1) 종류 : 합판(일반, 코팅), 패널, 유로폼, 철재거푸집, 시스템 거푸집

2 긴결철물 : 폼 타이(Form Tie), 플랫 타이(Flat Tie), 간격재, 격리재, 철선

3) 박리제(광물성유지로서 수용성을 사용)

4) 매설물 확인 : 인서트, 스페이서, 앵커 플레이트, 줄눈 면목, 드레인

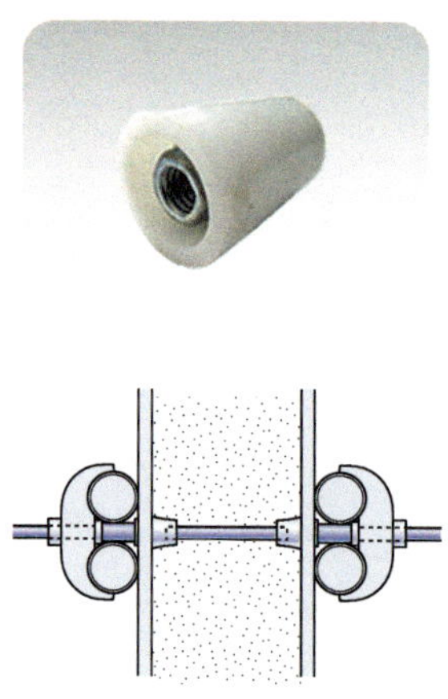

그림 4.9 폼 타이 매립형

▶ *지하옹벽(방수)에 사용됨*

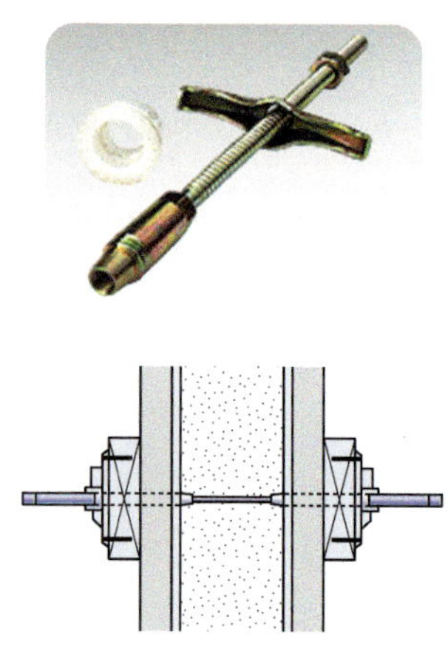

그림 4.10 폼 타이 관통형

▶ *일반옹벽에 사용됨*

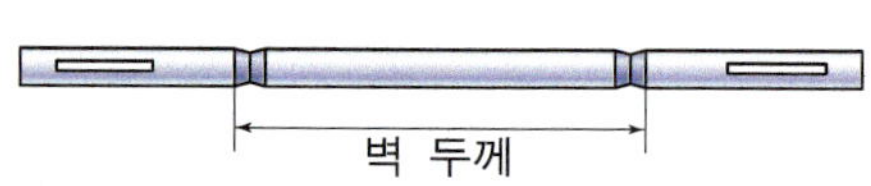

그림 4.11 플랫 타이 모식도

그림 4.12 노출면 줄눈 넣기에 사용된 면목

그림 4.13 유로폼 옹벽 내부에 사용된 플랫 타이

그림 4.14 옹벽 콘크리트 타설 후 노출된 플랫 타이

▶ *외부로 노출된 플랫 타이 부위는 콘크리트 타설 후 부러뜨려(제거) 없앤다.*

1.3 거푸집 시공 실무

1.3.1 거푸집 존치기간

(1) 지주 존치기간(콘크리트 표준시방서)

1) 지붕 슬래브, 바닥 슬래브, 보밑 : 설계강도 2/3 이상 확보시

2) 보옆, 기둥, 측벽 : 설계기준강도(5 N/mm^2)의 100% 이상 확보시

그림 4.15
슬래브 거푸집 하부 지지대

(2) 지주 바꿔 세우기

1) 목적

- 거푸집의 재활용 : 지주의 존치기간이 거푸집 존치기간보다 김
- 지주를 바꿔 세우지 않고는 거푸집 제거 불가능
- 경제성 및 공사기간이 허락하는 범위 내에서 가능하면 오래 존치하는 것이 좋음

2) 시공요점

- 큰보 지주 바꿈은 원칙적으로 금지, 양생 중 콘크리트에 충격, 진동 금지
- 압축강도가 설계강도의 1/2 이상일 때 실시 가능
- 순서 : 큰보 → 작은보 → 바닥판(동시에 빼지 않음)
- 지주 상부 머리 받침판(30 cm 각)을 두고 설치
- 상부에 중량물 이동시 : 하부에 잭(Jack) 스포트로 보강
- 부득이 조기 철거시 : 슬래브 하부에 필라(필라 하부의 지지대는 남김) 처리

그림 4.16 거푸집 철거 후 잭 스포트 설치
▶ *아파트 지하실 상부로 레미콘차 등이 지나다니는 지하실 통로에 구조보강을 위해 설치*

그림 4.17 슬래브 하부 필라 처리 전경
▶ *받침 지주는 그대로 둔채 거푸집만 제거 가능*

(3) 지주 철거

1) 소요강도 이상이 시험으로 확인되고, 21일이 경과되었을 때
(단, 시험시부터 2주간 내에 상층에 타설될 콘크리트 및 거푸집 하중 그리고 그후 1주일 이내에 타설될 콘크리트 및 거푸집 하중 합계가 설계하중의 1.5배를 넘지 않을 때)

2) 콘크리트 타설 후 일반층은 6주간, 지붕 바닥판은 4주간을 경과했을 때
(단, 작업하중 또는 상층의 지주하중이 특히 클 때는 그 하중이 없어질 때까지 지주를 존치)

1.3.2 거푸집 시공 실무

(1) 공사 착공준비

1) 거푸집 시공도 및 주요 부위 현치도 작성
2) 거푸집의 재질과 사용횟수 검토
3) 공정계획에 따른 거푸집 전용계획

그림 4.18 거푸집 슬래브 붕괴 전경
▶ *거푸집의 붕괴사고는 주로 콘크리트 타설시 일어나는 것이 통례이다.*

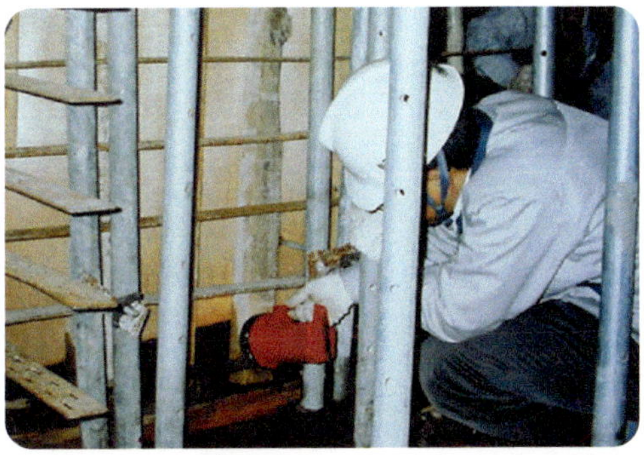

그림 4.19 기둥 청소구 확인 전경 및 기둥 철반도
▶ *청소구는 거푸집 완료 후 내부 청소 용도이며 콘크리트 타설 전에 반드시 막아야 한다.*

(2) 거푸집 시공

1) G.L에서 F.L까지 높이 확인〔현장 기준점(B.M) 확인〕
2) 기준 먹줄(먹매김)과 중심 먹줄의 확인
3) 개구부 위치와 기둥, 바닥, 옹벽 형들의 수직 수평 확인
4) 동바리 설치간격 및 고정상태

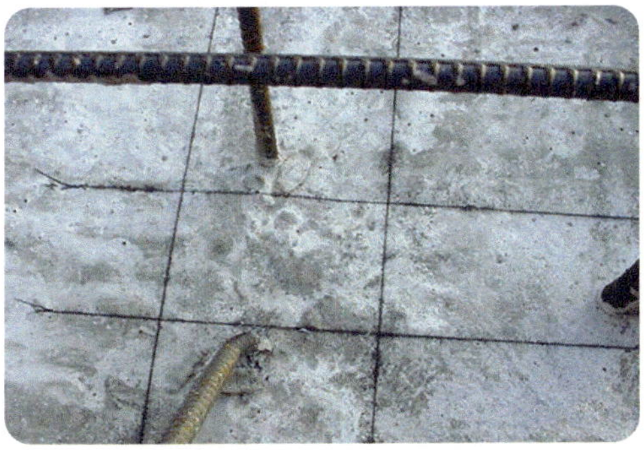

그림 4.20 슬래브 위 먹메김
▶ *먹메김 선을 따라 옹벽 거푸집을 설치한다*

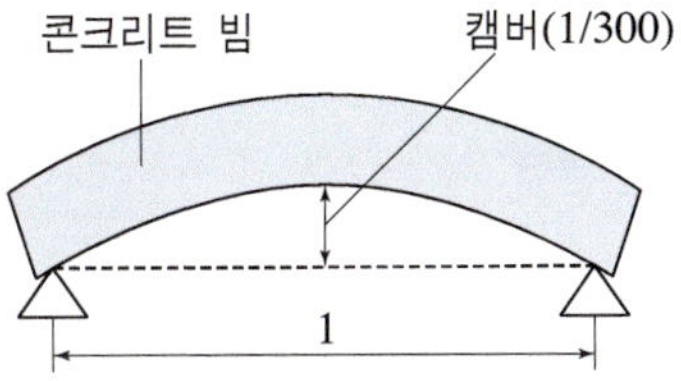

그림 4.21 캠버(Camber) 처리

5) 기둥이나 벽체 하부의 청소구 설치 여부
6) 거푸집 폼 타이(Form Tie)는 측압에 견디도록 긴결 확인
7) 슬래브 및 기둥 중앙부위 캠버(Camber : 중앙부를 l/300 높임) 설치

1.4 각종 거푸집 공법

1.4.1 시스템 거푸집(System Form) 공법

(1) 개 요

1) 연속해 사용할 수 있는 위치에 거푸집을 대형화하여 작업의 효율을 높여 공기단축, 원가절감, 품질향상을 위해 거푸집 공사 대형화 필요
2) 즉, 비계와 거푸집이 일체화로 하나의 단위화한 것으로 반복 사용이 가능하게 한 것

그림 4.22 시스템 거푸집 사용 예

(2) 사용목적

1) 비계+거푸집=단위(Unit)화, 품질 및 안전에 유리
2) 자재의 절약(반복 재사용), 원가절감(Cost Down)
3) 공사기간 단축, 동일 형태 계속 사용

(3) 대형 거푸집 분류

1) 바닥 슬래브용
 • 플라잉 쇼우(일명 테이블 폼)
  – 건물 외부로 인양방법

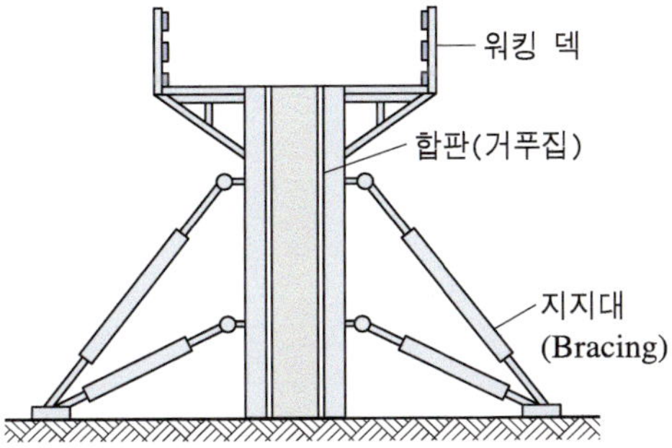

그림 4.23 갱 폼(Gang Form)개념도

▶ *대형 옹벽을 위해 사용되는 대형 패널 거푸집*

그림 4.24 아파트 측벽 대형 거푸집

▶ *측벽용 클라임빙 폼으로 거푸집 자체에 워킹 덱이 있어 별도 비계가 불필요*

– 건물 내부로 인양방법(바닥 슬래브 달아매기)

- 터널 폼(Tunnel Form)
  - 모노 셸(Mono Shell)
  - 트윈 셸(Twin Shell)

2) 옹벽용

- 클라임빙(Climbing) 폼 : APT 측벽 대형 거푸집, 비계 대처용으로 워킹 덱(Working Deck) 사용
- 갱 폼(Gang Form) : 옹벽용 대형 거푸집
- 슬라이딩 폼(Sliding Form, 슬립 폼(Slip Form) : 굴뚝, 사이로, 코어, 기둥

3) 기타

- 트래블링 폼(Traveling Form)
- 유로 폼(Euro-Form)

그림 4.25 철재 대형 거푸집 설치 전경

그림 4.26 옹벽 거푸집 조립 전경

1.4.2 플라잉 쇼(Flying Shore) 공법 : 테이블 폼(Table Form)

(1) 정 의

종래의 거푸집, 장선, 멍에, 지주를 기계적 요소로 일체화하여 그 형태를 수평, 수직으로 이동할 수 있도록한 바닥판으로 테이블 폼의 총칭

(2) 시공순서

거푸집(Form) 설치 → Level 조정(Jack 사용) → 콘크리트 타설 → 해체(Jack 조정) → 수평/수직 이동 → Level 조정 → 반복작업

(3) 구성 및 이동 방법

1) 구성상 4분류

거푸집(Form)+동바리(Support)+거푸집 해체 Jack(잭)+수평이동 장치

2) 수직 이동방법 두 가지

- 건물 외부 인양방법 : 건물 외부 내민 바닥에서 달아 올려 이동
- 건물 내부 인양방법 : 건물 내부 개구부(Open) 구간에서 달아메어 이동

(4) 채용시 검토사항

1) 20층 정도 : 최저 5층 이상 건물, 각층 층고 동일

2) 보 없는 평탄 바닥 슬래브

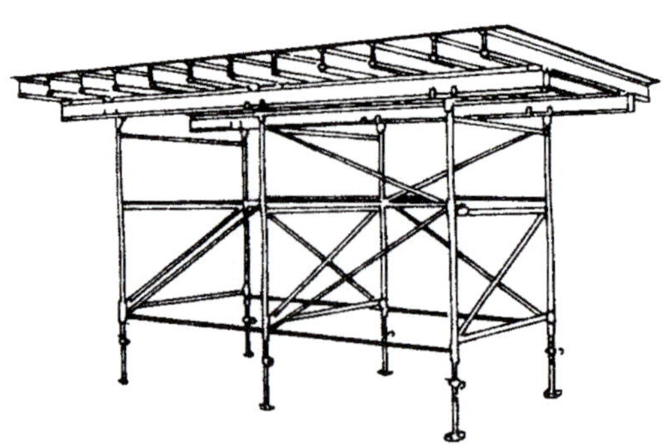

그림 4.27 테이블 폼 개념도

그림 4.28 테이블 폼 외부 인양 전경

그림 4.29 플라잉 쇼 공법

▶ *테이블 폼의 인양을 위해 날라다닌다고 해서 플라잉 쇼라고 불림*

3) 외벽이 커튼 월(Curtain Wall)이거나 현장 타설 칸막이 벽이 작은 것

1.4.3 터널 폼(Tunnel Form) 공법

(1) 정 의

RC조에 있어 모듈러(Modular), 무량판 Bearing Wall 구조물로서, Wall & Slab의 콘크리트 동시 타설을 고려한 시스템화 된 거푸집

(2) 종 류

1) 형상에 의한 구분 : 모노 셸(Mono Shell), 트윈 셸(Twin Shell)

2) 재질에 의한 구분 : Steel Frame & Steel Face, Steel Frame & Plywood Face

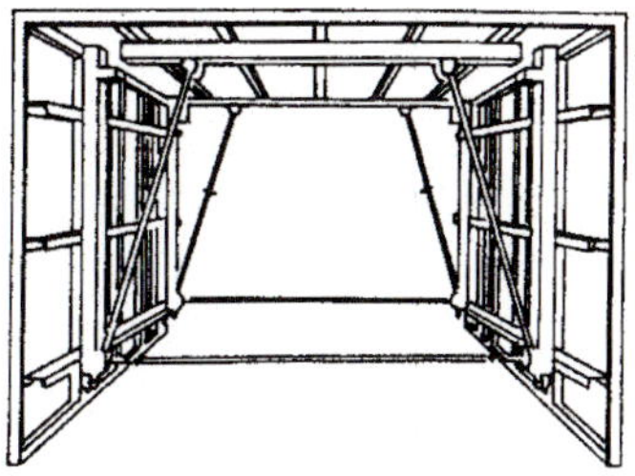

그림 4.30 모노 셸형

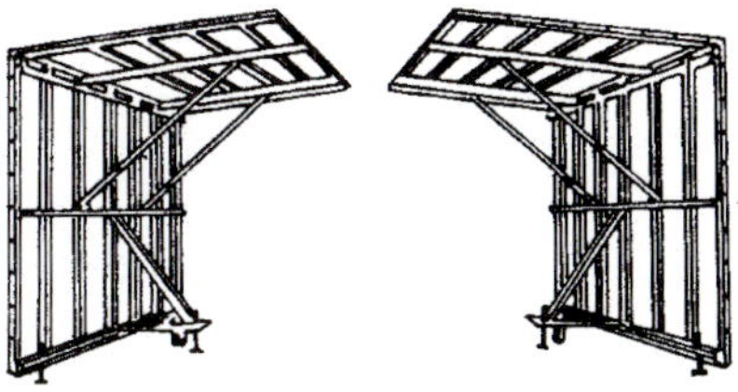

그림 4.31 트윈 셸형

(3) 적용조건

1) 설계 : Modular화, 무량판 Bearing Wall System

그림 4.32 건축물 터널 폼 시공

2) 기계화 시공, 공기단축, 성력화(Labour Saving : 노무절감)

3) 반복작업, 전용사용, 품질관리 향상

1.4.4 트래블링 폼(Traveling Form) 공법

(1) 정 의

수평으로 이동할 수 있는 구조를 가지고 있는 일체화(장선, 멍에, 동바리, 레일)된 대형 시스템 거푸집의 총칭

(2) 용 도

1) 건축 : 셸(Shell), 아치(Arch), 돔(Dome)

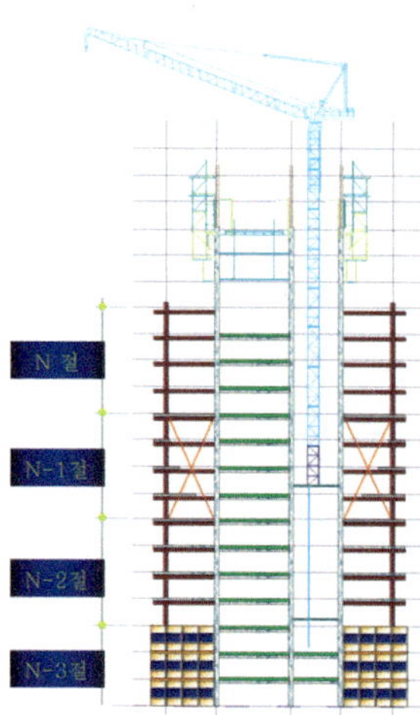

그림 4.33 코어 월 ACS 폼 개념도

그림 4.34 코어 월 ACS 폼 전경

▶ *상부로 슬라이딩하면서 연속으로 콘크리트가 타설됨*

2) 토목 : 터널(Tunnel), 교량, 지하철 등

(3) 적용조건

1) 재현성이 어렵고 반복시공인 경우
2) 공기 단축, 품질 정밀도와 안전성 향상
3) 자원절약의 필요성

1.4.5 슬라이딩 폼(Sliding Form) / 슬립 폼(Slip Form) 공법

(1) 정 의

수직으로 반복된 구조물을 기계 시스템인 요크(York), 로드(Rod), 잭(Jack)을 이용하여 시공 이음없이 연속적으로 거푸집을 이동시키면서 타설해 나가는 거푸집공법

(2) 구 분

1) 슬라이딩 폼(Sliding Form) : 상부쪽 단면적의 크기가 동일한 구조물에 적용
   예) 건물 코어벽, 사일로 등
2) 슬립 폼(Slip Form) : 단면적이 위로 가면서 작아지는 구조 물에 적용
   예) 공장용 높은 굴뚝 등

(3) 특 징

1) 공기가 보통 거푸집공법보다 3~5배 빠름
2) 시공 줄눈이 생기지 않아 일체성이 확보되고 외관이 아름다움
3) 내외부의 비계 불필요 : 재료의 설치, 조립, 해체 노동력 감소
4) 시간당 50~70 mm, 최대 300 mm까지 상승

1.4.6 기타 공법

(1) VH(수직 수평) 분리타설 공법

수직부재인 옹벽 또는 기둥을 먼저 타설한 후 슬래브 콘크리트를 나중에 타설하여 수직과 수평이 상호 분리타설되는 공법의 총칭

그림 4.35 VH 분리타설 공법

▶ *뒤쪽에 보이는 콘크리트 기둥을 먼저 타설한 후 대형 테이블 폼을 기둥 사이에 놓고 슬래브 콘크리트를 나중에 타설한다.*

그림 4.36 테이블 폼을 이용한 VH 공법

▶ *테이블 폼이 조립된 전경*

(2) 와플 폼(Waffle Form)

평판 또는 무량판 구조에서 격자모양의 바닥판 구조의 시공이 가능한 거푸집의 총칭

그림 4.37 와플 폼 설치 전경

그림 4.38 와플 폼 위 철근 배근 작업 후 전경

(3) 덱 플레이트(Deck Plate)

보통 철골구조에서 슬래브 공사에 사용되며, 무지보공(Non Support) 공법의 일환으로 슬래브 거푸집을 대신하여 요철 철판을 바닥에 까는 공법의 총칭

그림 4.39 덱 플레이트 공법
▶ 보통 철골조에서 무지보공법의 일환으로 덱 플레이트를 슬래브에 깐다.

2 철근 공사(Reinforced Bar Work)

2.1 철근 공사 일반

2.1.1 개 요

철근공사는 건축물 구조의 양부를 결정하는 중요한 공사이고, 콘크리트와 일체가 되어 제기능을 수행하는 공사이므로 철저한 품질관리와 공사계획에 의한 감리 · 감독과 함께, 공사 준공 후에는 눈으로 확인할 수 없는 작업이므로 시공과정에서 미흡한 사항들이 수정될 수 있도록 사전조치가 중요하다고 하겠다. 아울러 현장 시공에서는 주로 인력에 전적으로 의존하는 공사이므로 철근 프리패브 공법과 부재의 PC화 개발로 현장 환경보존과 성력화 방향으로의 지향이 바람직하다 .

2.1.2 재료적 성질

(1) 철근 콘크리트 구조(RC) 특징

1) 콘크리트의 성질
   - 압축응력 : 강(强)
   - 인장응력(Tensile Stress) : 약(弱)

2) 이에 따라 인장을 받는 부분에 철근을 넣어 인장응력을 부담

그림 4.40 슬래브 철근공사 전경

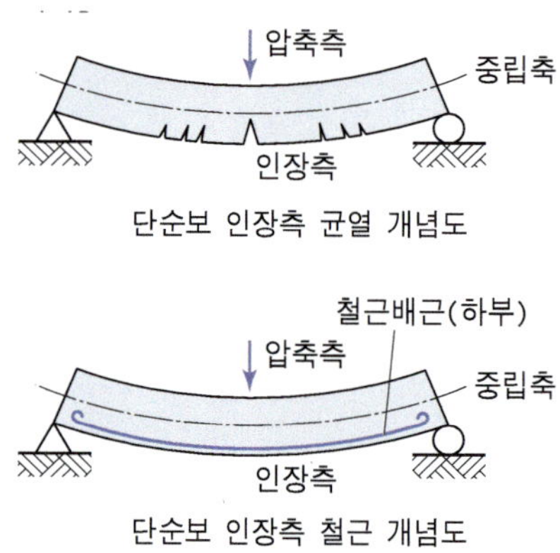

그림 4.41 RC 단순보 성립 개념

▶ *단순보 중립축을 중심으로 상부 압축측은 콘크리트가 부담하고 하부 인장측은 철근이 부담*

3) 철근 콘크리트 구조물에 응력전달을 충분하게 하기 위해 철근의 이음, 정착 및 부식방지를 위한 피복두께 확보가 중요

(2) RC구조 성립 조건 세 가지

1) 선팽창계수(1×10^{-5}/℃)가 동일
2) 콘크리트의 강알카리성(pH=12.5~13)
   - 철근 Passive Scale(부동태 피막) 형성
   - 철근 부식(녹) 방지
3) 내화성 유지(철근 600℃에서 항복강도의 1/2 저하)
   - 피복두께로 결정, 유지관리(Maintenance)
   - 기둥, 보, 내력벽(2시간 내화) 및 벽, 슬래브(1시간)

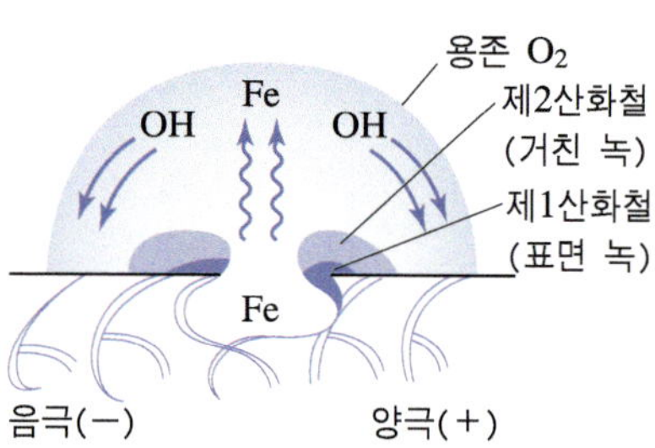

그림 4.42 철근의 녹발생 메커니즘

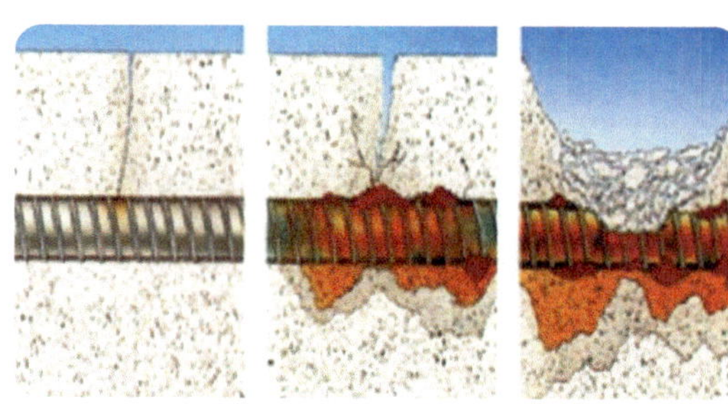

그림 4.43 철근 녹발생과 콘크리트 중성화 개념도

(3) 철근의 응력변위 곡선도

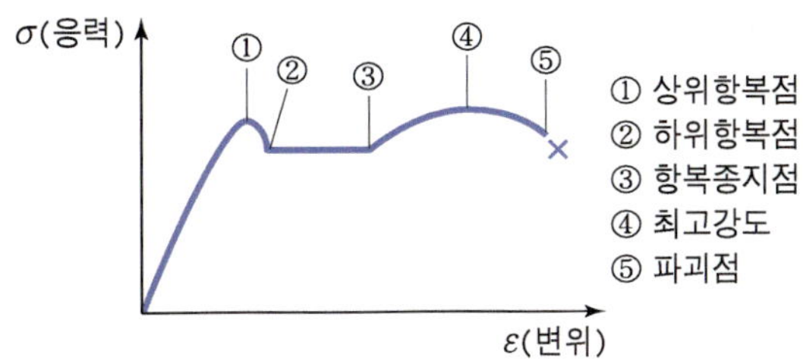

그림 4.44 응력변위 곡선도

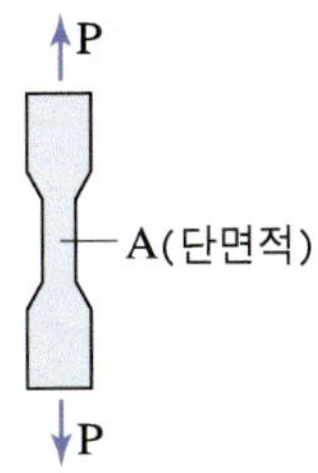

$$\sigma(\text{Stress}) = \frac{P}{A}\ [\text{kg/cm}^2]$$

$$\varepsilon(\text{Strain}) = \frac{\Delta l}{l}$$

$$E(\text{탄성계수}) = \frac{\sigma}{\varepsilon} : \text{기울기}$$

그림 4.45 응력변위 산식

2.1.3 재 료

(1) 철근재료 구분

1) 빌레트(Billet : 원철을 사용)
2) 인고트(Ingot : 고철을 재생)

그림 4.46 철근 시험을 위한 시료 채취 전경
▶ *현장 반입철근 시험은 100톤마다 1회 실시함*

(2) 강재의 종류

1) 원형철근(Round Steel Bar) : 특수하게만 쓰임
2) 일반 이형철근(Deformed Steel Bar) : 마디와 리브(Rib)가 있는 철근(현장 약식 표시 예 : D10)
   – 두 가지 종류 : SD24(파랑색 표시), SD30(초록색 표시)

3) 고강도 이형철근(Hightensi-Bar) : (현장 약식 표시 예 : HD22)

– 두 가지 종류 : SD35(빨강색 표시), SD40(노란색 표시)

4) 용접철망(Wire Weided Fabric) : 철근을 바둑판 형태로 용접, 벽체 및 바닥판용

그림 4.47 일반 철근 SD30 초록색으로 표시

▶ *위 규격 외 SD24(파랑), SD35(빨강), SD40(노랑)으로 표시되어 네 가지 종류로 구분된다.*

그림 4.48 고강도 철근 SD40 노란색으로 표시

▶ *위 규격의 철근은 하이텐션바이므로 노란색으로 표시되어 반입된다.*

(3) 철근 표시방법

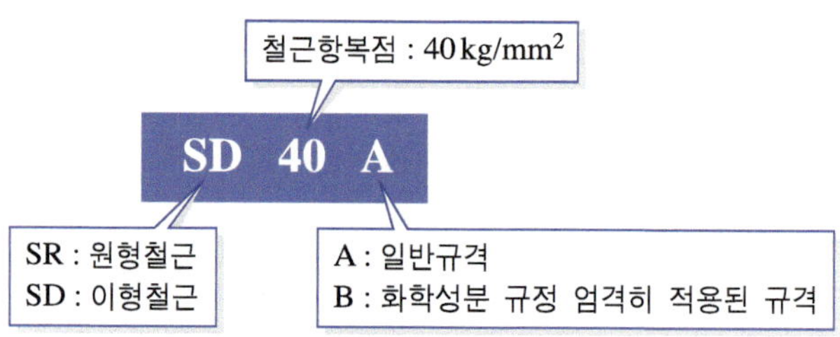

그림 4.49 철근 표시방법

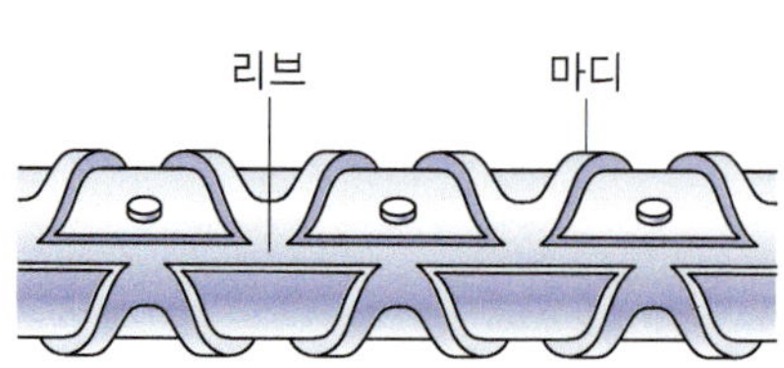

그림 4.50 이형철근 리브와 마디

그림 4.51 저장된 철근을 지게차로 운반하는 전경

그림 4.52 용접철망(Wire Welded Fabric)
▶ *바닥 및 벽체용으로 철근 프리패브화의 기본 부재임*

2.2 철근 현장시공 실무

2.2.1 철근 품질관리

1) 철근조립 전 청소, 녹(습기 방지), 기름, 먼지 제거
2) 가공시 도면 시방에 따라 말단부 구부림, 강도, 지름, 여장 등 확인
3) 철근의 구부림
   - 대기상태(냉간)에서의 가공을 원칙으로 함
   - D29 이상은 협의 후 가열가공(급랭 금지)
4) 이음위치 및 결속방법
   - 응력이 큰 곳은 피하고 같은 위치 집중 방지(이음 수량 절반 이하)
   - D29 이상은 겹침이음 하지 않음
   - 이음 결속은 2개소 이상, 슬래브 교차되는 철근은 매단 결속선으로 연결
5) 가공불량으로 유해한 손상이나 변형이 생긴 것은 사용 금지

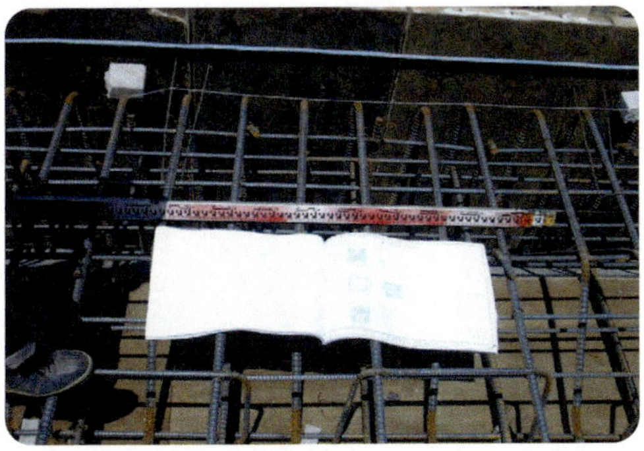

그림 4.53 철근 품질관리 – 도면과 실시공 확인

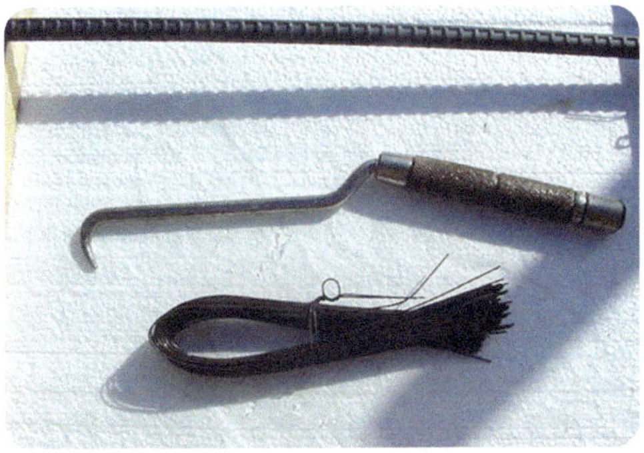

그림 4.54 철근 결속선과 체결 갈고리

그림 4.55 철근 체결 전경

그림 4.56 슬래브 위 철근 이동 절단기

6) 철근간격(순간격), 거푸집 널과의 간격, 철근 간격재(Spacer) 등의 사용 확인

7) 큰보에서 2단 배근시 : 하단 철근 자중에 의해 미끄러지지 않도록

8) 가스 압접부의 겹침(5d 이상), 편심 방지(1/5d 이하), 단면 배부름(1.4d 이상)

9) 철근은 지면에 닿지 않게 저장하고 압접철근은 냉수 등으로 급랭 금지

10) 완전한 차폐물이 없이는 강우, 강설, 강풍시 작업 중단

그림 4.57 벽체 철근에 간격재(Spacer)

그림 4.58 부속자재의 집합

그림 4.59 현장 철근 선조립 샘플 예

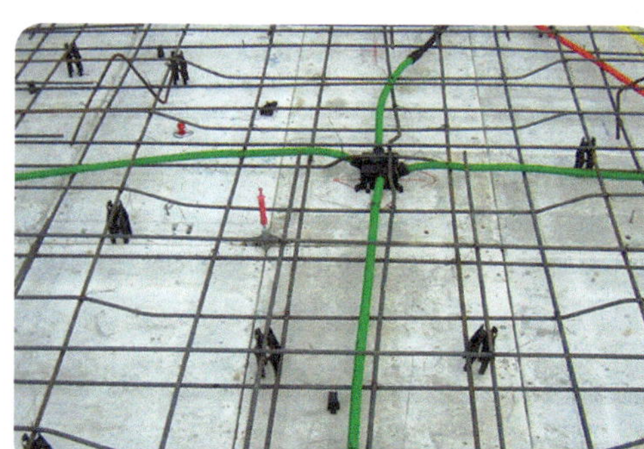

그림 4.60 철근 받침 간격재 – 바닥 PVC용

2.2.2 가 공

1) 구부리기

- ϕ25 mm 이하 → 모든 철근은 상온에서 가공함을 원칙으로 함
- ϕ28 mm 이상 → 가열하여 가공할 수도 있음

2) 원형철근 : 말단부 반드시 갈구리(Hook) 설치

3) 이형철근(Deformed Bar)

- 부착력이 크므로 갈구리(Hook) 생략
- 갈구리(Hook) 설치 경우
  - 보 및 기둥의 단부, 대근(Hoop), 늑근(Stirrup)
  - 굴뚝 철근
  - 캔티레버보(Canilever), 단순보 지지단

그림 4.61 현장철근 절곡기
▶ *주로 늑근과 대근을 벤딩하는데 사용함*

그림 4.62 현장내 철근 가공 전경

2.2.3 이 음

(1) 철근 이음 원칙

1) 원형철근 이음길이 : 갈구리 중심거리

2) 규격이 다를 경우: 가는(작은) 철근 지름 기준

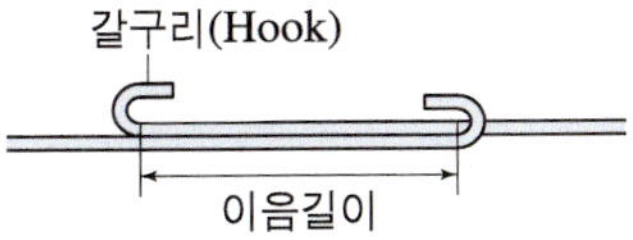

그림 4.63 이음길이 개념

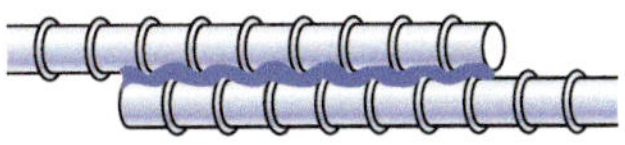

그림 4.64 겹침이음

3) 이음 위치

- 응력이 큰 곳은 피함
- 한 곳에서 반 이상 잇지 않음

4) D29, 28 이상은 겹침이음 불가

(2) 겹침이음

1) 정의 : 이음 부위 양단 및 중앙부 등 3개소 이상 결속하는 방법

2) 특징 : 가장 보편적으로 사용하는 공법, 순수인력에 의존

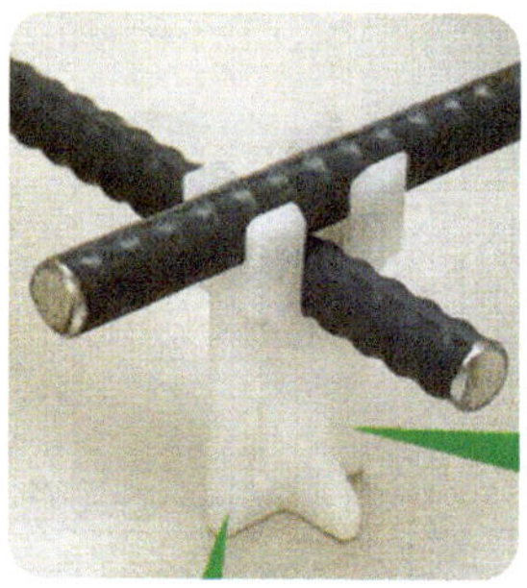

그림 4.65 받침대 이용 겹침이음

▶ *보통 철근하부에 철근받침을 놓고 서로 교차하는 지점을 결속선으로 처리하지만 본 자재는 별도의 결속이 필요하지 않는 공법이다.*

(3) 용접이음

1) 정의 : 철근 이음 부위를 용접으로 처리하는 방법

2) 종류

- 겹침용접이음
- 맞댐용접이음
- 덧댐용접이음

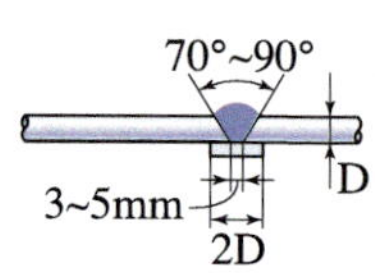

그림 4.66 맞댐이음

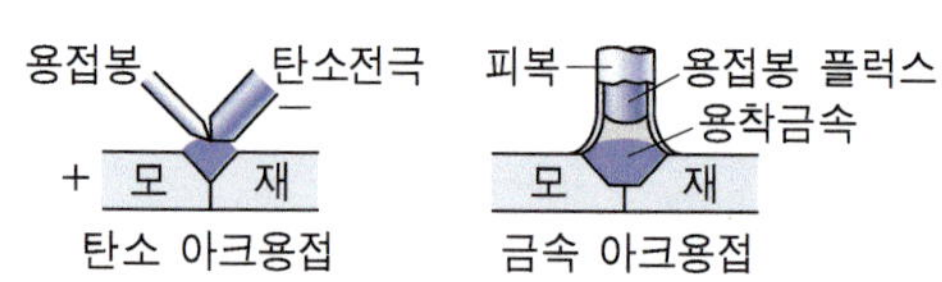

그림 4.67 아크 용접

(4) 가스(Gas) 압접

1) 정의 : 철근 양쪽을 가열해 압력으로 이음하는 방법

2) 시공

- 압접기계 3 kg/mm^2 이상, 1.4d 이상 부풀게 시공
- D16까지(겹침이음), D19 이상(가스 압접)

3) 작업 순서

① 철근 양쪽 가열

② 양쪽 가압

▶ *D19 이상 굵은 철근에 주로 사용된다.*

③ 가스 압접 완료

▶ *이음 위치가 서로 지그재그로 처리됨에 주의한다.*

그림 4.68 가스 압접 작업순서

(5) 나사이음

1) 정의 : 슬리브(Sleeve)를 나사형으로 제작하여 철근을 이음하는 방법

2) 특징

- 일정 규격 이상의 철근에 적용 가능, 고가
- 품질 정도 확보, 철근 순간격 확보 가능

3) 나사이음 시공 개념

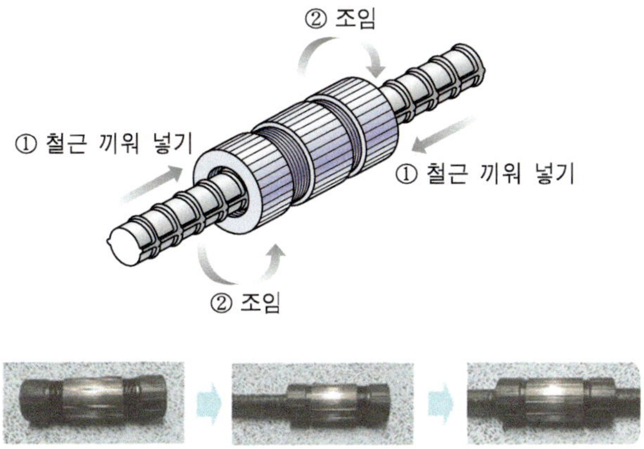

그림 4.69 나사이음 개념도

그림 4.70 기둥철근 나사이음

▶ *여기서도 이음 위치가 중복되지 않고 지그재그로 처리되었음을 알 수 있다.*

(6) 캐드 웰딩(Cad Welding)

1) 정의 : 슬리브 내에 화학성분 가루를 넣고 순간적으로 폭발시켜 철근을 접합시키는 방법

2) 특징

- 거푸집 화재 무관, 기후 영향 없음
- 규격이 다른 철근 시공 가능

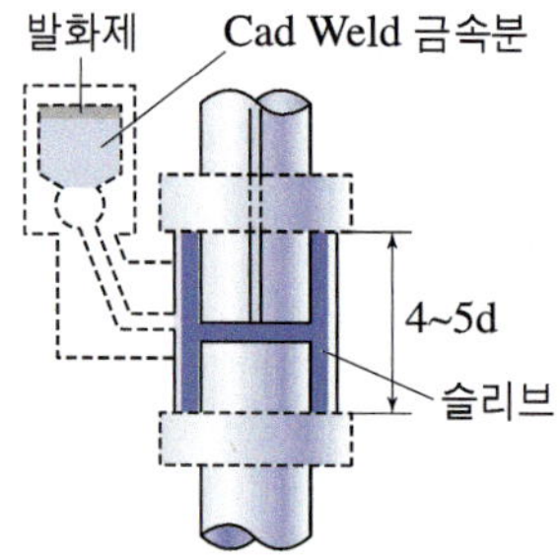

그림 4.71 Cad Weld Joint

(7) 지 록 슬리브(G-Loc Sleeve) 공법

1) 정의 : 슬리브를 끼우고 망치로 쳐서 슬리브 조임의 힘으로 이음되는 방법

2) 특징

- 철근 규격이 다를 경우 리두셔 인서트(Reducer Insert) 사용
- 망치로 쳐서 조임

(8) 칼라(Collar) 압착공법

1) 정의 : 슬리브를 끼우고 조임기구로 압착시키는 방법

2) 종류

- 그립(Grip) Joint : 잭 압착
- 스퀴즈(Squeez) Joint : 다이스로 뭉갬

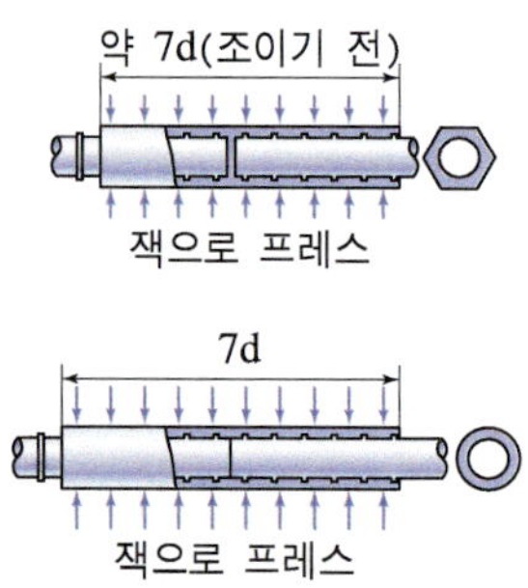

그림 4.72 Grip Joint

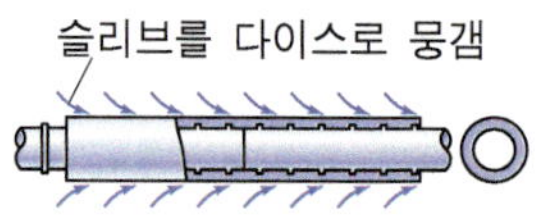

그림 4.73 Squeeze Joint

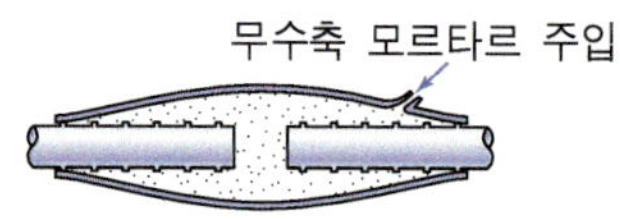

그림 4.74 충전 이음

(9) 충전이음

1) 정의 : 슬리브 속을 충전 모르타르로 채우는 공법

2) 특징 : 특수한 경우에 사용, 고가

2.2.4 정 착

(1) 철근 정착 개념

부재를 지지하는 부재 내에 연장하여 매입부분의 부착력으로 철근응력을 지지부에 전달하는 것

(2) 정착위치

- 기둥 주근 → 기초, 큰보 주근 → 기둥
- 벽철근 : 기둥, 보, 바닥에 정착
- 바닥철근 : 보, 벽체에 정착
- 지중보 주근 : 기초 또는 기둥

그림 4.75 슬래브 철근의 정착

▶ *슬래브 철근도 바깥쪽 옹벽 및 보에 정착되야 구조적으로 안전하다.*

(3) 이음 및 정착길이

1) 허용응력 설계법 : 이음 및 정착길이는 다음 표와 그림 4.76, 4.77과 같이 단순하게 규정

위 치	보통 콘크리트	경량 콘크리트	비 고
압축부위 및 적은 인장부분	25d	30d	
인장부분	40d	50d	

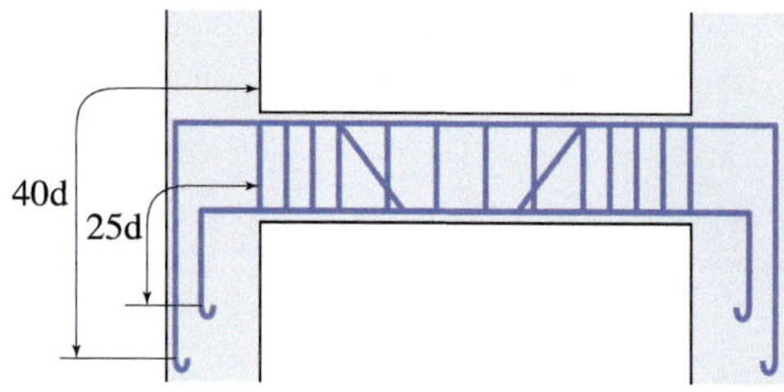

그림 4.76 일반 중간층 정착길이

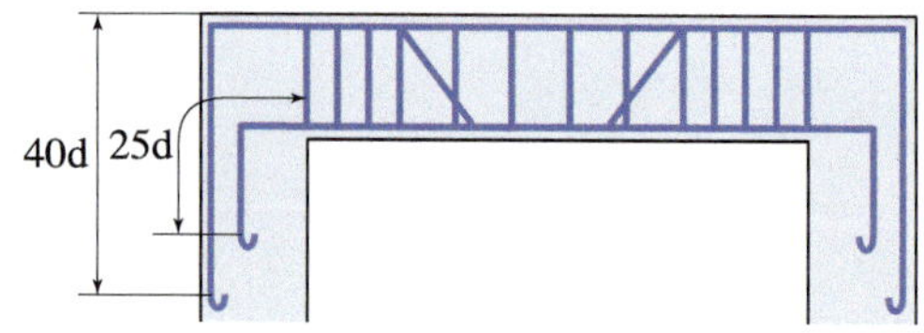

그림 4.77 최상층(옥상층) 정착길이

2) 극한강도 설계법

- 현재 극한강도 설계법을 적용하면서 보정계수를 반영하여 매우 복잡해 짐
- 보정계수 적용 범위 : 철근의 강도, 콘크리트 강도, 철근의 배근 위치, 에폭시 도막 여부, 철근의 크기

2.2.5 피복 두께

(1) 일반사항

1) 철근과 콘크리트는 열팽창계수(1×10^{-5}/℃) 유사 조합
2) 철근은 부식에 약, 콘크리트가 철근 부식을 방지
3) 철근은 열전도성 크다, 콘크리트 열전도성 작으므로 내화상 피복두께 필요

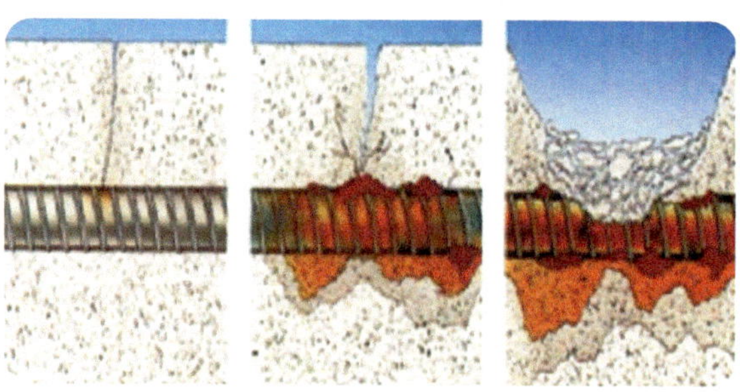

그림 4.78 피복두께와 녹발생 개념도
▶ *피복두께는 철근의 녹발생과 콘크리트 중성화에 큰 영향을 미친다.*

(2) 피복 목적

- 내화성(Fire Resistance) 유지
- 내구성 확보 : 철근 부식 방지, 중성화 억제

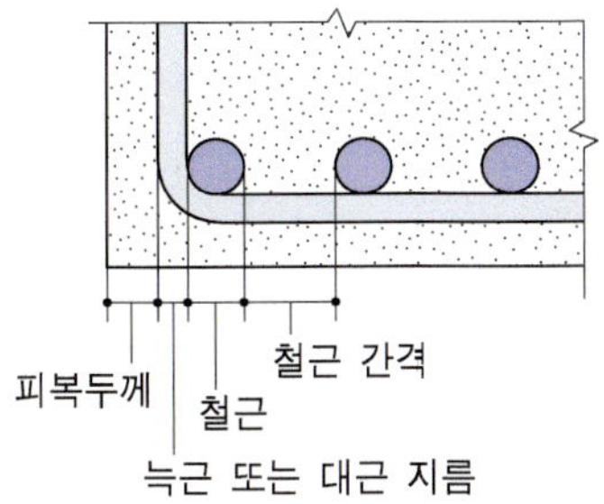

그림 4.79 철근 피복두께

그림 4.80 스페이스 설치
▶ *피복 두께 유지를 위해서 반드시 설치*

- 시공상 콘크리트 치기의 유동성 : 굵은골재 크기

(3) 철근 배근 간격

- 철근지름의 1.5배 이상
- 2.5 cm 이상
- 최대 자갈치수 2.5배 이상

(4) 피복두께

조 건	부 재	철 근	피복두께	비 고
옥외 또는 흙에 직접 접하지 않은 부위	슬래브, 벽체, 장선	D35 초과	4 cm	2003년 개정 기준
		D35 이하	2 cm	
	보, 기둥	모든 철근	4 cm	
	셸, 절판	모든 철근	2 cm	
흙에 접하거나 옥외에 직접 노출		D29 이상	6 cm	
		D29 이하	5 cm	
		D16 이하, 지름 16 mm 이하 철선	4 cm	
수중타설 콘크리트	–	–	10 cm	
흙에 영구히 접함	–	–	8 cm	

(5) 부위별 철근 배근 형태

그림 4.81 보철근 교차점의 기둥철근 배근 형태

그림 4.82 슬래브 배근과 보철근 배근 형태

그림 4.83 아파트 벽식 옹벽철근 배근 검사 전경

그림 4.84 기둥철근 배근 작업 전경

▶ *전면에 선배근된 철근 형태는 원형기둥의 스파이럴 후프로 배근된 상태이다.*

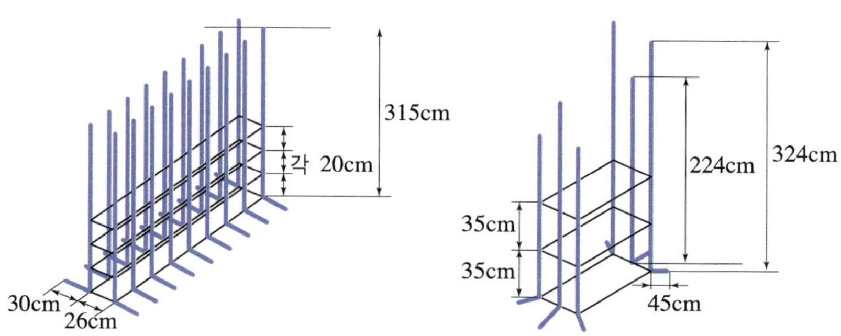

옹벽기초　　　　기둥기초

그림 4.85 기초 철근 가공 Shop Drawing 실례

2.3 철근 프리패브(Pre-fab) 공사

2.3.1 개 요

1) 3D기피, 경제성(Cost) 및 다생산(Mass Production) 차원의 공법 변경이 필연적
2) 공기단축, 작업환경개선, 안전성 확보가 가능한 PC 공법의 일종으로 프리패브화를 이룸으로써 철근 콘크리트 공사의 합리화 가능

2.3.2 철근 프리패브화

(1) 면부재의 프리패브화

1) 개념 : 벽, 바닥 철근 프리패브화
2) 방법 : 용접 철망(WWF) 사용

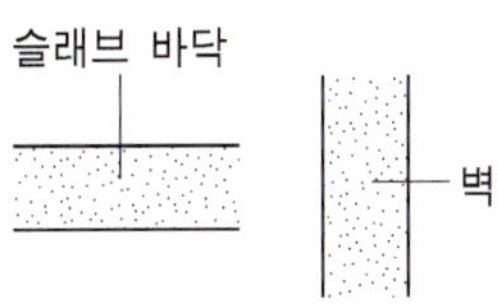

그림 4.86 면부재

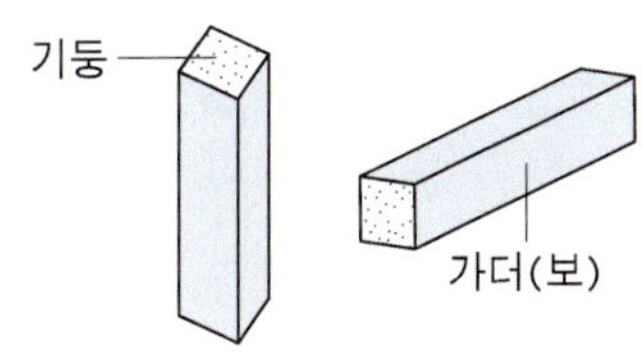

그림 4.87 축조부재

(2) 축조부재의 프리패브화

1) 개념 : 기둥(Column), 보(Beam), 가더(Garder)를 철근 프리패브화 시킴
2) 방법
- 철근 선조립공법 : 철근 조립 후 거푸집 설치

그림 4.88 가더 철근 프리패브화 장내 운반 과정

그림 4.89 철근 선조립 공법

▶ *바닥에서 슬래브 철근을 먼저 조립한 후 양중기로 슬래브에 안착*

그림 4.90 철근 프리패브 양중작업
▶ *철근을 공장에서 조립하고 현장에서는 단순 접합만 시행함*

- 철근 후 조립공법 : 거푸집 설치 후 철근 조립

(3) 철근이음공법

1) 부재 접합방법 중 세 가지 고려사항
   - 구조상의 성능
   - 경제성(Cost)
   - 시공성
2) 철근이음공법(접합공법)
   - 야금적 접합법 : 용접에 의한 종래의 가스 압접 대표
   - 기계식 접합 : 금속의 용해가 아니라 기계적으로 이음
   - 충전식 : 슬래브 중에 접합하는 철근을 차입해 놓고 모르타르로 충전하는 방법
3) 일반적 사용 : 겹침, 가스, 야금

그림 4.91 면부재의 프리패브화 PC 슬래브
▶ *축조부재로 제작된 하부 슬래브*

그림 4.92 축조부재의 프리패브화 PC 가더
▶ *저자가 답방한 화성산업 의성 PC 공장*

3 콘크리트 공사(Concrete Work)

3.1 복합재료(Composite Material)

3.1.1 개 념

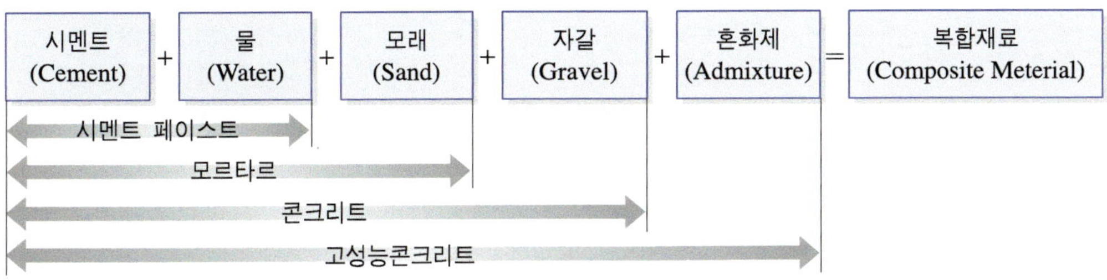

그림 4.93 펌프카

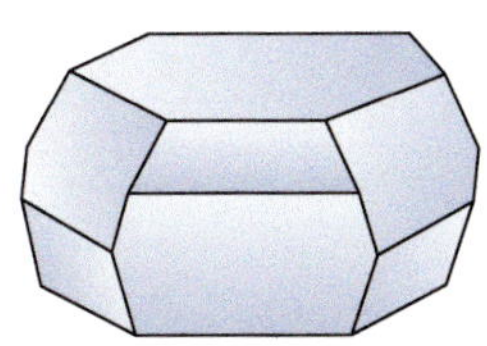

그림 4.94 C_3S 결정의 모형도

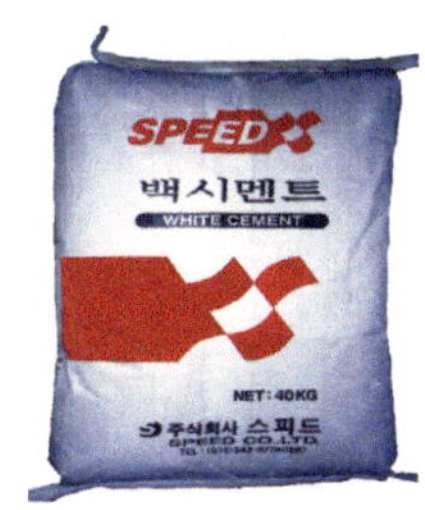

그림 4.95 백시멘트

3.1.2 시멘트(Cement)

(1) 제 조

1) 제조

$$CaCO_3 + \text{점토} \xrightarrow[\text{소성}]{1450℃} \text{클링커}(Clinker) + \text{석고}(CaCO_4) \xrightarrow{\text{분쇄}} CaO + \text{수소}(H_2)\text{가스 생성}$$

2) 성분 : C_3S (규산 제3석회), C_2S (규산 제2석회)의 석회질이 원료의 80% 차지

(2) 시멘트의 종류 및 특성

구 분	종 류	특 징
포틀랜드 시멘트 (Portland Cement)	보통 포틀랜드 시멘트 (1종 시멘트)	• 생산량의 90% 이상 차지, 건축 일반용 • 재령 28일, 5~6년 사이 강도 최대 증가
	중용열 포틀랜드 시멘트 (2종 시멘트)	• 수화열 낮고, 수축률, 균열 발생 적음 • 하절기 공사, 매스 콘크리트에 적합
	조강 포틀랜드 시멘트 (3종 시멘트)	• 초기강도 발현(3일 강도=상주강도) • 공기단축, 고강도, 동절기 공사 사용
혼합시멘트	고로 시멘트	• 수화열이 적고, 강기 강도 우수 • 포틀랜드 시멘트보다 비중 적음 • 내화학성 크다
	실리카 시멘트	
	플라이애시 시멘트	
특수시멘트	알루미나 시멘트	• 긴급 공사, 1일에 28일 강도 발현 • 한랭기공사, 내화성(가마, 연도)
기 타	백색 시멘트	• 색상 순백색화, 1종 시멘트 강도 동일

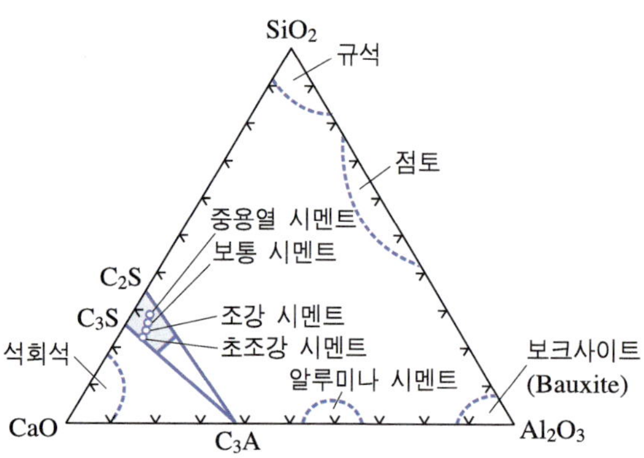

그림 4.96 시멘트 성분별 분포 현황

그림 4.97 삼표레미콘 시험실 골재 확인

▶ *저자가 1종, 2종, 3종 시멘트를 이용해 고성능 콘크리트 배합시 골재를 확인하는 모습*

(3) 시멘트 성질

1) 수경성(수중 경화), 건조시 수축 균열
2) 비중(3.05~3.15), 중량(1,500 kg/m^3), 강도(330 kg/cm^2)
3) 응결시간 : 1~10시간 규정
   - 응결 시작(1.5~3.5시간), 응결 종결(3~6시간)
4) 분말도 : 2,800~3,600 cm^2/g
   - W/A, 공기량, 수밀성에 영향 큼
   - 분말 큼 → 풍화 쉬움

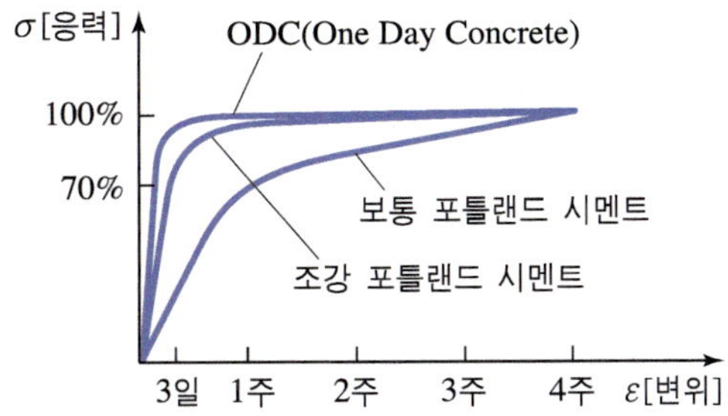

그림 4.98 종류별 콘크리트 강도 상관도

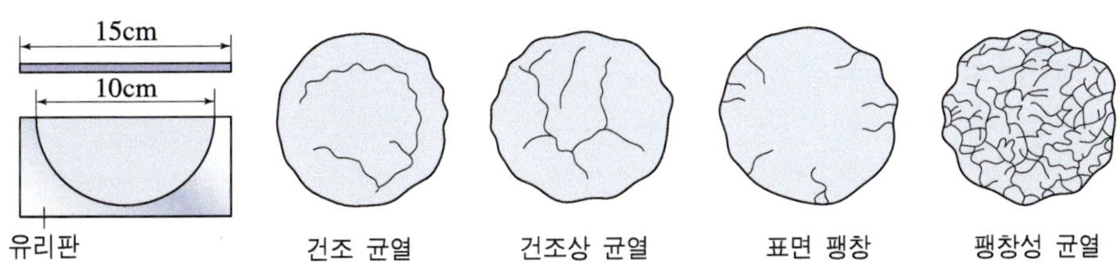

그림 4.99 시멘트 시험체와 균열

3.1.3 골재(Aggregate)

(1) 골재의 종류

1) 크기에 의한 분류

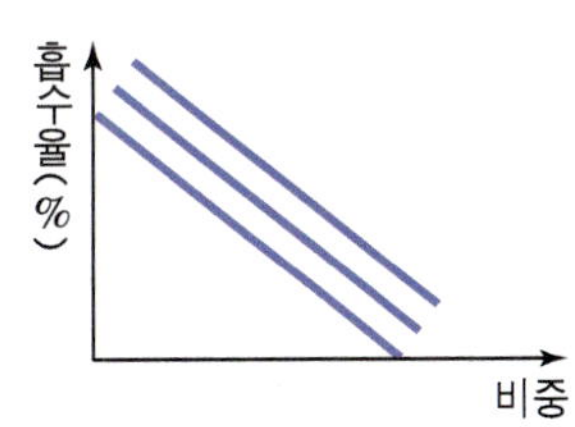

그림 4.100 비중과 흡수율 관계

종 류	특 징
굵은골재 (조골재 : 자갈)	크기 : 5 ~40 mm (중량 1.7 m^3), 건축공사 20~25 mm(철근간격) 사용 통과체 : 5 mm체에 중량으로 85% 이상 남는 골재
잔골재 (세골재 : 모래)	크기 : 0.05 ~5 mm (중량 1.6 m^3) 통과체 : 5 mm체에 중량으로 85% 이상 통과하는 골재

2) 비중에 의한 분류

종 류	특 징
보통골재	비중(2.5~2.7), 보통 콘크리트에 사용(보통 포틀랜드 콘크리트)
경량골재	비중(2.0 이하), 자중 감소, 단열 등의 목적에 사용(경량 콘크리트)
중량골재	비중(2.7 이상), 원자로 방사선 차단 등에 사용(중량 콘크리트)

(2) 골재 품질 및 저장

1) 골재 품질 요구조건

- 견고, 청결, 둥글고, 표면 약간 거친 것
- 강도가 크고 내마모성, 실적률(55% 이상)이 클 것

2) 저장 및 취급

- 배수가 좋고 평탄한 곳, 유기 및 염분 등의 불순물이 섞이지 않게 저장
- 반입·반출 동선 혼란 없을 것

3) 골재 염화물 및 해사(바다모래)

- 골재 염화물 규정
  - NaCl 기준(0.04% 이하), 이온(Cl-)기준(0.02% 이하)
  - 콘크리트 염소이온량 기준치(0.3 kg/m^3 이하)
- 해사 사용의 문제점
  - 문제점 : 철근 부식, 콘크리트의 내구성 저하

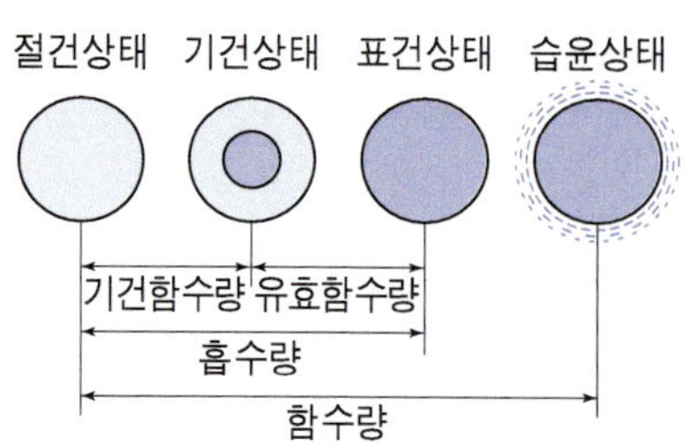

그림 4.101 시멘트 성분별 분포현황

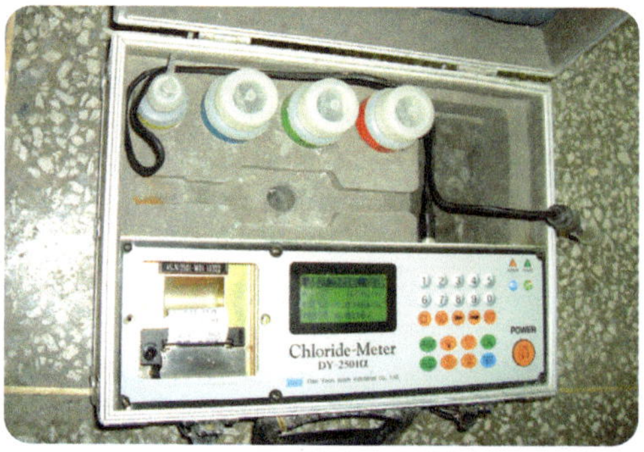

그림 4.102 콘크리트 염분 측정기

그림 4.103 자연사 모래 적치 전경

▶ *현재 지방에서는 아직도 레미콘 공장의 모래로 자연사를 대부분 사용하고 있다.*

그림 4.104 부순 자갈(깬 자갈, 쇄석) 적치 전경

▶ *환경보존, 자원고갈로 조골재 대용으로 깬 자갈이 사용되고 있다.*

– 현상 : 이상응결→ 부피 팽창→ 표면 균열 발생

– 염분 제거시 사용 가능 : 자연강우, 살수, 혼합 등의 방법 이용

그림 4.105 저장방법

3.1.4 물(Water)

(1) 물의 청정도

1) 깨끗하고 기름, 산, 유기물, 알칼리(Alkali), 염류 등이 불포함 된 것

2) 음료수 정도 : 식용에 적당한 물(상수돗물 가능)

(2) 수질 시험

1) 규정 : 상수도 또는 KS F 4009 레디믹스트 콘크리트 규정에 따름

2) 시험 항목 : 색도, 탁도, 염소 이온농도, 수소이온 농도(PH), 증발 잔류물

(3) 해수 사용시

1) 원칙적으로 해수 사용 금지(철근, PC 강선 부식 촉진)

그림 4.106 현장 용수사용 물탱크
▶ *상수도가 없는 현장에서는 지하수를 수질검사한 후 용수로 사용함*

2) 무근 콘크리트는 해수 사용 좋다는 연구결과 있으나 RC조 철근 부식의 주 원인

3) 부득이 해수 사용시

- 부배합(시멘트가 많이 들어가는 배합)으로 수밀 콘크리트 지향
- 충분한 철근 피복두께 유지

3.1.5 혼화제(Admixture)

(1) 정 의

콘크리트에 혼합되어 제성질 개량 목적으로 사용되는 소량 재료의 총칭(오히려 강도상으로는 불리한 경향이 있다는 시험 결과가 나온 바 있다.)

그림 4.107 각종 혼화재 샘플
▶ *특히 AE제는 무수한 미세기공을 만들어 시공성 향상과 동결 융해 방지에 효과 큼*

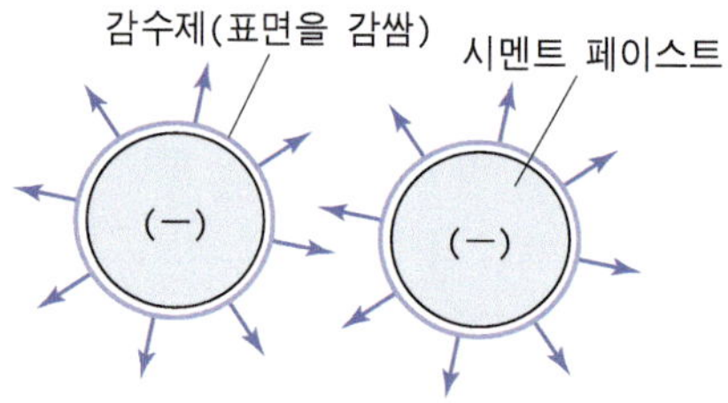

그림 4.108 분산작용

(2) 혼화제의 구분 및 종류

혼화제(재)	특 징	
구 분	혼화제(劑)	• 소량 사용, 약품과 같은 뉘앙스 재료 물성 불영향
	혼화재(材)	• 다량 사용, 콘크리트의 물성에 영향을 주는 재료
종 류	표면활성제	• 성질 : 재료 제성질을 활성화시켜 시공성을 향상시킴 • 종류 : AE제(Air Enterained), AE 감수제, 감수제 (분산제 : Dispersion Agent, 강력한 분산작용)
	성질개량제 (증량제)	• 성질 : 콘크리트의 성질 자체를 개량 • 종류 : 천연산(포졸란 : Pozzolan), 인공산(Fly Ash) 실리카 흄(Silica Fume: 공극 충진 고강도 가능)
	응결경화 촉진제	• 성질 : 콘크리트의 수화시간 단축 • 종류 : 염화칼슘, 식염, 규산소다
	응결지연제	• 성질 : 소요 시간의 연장 및 타설거리 멀 때 사용 • 종류 : 리타더제
	방 수 제	• 성질 : 콘크리트 물성의 공극 충전 • 종류 : 발수성(명반, 수지, 비누), 수산화칼슘 분해
	방 동 제	• 성질 : 동결(Freezing) 방지 • 종류 : 염화칼슘, 식염
	착 색 제	• 성질 : 재료를 착색시켜 고유 색상을 나타냄 • 종류 : 빨강(제2산화철), 파랑(군청), 초록(산화크롬), 노랑(크롬산 바륨), 검정(Carbon Black)
	기 타	• 종류 : 발포제(AL 분말, 기포 혼화제), 팽창제, 내산제, 내마모제, 방청제 등

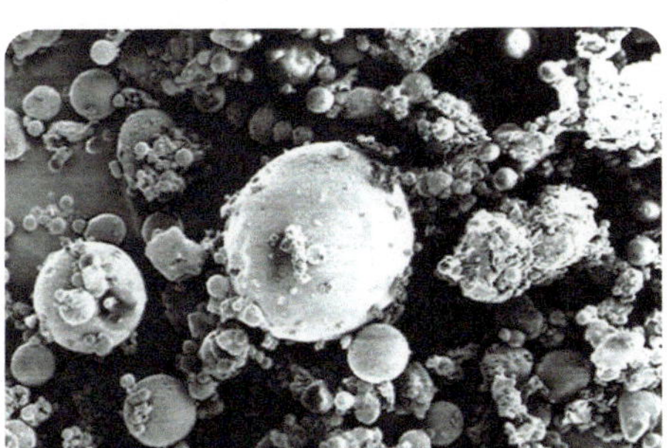

그림 4.109 플라이 애시
▶ *수화열 저감을 위해 시멘트 대체 효과를 지님*

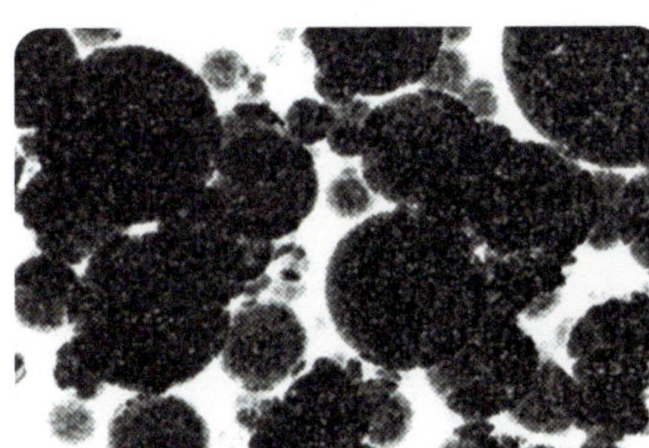

그림 4.110 실리카 흄
▶ *공극을 충전시켜 콘크리트 고강도 발현이 가능*

3.2 굳지 않은 콘크리트(미경화, 생 : Fresh Concrete)

3.2.1 배합설계

(1) 개 요

1) 콘크리트 세 가지 조건(Good Concrete)
   - 내구성(Durability)) : 경화 후 수명 오래 갈 것
   - 강도(Strence) : 소정의 강도 발현
   - 경비(Cost) : 경제성 있는 콘크리트 생산

2) 배합조건 : 주어진 재료를 가장 경제적으로 사용하여 소정의 강도, 내구성, 수밀성을 갖도록 선정

3) 콘크리트 복합재료(Composite Material) 개념

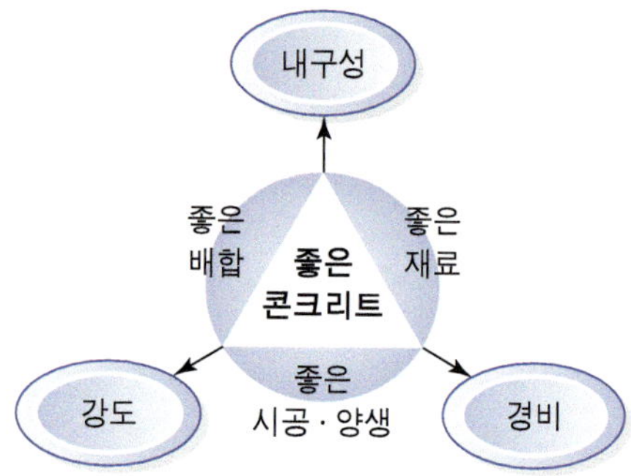

그림 4.111 좋은 콘크리트

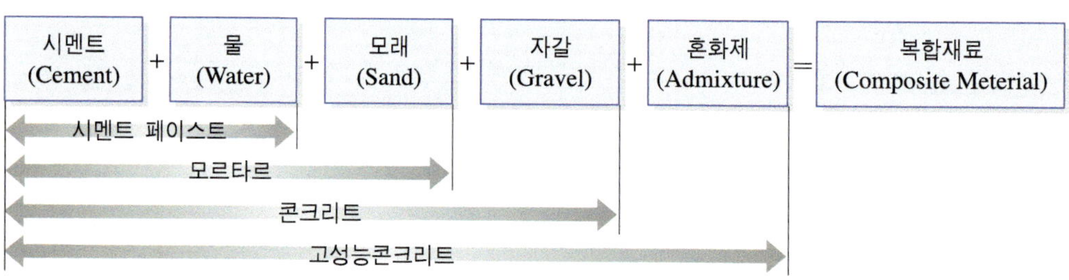

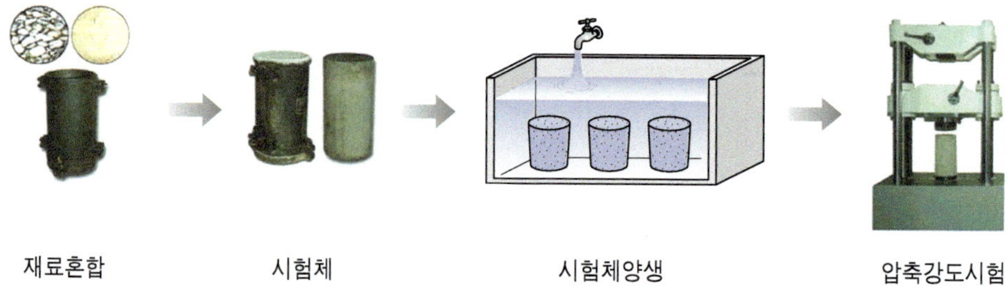

그림 4.112 공시체 제작에서 압축강도시험까지의 과정

(2) 배합설계 순서

<table>
<tr><th>배합순서</th><th>특 징</th></tr>
<tr><td>① W/C비의 결정</td><td>• 개요 : 콘크리트 Cement Paste 중에 있는 물과 시멘트 중량비를 말함
• 적용 : 강도에 영향을 미치므로 가능한 최소값을 취함</td></tr>
<tr><td>② 슬럼프(Slump)값 결정</td><td>• 개요 : 슬럼프값은 시공연도(Workability) 양부 결정의 중요 요인
• 슬럼프 표준값
<table><tr><th>부 위</th><th>철근 콘크리트</th><th>무근 콘크리트</th></tr><tr><td>일반적인 경우</td><td>8~15 cm</td><td>5~15 cm</td></tr><tr><td>단면이 큰 경우</td><td>6~12 cm</td><td>5~10 cm</td></tr></table></td></tr>
<tr><td>③ 굵은골재 최대치수 결정(조골재)</td><td>• 개요 : 최대치수가 클수록 경제적인 콘크리트 생산 가능
(Workability 개선, 시멘트 사용량 감소, 수량 감소)
• 굵은골재 최대치수
<table><tr><th>구조물의 종류</th><th>최대치수</th><th>비 고</th></tr><tr><td>일반적인 경우</td><td>2 또는 2.5 cm</td><td>보통 25 m/m 이하</td></tr><tr><td>단면이 큰 경우</td><td>4 cm</td><td></td></tr><tr><td>무근 콘크리트</td><td>4 cm</td><td>(부재의 치수 1/4 초가 불가)</td></tr></table></td></tr>
<tr><td>④ 절대 잔골재율 (S/A) 결정(세골재)</td><td>• 개요 : 잔골재량과 골재 전량과의 중량비를 말함
• 적용 : 소요의 Workability 얻을 수 있는 범위 내에서 결정</td></tr>
<tr><td>⑤ 단위수량(W) 결정</td><td>• 잔골재율(S/A) 결정시 단위수량 최소화</td></tr>
<tr><td>⑥ 시방배합 산출 및 조정(표준배합)</td><td>• 개요 : 일반적으로 표준배합표에 의한 것이 보통
• 방법 : 시험에 의하는 방법, 표준배합표를 이용하는 방법</td></tr>
<tr><td>⑦ 현장배합으로 수정</td><td>• 당일 현장의 날씨, 기온 등을 고려한 현장배합으로 조정</td></tr>
</table>

3.2.2 측 압

(1) 정 의

콘크리트 측압은 부어넣기 속도에 관계하고 콘크리트를 높이 부어감에 따라 측압 최대점이 상승하나, 어느 정도 높이에 달하면 콘크리트를 계속 부어넣어도 측압은 조금씩 내려간다.

그림 4.113 현장에서의 슬럼프값 측정 모습

(2) 측압의 상태 및 표준값

1) 생콘크리트의 측압

구 분	높이[m]	측압값[t/m^2]
기 둥	1.0	2.5
벽	0.5	1.0

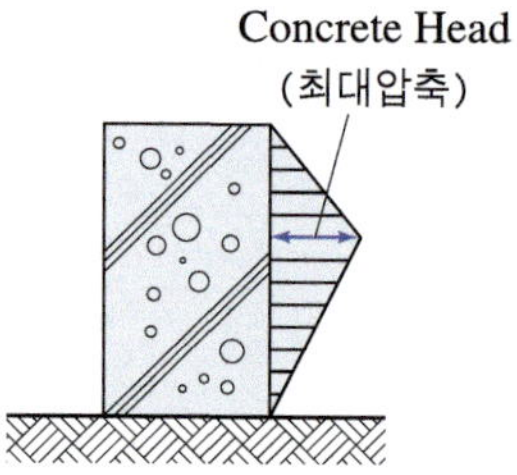

그림 4.114 Concrete Head

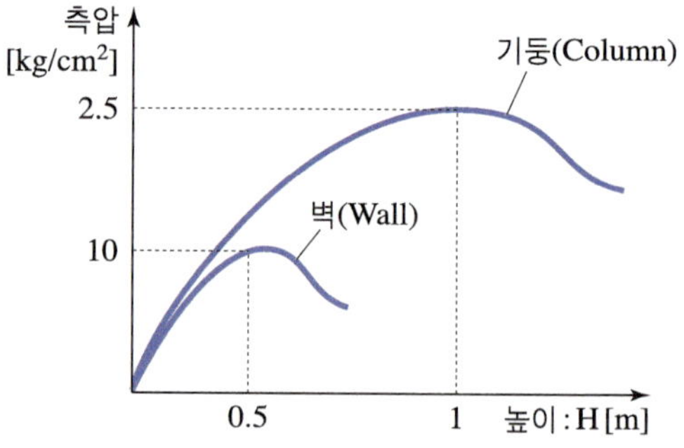

그림 4.115 벽 및 기둥과 측압의 상관도

2) 콘크리트 헤드(Concrete Head) : 콘크리트를 높이 부어감에 따라 생기는 최대점의 측압

(3) 측압의 영향 요인

구 분	측압이 커지는 요인
거푸집에 영향	① 타설 속도가 빠를수록 ② 기온이 낮을수록 ③ 시공연도가 클수록 ④ 진동기 사용시 증가 ⑤ 수밀성이 클수록 ⑥ 콘크리트의 비중이 클수록 ⑦ 벽두께가 클수록 ⑧ 습도가 낮을수록

그림 4.116 측압 대비 기둥 거푸집 설치
▶ *기둥 측압에 대비하기 위해 철재 반도 설치*

3.2.3 초기 균열(Plastic Crack)

[1] 재료분리(Segregation)

(1) 정 의

콘크리트 타설(치어붓기)시 여러 원인(시공연도, 입도, 타설방법, 수분이탈 등)에 의해 응결 · 수화과정에서 비중의 차이에 따라 복합재료들이 한쪽으로 몰려 재료 자체가 분리되는 현상

(2) 재료분리 문제점

1) 큰 자갈만 모여 생긴 곰보(Honey Comb), 철근 하부 공극, 부착력 감소
2) 동해 발생 원인(공극 속에 수분 동결)
3) 이어치기시 콜드 조인트(Cold Joint)에 레이턴스(Laitance) 현상으로 인해 이음부 발생
4) 건조수축 크랙(Shrinkage Crack), Air 혹은 Water Void 발생

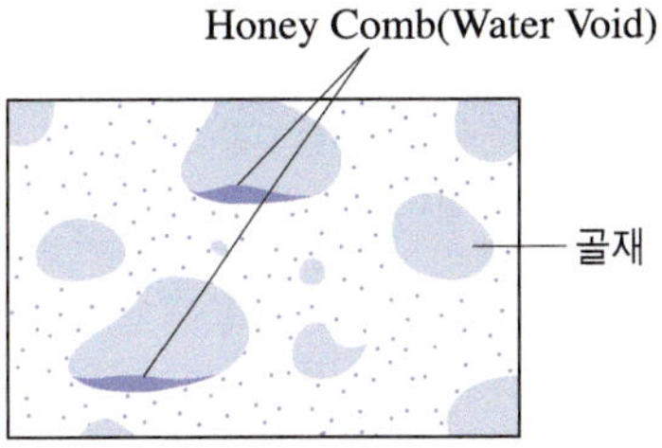

그림 4.117 골재 하부 Honey Comb

(3) 블리딩(Bleeding)과 레이턴스(Laitance) 현상

구 분	블리딩(Bleeding)	레이턴스(Laitance)
정 의	재료분리(Segregation)의 일종으로 물시멘트비(W/C)가 큰 콘크리트 타설시 비중차에 의해 골재와 시멘트 입자가 침강하고 콘크리트 표면에 미세물(불순물, 석인물)이 상승하는 현상	Bleeding 현상시 시멘트와 그 밖의 미립자가 동반하여 상승하고 표면에 침전되어 막을 형성할 때 생기는 침전물
대 책	① 분말도 높은 시멘트, 골재 중 유해물 함유량 적은 것 ② 세립분 많은 골재(함유량) 사용, 세립분 부족시 포졸란(Pozzolan) 사용 ③ 찬넬링(Channeling)현상 방지	① 물시멘트비(W/C)를 줄임 : 단위수량 최소화 ② 시공시 부득이 한 경우 → 건습 교차되는 위치에 시공이음 설치 ③ 콘크리트 굳기 전 또는 경화 후 제거시 : Water Jet, Air Jet, Sand Blasting 처리

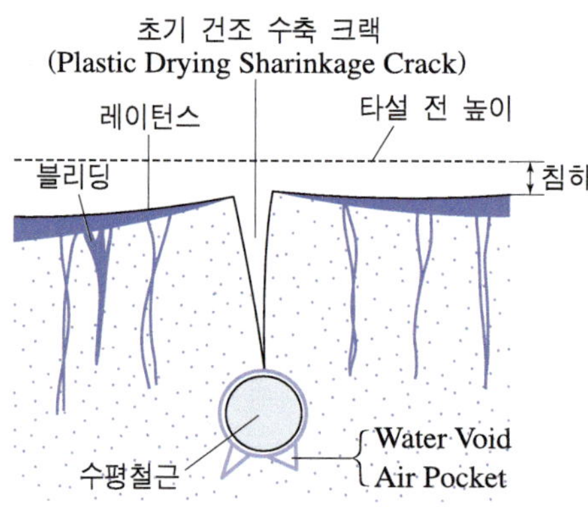

그림 4.118 블리딩(Bleeding)과 레이턴스(Laitance)

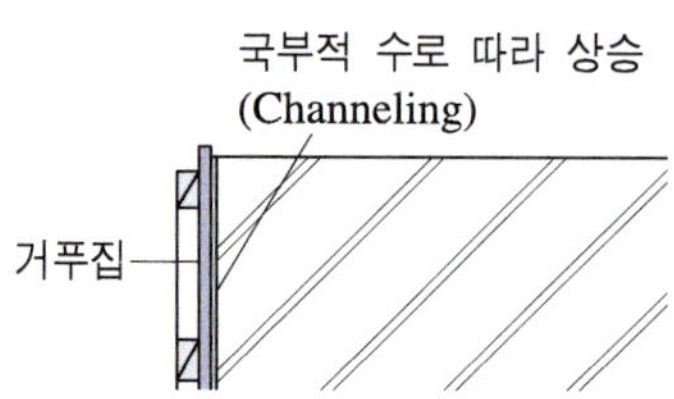

그림 4.119 채널링 현상

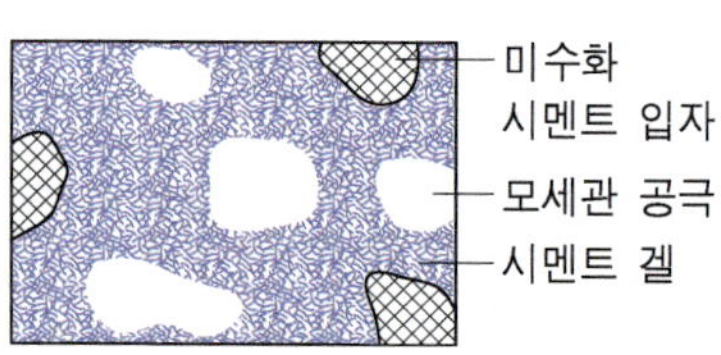

그림 4.120 경화 페이스트 구조

[2] 수화(Hydration)

(1) 수화반응(Hydration Reaction)

$$CaO + H_2O \xrightarrow[\text{(수화)}]{\text{(Hydration)}} Ca(OH)_2 + \text{수화열(Heat of Hydration) 생성}$$

1) 정의 : 시멘트와 물이 접촉하면 시멘트 중의 화합물 조성과 물이 반응하여 응결 경화 (Setting & Hardening)가 진행되는 현상

2) 수화 메커니즘
   - 시멘트 화합물 : 70~80%
   - 수화생성물 : Attringite / Tobermorite Gel+수산화칼슘[$Ca(OH)_2$]
   - Tobermorite Gel : 시멘트 응결 경화의 주성분

3) 완전 수화에 필요한 수량 : 35%
   - 화학적 결합수 : 시멘트 중량의 약 25%
   - 겔(Gel)간 흡착수(Gel수) : 시멘트 중량의 약 10%
   - 기타 유리수(자유수 : Free-Water) : 자유수 제거가 목적
     - 공극 및 기포형성
     - 강도저하, 재료분리(Segregation)

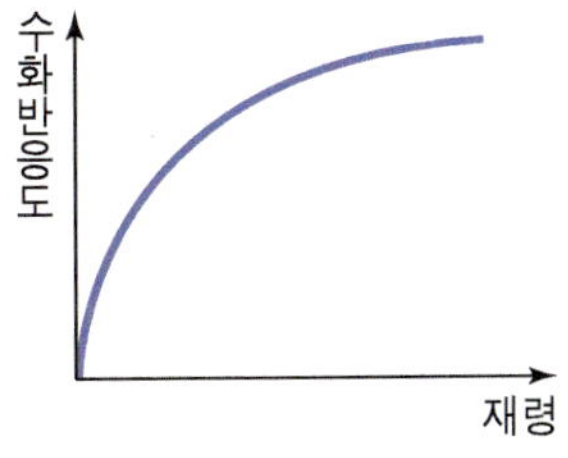

그림 4.121 재령과 수화 관계

그림 4.122 현장 콘크리트 타설 전경

▶ *치어붓는 과정은 콘크리트 수화과정에서 매우 중요한 작용을 한다.*

(2) 수화과정

1) 수화 과정 그래프

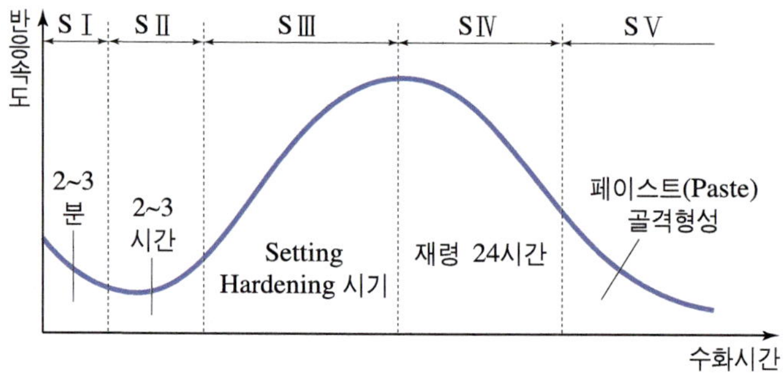

그림 4.123 수화과정 그래프

2) 단계별 수화과정

단 계 별	현 상 및 특 징
S Ⅰ	• 현상 : 주입 후 2~3분, 입자표면 생석회 수화, 가수분 • 특징 : 초기 반응속도는 오히려 저하됨
S Ⅱ	• 현상 : 수화물에 의해 입자표면에 보호막 형성, 반응이 거의 정지 • 특징 : 수화 잠상기(타설 후 2~3시간까지), 이때가 타설 마무리작업 한계점
S Ⅲ	• 현상 : 수화를 억제 보호막이 파괴되어 활발한 수화속도 활발한 기간 [수화(Hydration) → Ettringite(에티링게이트) 물질 생성] • 특징 : Paste는 유동성 상실, 응결하기 시작, 경화 개시(제성질에 큰 영향)
S Ⅳ	• 현상 : 재령 약 24시간 • 특징 : 경화가 완성되어 가는 시기로 진동 · 충격 금지
S Ⅴ	• 현상 : S Ⅲ, S Ⅳ 반응에 의해 페이스트 골격이 완전히 형성 • 특징 : 경화가 완성되어지나 지속적인 보양 필요

3.3 굳은 콘크리트(경화 : Hardened Concrete)

3.3.1 강도(Strength)

[1] 강도 변동 요인(품질저하 요인)

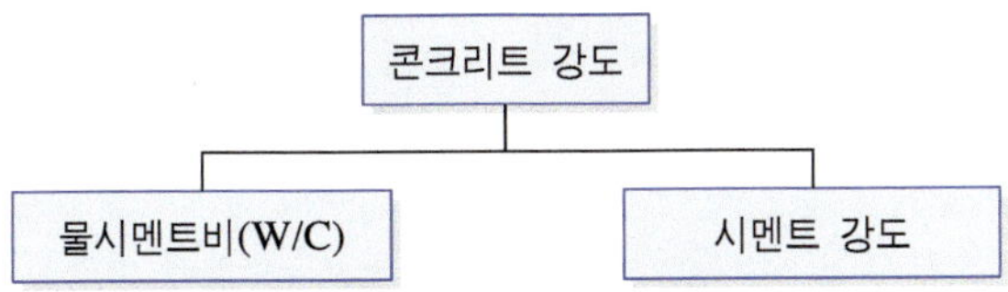

그림 4.124 콘크리트 강도 좌우 요소

(1) 물시멘트비(W/C : Water Cement Ratio)

1) 수량

- 수화(Hydration) 반응에 필요한 물의 양 : 35%=결합수(25%)+Gel수(10%)
- 나머지는 유리수(자유수 : Free Water)이므로 공극 형성과 강도 저하의 원인
- 자유수(유리수 : Free Water)의 최소가 목적

2) 시멘트 강도

- 콘크리트 압축강도 고려시 → 공시체 제작을 통해 실험적으로 산출

3) W/C비에 따른 양생기간 비교

W/C 비 [% / WT]	30%	50%	60%
습윤양생기간	1 일	14 일	6 개월

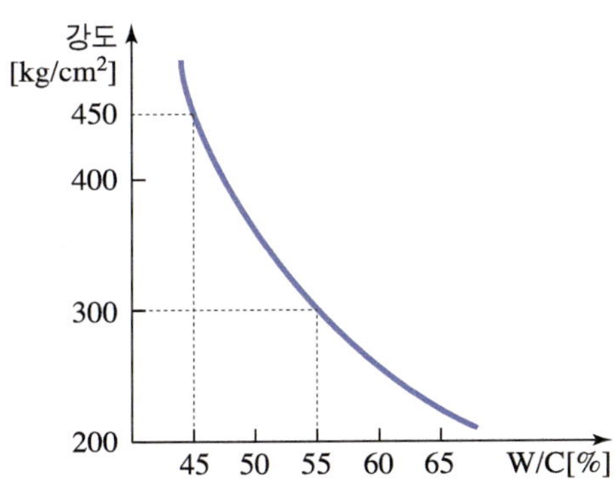

그림 4.125 W/C와 강도의 상관도

그림 4.126 공시체 제작과정
▶ *보통 3조 9개의 수량으로 제작함*

그림 4.127 공시체 수중양생
▶ *실험실 양생수조 물의 온도는 20℃±3℃로 관리함*

그림 4.128 콘크리트 타설 후 습윤양생을 위한 보양
▶ *콘크리트 타설 후 초기 양생에서 급격한 건조방지를 위해 보양재로 덮어 습윤상태를 유지하는 것이 중요*

(2) 골재의 품질

종 류	품 질 특 성	자갈 채가름기	모래 채가름기
굵은골재 (자갈 : 조골재)	• 크기 : 5~40 mm, 자갈 #3체 95% • 특징 : 최대치수 클수록 경제적인 콘크리트(Workability 개선, 시멘트 사용량 감소, 수량 감소)		
세골재 (모래)	• 크기 : 0.05~5 m/m, 모래 #40 90% 이상 – 특징 : 소요 Workability 얻을 수 있는 범위 내 단위수량 최소 결정		

(3) 배 합

1) 적당한 배합(좋은 콘크리트 : Good Concrete) : 강도, 수밀성(Water Tight), 내구성(Durability)
2) 주어진 재료의 경계적 사용과 시공이 용이하게 배합
3) 콘크리트 타설 전 현장 수정 배합표를 받아 확인 후 타설

그림 4.129 배합의 3요소

(4) 혼화재료(Admixture : Agent)

1) 콘크리트 요구 성능에 적합한 혼화재료 선정

2) 현장에서 많이 사용되는 혼화제

- AE제 : 시공연도 및 내구성 개선, 강도 다소 저하 경향, 내동결성(한중 콘크리트)
- 감수제 : 강도증진, 분산작용, 연행 없음, 동결융해 향상 기대 어렵다.
- 고유동화제 : 베이스(Base) 콘크리트를 엄청난 시공성으로 개선시키는 혼화제

3) 유동화 콘크리트 시험 예

그림 4.130 베이스 콘크리트의 유동성 시험
▶ *경북대 김화중 교수 연구실에서 시험된 유동화 콘크리트 일부*

그림 4.131 플로어(Flow)값 측정
▶ *슬럼프 측정과는 달리 고유동화제를 넣어 물과 같이 퍼지는 정도를 측정하는 플로어 콘크리트이다.*

(5) 기 타

1) 시공 및 타설

- 콘크리트의 시공과정과 치어붓기(타설)는 품질에 큰 영향을 미침
- 타설방법, 부위별 이어치기와 다지기 등에 각별한 주의 요함

그림 4.132 펌프차로 레미콘을 부리는 전경
▶ *현장 타설 전 레미콘의 품질관리가 중요하다.*

그림 4.133 슬래브 위에 치어붓기 전경
▶ *바이브레이터(다짐기)로 콘크리트를 다지고 있다.*

2) 양생(Curing)

- 일정온도 유지 및 초기 충격 진동 절대 금지
- 반드시 습윤상태(Swelling) 유지, 급격한 건조 방지가 매우 중요함

3) 재령 : 압축강도는 28일(4주) 강도 기준(F_c : 설계기준강도)으로 한다.

[2] 수순별 품질검사

(1) 품질관리 범위

1) 범 위

배 합	운 반	타 설	양 생

레미콘 공장	레미콘 운반차	현장 펌프카 타설	보양재로 덮기

2) 레미콘(Remicon) 사용시

- 공장 Batcher Plant 배합기준 및 시설 확인
- 운반(운반시간 거리, 교통량, 현장 운반로)
- 타설 양생 후 충분한 강도 유지 재령까지 보양

그림 4.134 시멘트 시료 채취

▶ *현장에 반입된 시멘트와 철근은 국가공인 KS 자재이지만 시험을 통해 합격한 자재만을 사용할 수 있다.*

(2) 콘크리트 타설 전 시험

1) 시멘트 강도시험 (규격 40×40×160 mm=3본)

- 비중(르샤틀리에 비중병), 분말도(블레인 시험)

- 응결(Setting : 비카 바늘 시험, 길모어침), 안정성(Auto Clave법 : 오토 크레브)

2) W/C비(Water Cement Ratio)

3) 골재(체가름 시험), 유해불순물(혼탁비색법)

4) 수질시험(청정, 염, 산, 유기물 허용 한도 측정)

(3) 콘크리트 타설 중 시공 실무

1) 슬럼프 시험(Slump Test), 공기량시험, 염분시험

그림 4.135 현장 타설 중 품질관리 시험
▶ *슬럼프 시험, 공기량시험, 염분시험, 공시체 제작시험이 동시에 이루어지고 있다.*

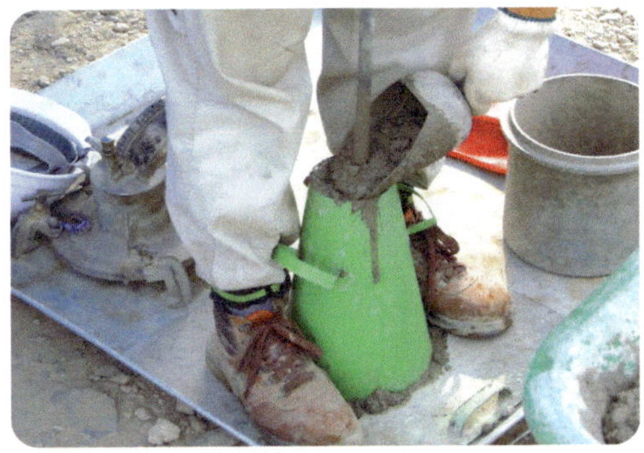

그림 4.136 슬럼프 시험을 위해 시료 다짐 담기
▶ *시료를 3회로 나누어 담고 매회 다짐봉으로 25회씩 다진다.*

2) 콘크리트 강도 시험

- 공시체 → 9개 채취(수중양생 3조+대기양생 3조+현장타설위치 양생 3조=9조)
  - 원주형(ϕ : 150×300 또는 100×200)
  - 정육면체(150×150×150)

그림 4.137 공기량 측정기(워싱턴 에어미터)
▶ *공기량의 한계치는 5%±1% 범위이내에서 확인되며 콘크리트 강도에 영향을 미친다.*

그림 4.138 현장 타설 전 공시체 시료가 채취된 전경
▶ *수중에 넣기 전에 캐핑(Capping)하고 절대 충격이나 진동을 주어서는 안됨*

- 수중양생 : 20° ±3℃
- 1일 타설량 : 100~150 m^{3}당, 1회 채취

그림 4.139 공시체 탈형 후 수중 양생 모습
▶ *양생 수조 물의 온도는 20° ±3° 로 관리됨*

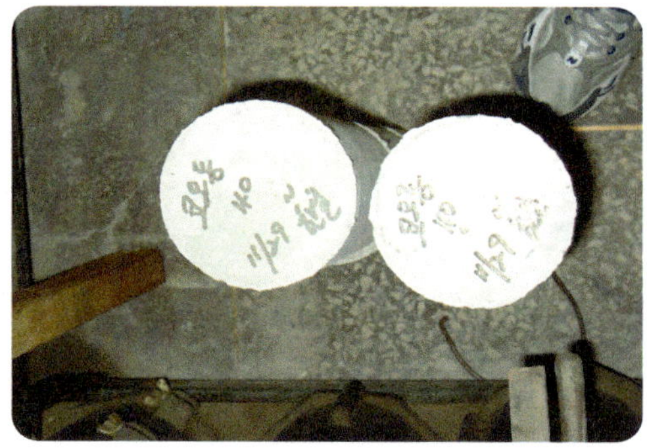

그림 4.140 시멘트 페이스트로 캐핑된 공시체
▶ *이외에도 캐핑(Capping) 방법은 유황 캐핑과 마구리를 갈아내는 방법 등이 있음*

그림 4.141 공시체 압축강도시험 중
▶ *UTM 압축강도기로 공시체에 압축력을 가함*

그림 4.142 강도시험 후 계측 눈금 확인
▶ *공시체가 취성 파괴되는 순간 붉은 눈금이 정지되고 그 수치로 압축강도를 읽어냄*

(4) 콘크리트 타설 후 시공 실무

1) 슈미트 해머(Shumite Hammer) 시험
2) 전자유도 철근탐사법
3) 코어(Core) 채취법

그림 4.143 전자유도 철근탐사 실시 전경
▶ *바닥 철근 배근상태를 확인 중인 저자*

그림 4.144 전자유도 철근탐사시 화면 확인
▶ *바닥 철근 확인은 화면상으로만 가능함*

그림 4.145 옹벽 철근 전자유도 철근탐사 중인 모습
▶ *Profometer-4에 의한 벽철근 배근상태 조사*

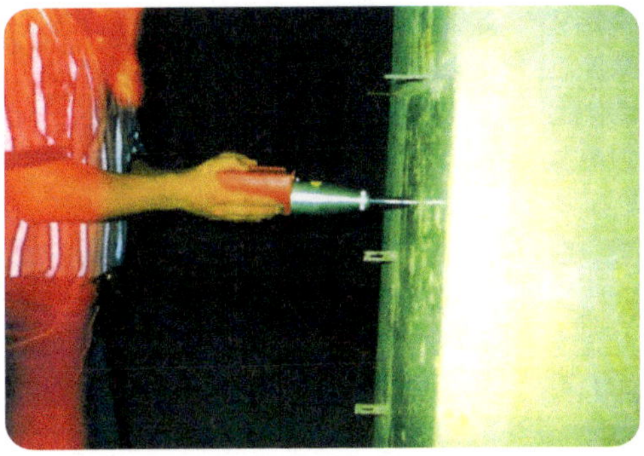

그림 4.146 슈미트 해머(Shumite Hammer) 시험
▶ *벽체 표면을 타격하여 기계의 반발경도로 콘크리트 압축강도를 측정하는 시험*

[3] 현장 시공 실무

(1) 타설작업 흐름도(Flow)

시공계획 수립 → 준비 작업 → 반입 → 운반 → 타설 → 다지기 → 양생

(2) 콘크리트 타설(치어붓기)

1) 건조된 거푸집에 물뿌리기

2) 치어붓기 전 콘크리트 각종 시험 실시

그림 4.147 콘크리트 타설을 위한 외부 압송관 전경

▶ *구조물이 고층으로 올라갈 때는 펌프차로 타설이 불가능함으로 압송관으로 타설함*

그림 4.148 하부 압송관 입구

3) 타설방법

- 재료분리(Segregation) 현상 방지
- 콘크리트 상부에 거의 수평되도록 : 1구획
- 낙하높이(2.5 m 이하), 구석 및 모서리 복잡한 부위 철근 공간 확보
- 먼 구획에서 가까운 구획으로 타설하며 보통 바닥판과 동시 타입
- 속도 균형, 반입량, 타설량, 고르기, 다지기(다지기 고르기쪽 더 큰 비중)
- 수직부 먼저 타설하고, 안전 확인 후 수평부(슬래브) 타설
- 보 : 양단 → 중앙, 계단 : 하부 → 상부
- 유출, 거푸집 배부름 → 이상 발견시 즉시 보양 조치 후 타설
- 보통 아파트 높이 기준으로 8층 이하까지는 펌프차로 직접 타설할 수 있음

그림 4.149 레미콘차에서 콘크리트 압송 펌프로 쏟음

그림 4.150 버킷으로 타설하는 전경

4) 부위별 콘크리트 이어붓기 위치
- 기둥 : 바닥판 상부 수평으로 처리
- 보, 바닥판 : 스팬의 중앙 수직
- 작은보 바닥 : 작은보쪽의 2배 위치 수직
- 벽(문틀 주위 끊기 쉬운 곳), 아치(Arch : 아치축의 직각)
- 캔틸레버(Cantilever) : 보(Beam)와 바닥판은 일체로 타설

5) 다지기(다짐 : Vibrating)
- 진동다짐, 막대철근 등 비진동다짐
- 진동기 : 내진형, 외진형, 표면진동기
- 봉상진동기(내진형)을 주로 사용
  - 수직으로 세워 사용, 철근 및 거푸집에 닿지 않게 함
  - 진동시간(30~40초간), 사용간격(60 cm 이내)
  - 능률 10~15m^3 · hr : 2대 이상 비치

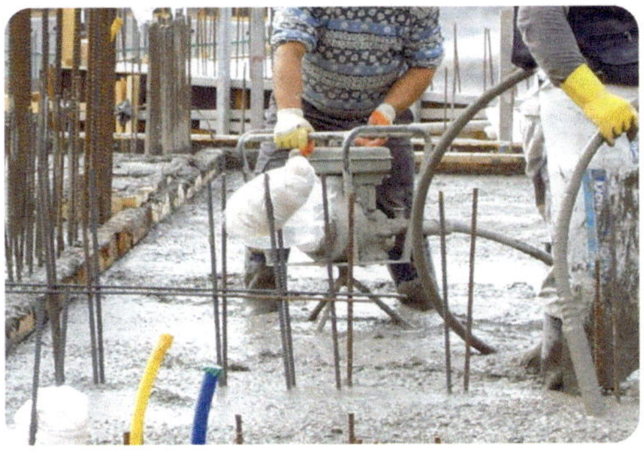

그림 4.151 현장 봉상진동기 사용 전경

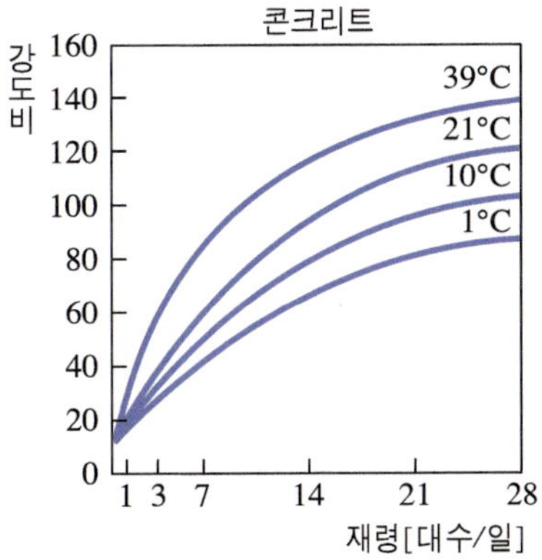

그림 4.152 재령과 강도비의 관계도

(3) 양생(Curing) 및 재령

1) 보양 요점
- 타설 후 3일까지 : 진동 충격 금지
- 타설 후 5일까지 : 2℃ 이상 유지
- 타설 후 7일까지 : 습윤(Swelling) 양생 상태 유지

2) 보양방법
- 습윤 및 피막보양 : 표면에 살수 및 습윤(Swelling) 상태 유지
- 증기보양(Steam) : PC Pannel 제작 등 사용, 조기 탈형

그림 4.153 슬래브 콘크리트 타설 전경
▶ *타설시 콘크리트 다짐과 평탄작업이 중요함*

그림 4.154 습윤양생과 피막양생 전경
▶ *콘크리트 경화 후에도 계속적인 물뿌리기로 습윤상태 유지*

3) 재령
- 압축강도는 28일(4주) 강도 기준(F_c : 설계기준강도)
- 재령 5~6년에 압축강도 최대 증가

3.3.2 내구성(Durability)

[1] 개 념

1) 내구성(Durability)
- 공기 중의 탄산가스+수분작용으로 알칼리성을 잃고 중성화 촉진 → 녹(Rust) 발생
- 콘크리트 피복두께 큼 → 내구성 큼, 두께 두꺼움 → 내구성 비례
- 녹슬면 팽창(2.5배 부피 커짐) → 콘크리트 파괴 및 인장강도 저하

2) 강도의 개념과는 다르며 얼마나 오래 견디느냐의 문제인 콘크리트 수명과의 관계임

[2] 재료적 특성

(1) 중성화(Cabonation) 이론

수 화 : $CaO + H_2O \rightarrow Ca(OH)_2$ + 수화열 생성↑
중성화 : $Ca(OH)_2 + CO_2 \rightarrow CaCO_3 + H_2O$(백화물질)

1) 정의 : 경화된 콘크리트는 수산화(석회)와 유리되면서 강알카리성(PH 12~13)을 내면서 표면 공기 중 탄산가스의 영향으로 탄산석회($CaCO_3$)로 변하면서 알칼리성이 소실되어 중성화되는 현상

2) 현 상

(2) 동결융해(Freezing & Thawing)

알칼리성 소실 → 철근 부동태 피막 파괴 → 철근의 녹 발생 → 부피의 2.5배 팽창 → 균열 및 피복 탈락 (콘크리트 노화)

1) 정의 : 동결 융해에 의해 공극이 생기면 흡수 · 투수하여 균열 발생하고 내구성 감소

2) 특징

- 시멘트 페이스트(Cement Paste) 동결
- 다공질(Porous) 골재 → 팝 아웃(Pop-Out) 현상
- 대책 : AE 콘크리트(AE제, AE 감수제 사용), 부배합화

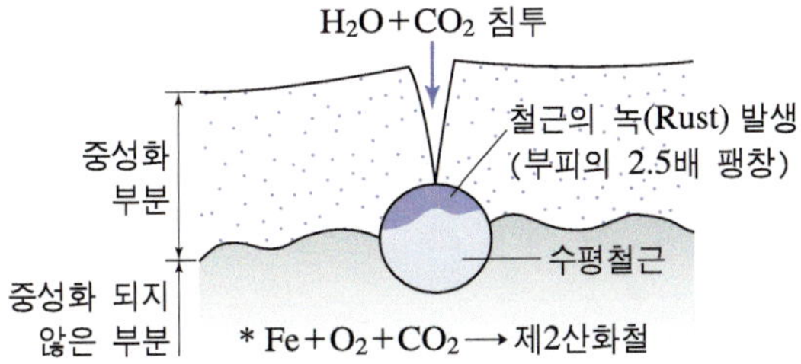

그림 4.155 중성화에 의한 콘크리트 노화 개념도

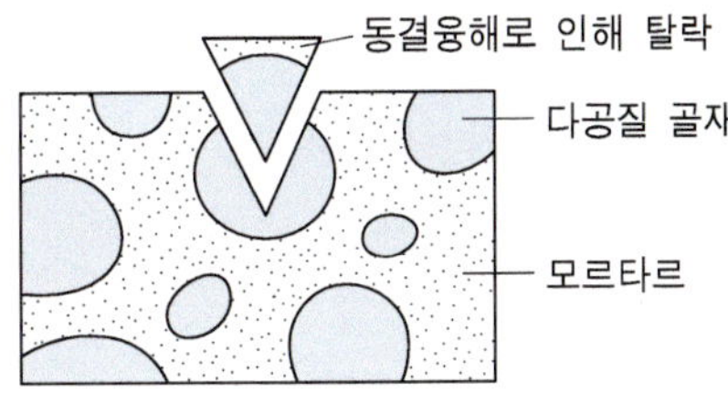

그림 4.156 Pop-Out 현상

(3) 염해(Salt Attact)

1) 정의 : 콘크리트가 염분을 흡수함으로써 부피가 팽창하여 지도 균열(Map Crack) 발생

2) 특징

- 피복두께를 키움, 물시멘트(W/C)비 최소화(50% 이하)
- 철근 방청 페인트(Epoxy Coated Re-Bar) 도장

(4) 알칼리 골재 반응(AAR : Alkali Aggregate Reaction)

1) 정의 : 쇄석골재 등의 알칼리 성분이 시멘트와 반응하여 부피가 팽창되어 콘크리트 표면에 지도 균열(Map Crack)이 발생하는 현상

2) 대책

- 반응 가능성이 있는 골재 제거 및 알칼리량이 적은 시멘트 사용(0.6% 이하)
- 고로 슬래그(Slag), 플라이애시(Fly-Ash), 포졸란(Pozzolan)의 혼합

(5) 내화성(Fire Resistance)

1) 철의 인장강도와 온도 상관도

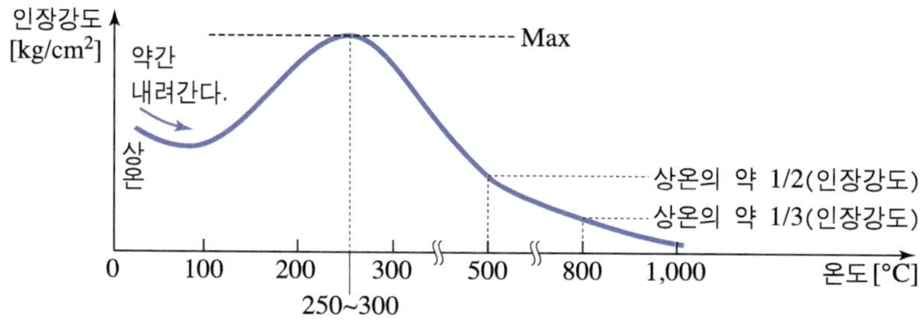

그림 4.157 철근의 인장강도와 온도의 상관도

2) 현상

- 화재시 항복점의 1/2(절반) 이하는 안되지만 피복두께로 결정됨
- 내화시간 : 기둥, 보 내력(2시간), 벽, 슬래브(1시간)
- 비중 클수록 내화상 불리(경량 콘크리트 내화성능 우수)

3.3.3 균열(Crack)

[1] 콘크리트의 체적변화(Volumn Change)

(1) 개 요

1) 콘크리트는 시간이 지남에 따라 체적 변동을 일으키며, 미경화 콘크리트가 경화하면서 탄성변형, 건조수축 및 크리프(Creep) 현상으로 변형

그림 4.158 미국 맨하탄 WTC 빌딩 피격 모습

그림 4.159 미국 맨하탄 WTC 빌딩 붕괴
▶ *철골조의 약점인 화재시 내화성능 부족으로 인한 급격한 내력 상실로 붕괴됨*

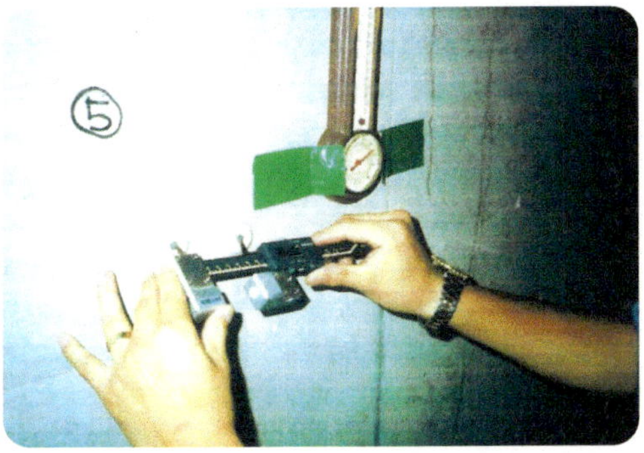

그림 4.160 균열 폭 변화율 측정

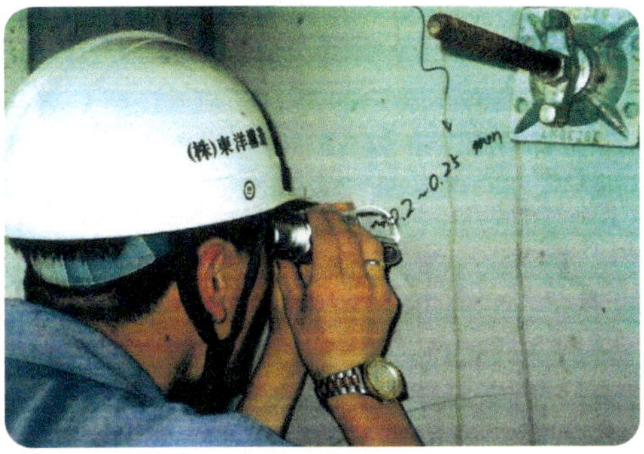

그림 4.161 벽체 균열폭 측정

2) 강도 유지를 위한 품질관리와 콘크리트의 고강도화가 중요

(2) 콘크리트의 전변형도

1) 탄성변형도(Elastic Movement) = ⓐ

2) 건조수축(Drying Shrinkage) = ⓑ

3) 크리프 변형(Creep Movement) = ⓒ

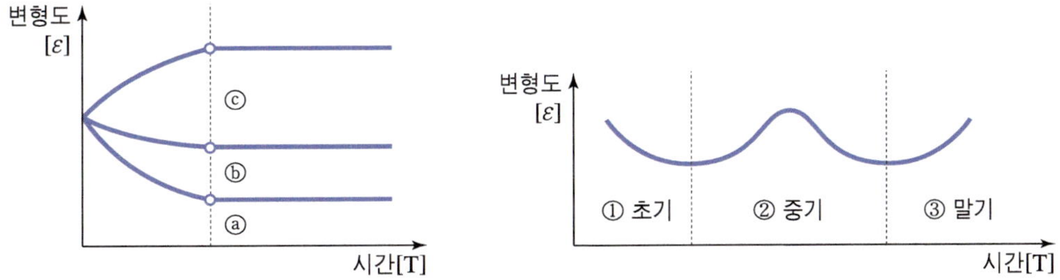

그림 4.162 콘크리트 전변형도와 크리프 변형

(3) 크리프(Creep) 변형

1) 정의 : 콘크리트에 일정 하중이 지속되면 변형이 증가는 현상

2) 현상

- 콘크리트의 소성에 기인한 것이며 지속 하중에 의해 크리프가 생긴 후 탄성변형은 동시 회복되나 크리프 변형은 남는다.
- 콘크리트가 건조하는 동안 수축 : 건조수축(Drying Shinkage) 또는 경화수축

3) 크리프 성질이 커지는 경우

- 시멘트 재령이 짧을 때
- 경과시간이 길수록

- 초기재령에 적재할 때
- 건조상태일 때 일수록
- 온도 높을수록, 습도 낮을수록
- W/C비가 클수록

(4) 건조수축(Drying Shinkage)

1) 정의 : 콘크리트 성질은 습윤(Swelling) 상태일 때 팽창, 건조상태일 때 수축
2) 현상
   - 건조수축 기본적 원인 : Cement Paste 자신의 수축
   - 유리수가 먼저 소실되고, 이어서 Gel(겔)수가 일산하면서 수축

[2] 콘크리트의 이음(Joint)

(1) 개 요

1) 콘크리트에 있어서 이음은 강도, 누수, 균열(Crack) 발생의 원인이 됨
2) 이음의 종류에 따라 설계 당초(구조, 구법)를 고려하여 Pre-Engineering 필요

(2) 이음줄눈 재료

1) 부착력이 좋고, 비오염성, 내구성
2) 화학적, 기온변화에 안정, 내식, 내후성
3) 탄성체 : 아스팔트, 우레탄, 실리콘, 합성수지 등

(3) 콘크리트 이음의 종류

1) 시공줄눈(Construction Joint)
   - 정의 : 콘크리트 타설시 구획을 두고 시간 차이를 가지고 타설할 때 생기는 이음으로 미리 구획된 부위를 타설한 후 다음날 이어쳤을 때 발생하는 줄눈
   - 현상 : 콘크리트 이음자리는 강도상 취약, 누수 우려, 균열(Crack) 발생 등의 원인이 되므로 가능하면 두지 않음
   - 부득이한 경우
     - 강도상 지장이 작은 곳, 이음자리는 밀실하게 처리
     - 레이턴스(Laitance) 제거, Cement Paste 도포

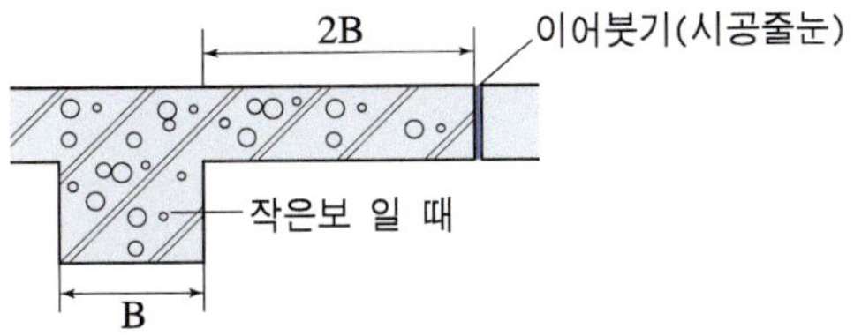

그림 4.163 이어붓기 위치

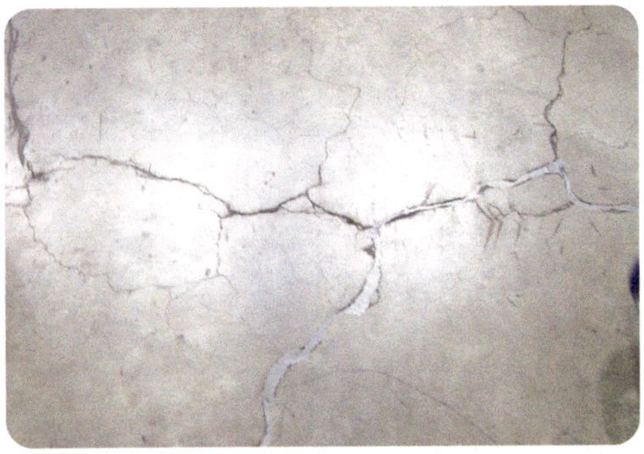

그림 4.164 콘크리트 바닥 균열 발생

그림 4.165 기초판 위 지수라인
▶ *지하 매트 기초 위 옹벽 부위 지수라인 설치 전경*

그림 4.166 옥상 신축줄눈
▶ *누름 콘크리트 타설 전 옥상 신축 줄눈 설치 전경*

– 수밀 콘크리트, 수압쪽은 지수관(Water Stop) 설치

– 제치장 콘크리트는 이음줄눈 Key를 댄다 : 외관상

2) 신축줄눈(Expansion Joint)

• 정의 : 콘크리트의 건조수축시 내부응력의 전달 방지를 위해 부재 자체의 신축이 자유롭게 되도록 설치하는 줄눈

• 신축줄눈의 종류
  - Closed Joint(틈없는 줄눈)
  - Clearance Joint(트인줄눈)
  - Settlement Joint(침하줄눈)
  - Butt Joint(맞댄줄눈)
  - Dummy Joint : False Joint(막힌 : 헛줄눈)

• 줄눈시공

– 옥상 콘크리트는 절단기로 절단(Cutting)하여 처리

– 신축줄눈은 신축 필러(Filler) 삽입 후 콘크리트 타설

그림 4.167 옥상 바닥 콘크리트 커팅 기계

▶ *바닥 타설 전에 신축줄눈을 설치한 후 콘크리트를 타설해야 하지만 대부분 나중에 절단기로 절단한 후 코킹으로 처리함*

3) 타설이음(Cold Joint)

- 정의
  - 콘크리트 타설 중에 중단했다가 3시간 이상의 시간간격을 두고 다시 타설할 때 생기는 불규칙한 이음
- 특징
  - 불규칙하게 생기는 줄눈이므로 콘크리트 강도 및 방수상에 문제가 노출됨
  - 타설 중 수화시간 지연으로 생기는 줄눈이므로 콘크리트에 악영향을 줌
  - 불가피하게 발생시 레이턴스 제거 및 살수 후 Cement paste 도포 처리

4) 미끄럼줄눈(Sliding Joint)

- 보의 단순지지(Roller)
- 미끄럼판 재료 : 방수지, 고무 파이어, 아연판, 동판 등

5) 슬립줄눈(Slip Joint)

- 조적조 벽체와 RC(철근 콘크리트)조 슬래브 사이에 설치하는 줄눈
- 온도변화에 의한 변형에 대응 : Thermal Movement
- 내력벽(Bearing Wall)의 수평균열 방지

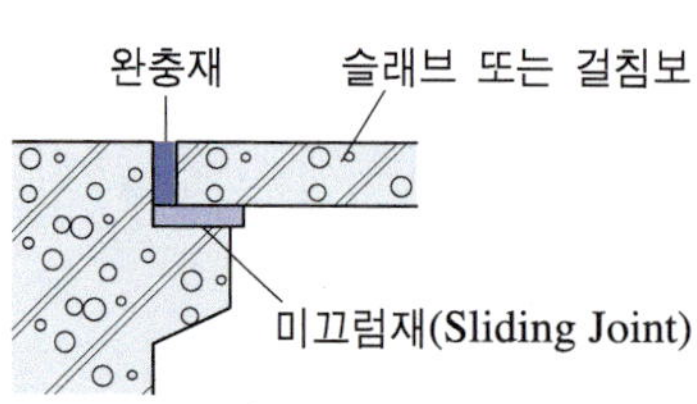

그림 4.168 미끄럼줄눈

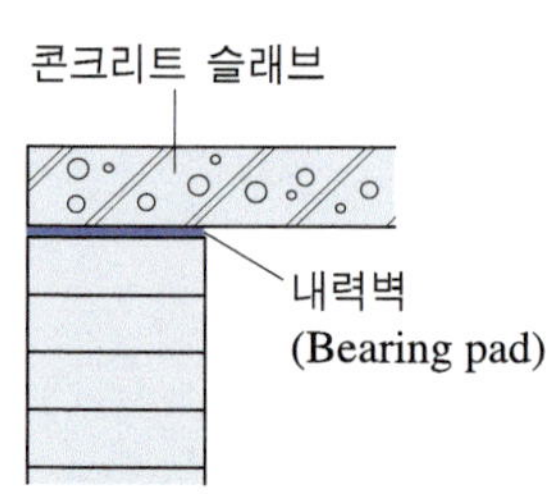

그림 4.169 슬립줄눈

[3] 균열 보수 · 보강공법

(1) 개 요

1) 구조물 균열 발생 : 철근 녹발생, 확대 방지
- 0.2 mm 이하 : 통기, 통수의 염려가 거의 없음
- 0.3 mm 이상 : 통기, 통수되기 시작(보통 에폭시 주입공법을 적용함)

2) 조사의 선행 : 발생된 균열의 상태 및 구조물에 미치는 영향을 명백히 하기 위함

그림 4.170 균열 부위 에폭시 주입공법 전경

(2) 보수방법

1) 의장적(지수철근의 방청)
- 보통 생기는 균열에서의 누수현상을 막고
- 콘크리트 속의 철근 등의 녹 확산 억제

2) 구조적 보수법
- 장기간 구조적 장해 연유 : 수축균열, 지반침하, 지진
- 한계 : 보수 전보다 큰 내력이 적용될 때

(3) 보수 · 보강공법 적용

☞ 본 적용 공법은 (주)센구조연구소에서 "리모델링을 위한 최신 구조보강 기법" 세미나 발표(2001.12.6)에서 공표된 내용 중 추려서 기록하였음을 알려 드리며, 건설기술발전을 위해 좋은 자료 발표를 해주신 (주)센구조연구소에 진심으로 감사드립니다.

슬래브 – 1방향 보강

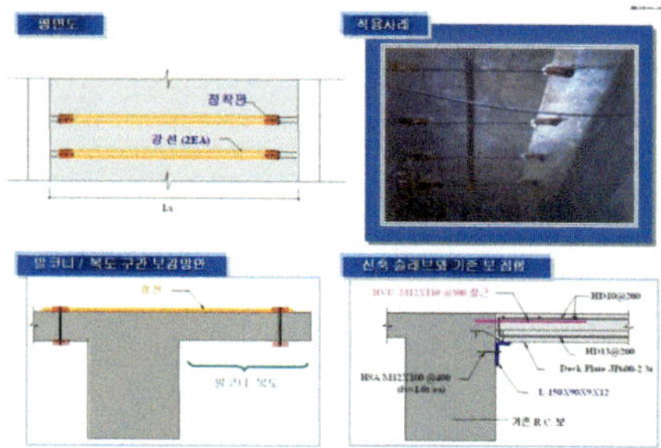

슬래브 – 2방향 보강

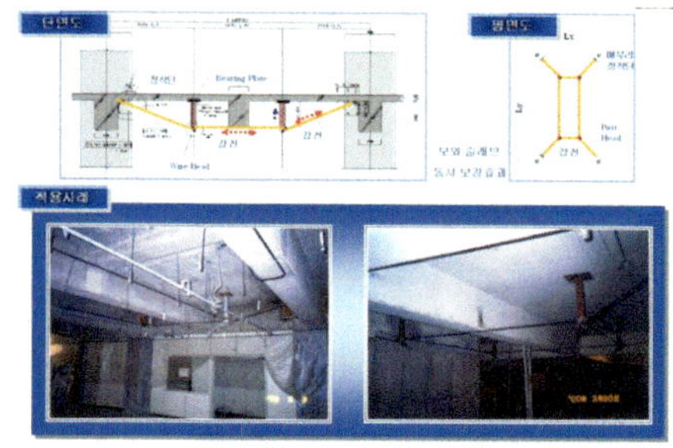

벽체 – 개구부(또는 보) 보강

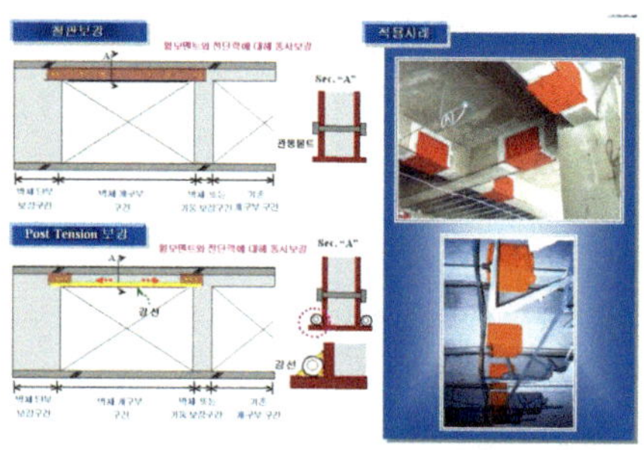

RC보 – 포스트텐션 보강

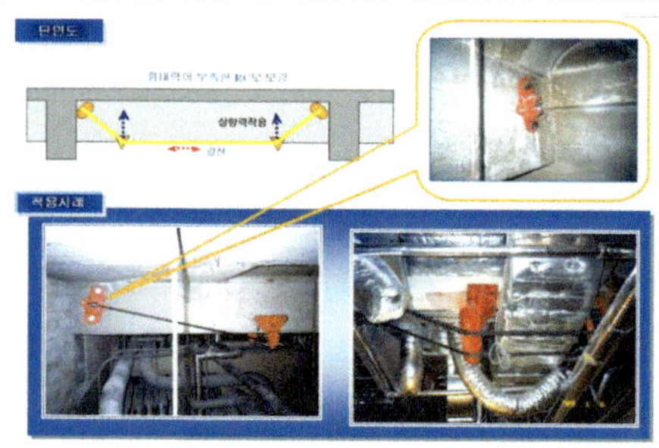

기둥 – 철거를 위한 보강 Ⅰ

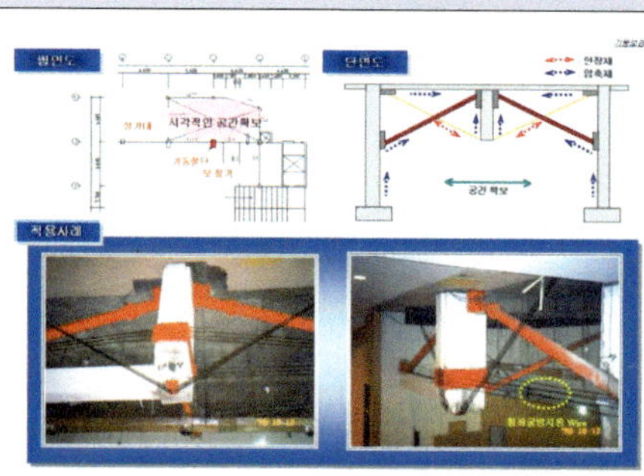

기둥 – 철거를 위한 보강 Ⅱ

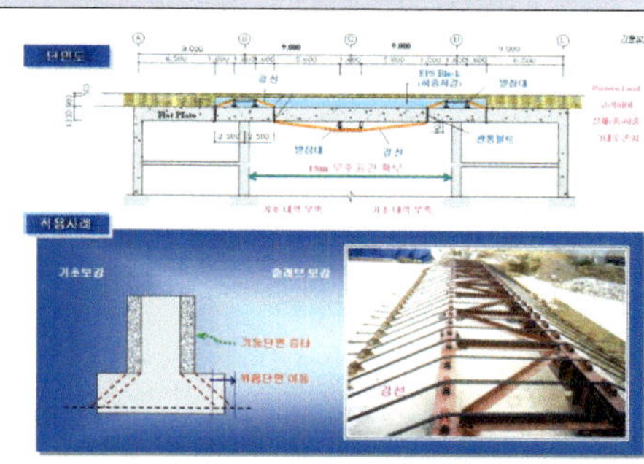

철골보 – 강선 보강

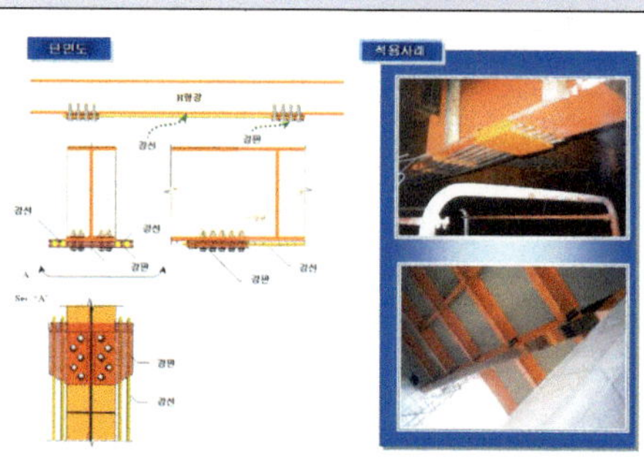

잭업(Jack Up) 공법

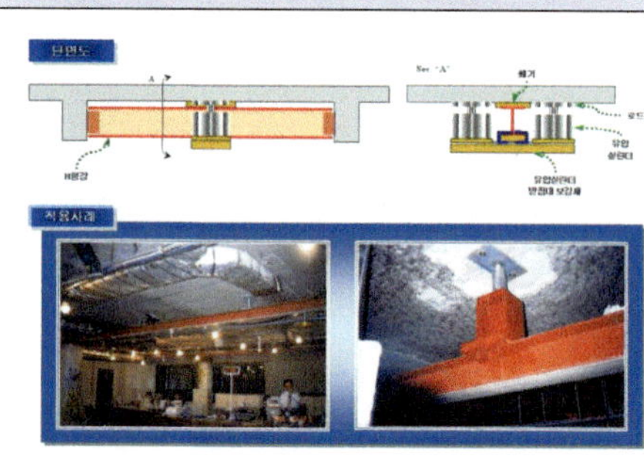

3.4 각종 콘크리트

3.4.1 레미콘(Remicon) · 펌프 콘크리트(Pump Concrete)

(1) 레미콘(Ready Mixed Concrete)

1) 정의 : 전문 제조업체인 공장에서 콘크리트를 비벼 트럭으로 운반하고 타설할 수 있게 제조한 콘크리트 제품을 총칭

2) 레미콘의 종류
- Central Mixed Concrete : 비빔 완료된 콘크리트를 에지데이터 트럭으로 운반
- Shrink Mixed Concrete : 반비빔 콘크리트를 트럭믹서로 비비면서 운반하고 도착 즉시 타설하는 콘크리트
- Transit Mixed Concrete : 트럭믹서에 재료만 공급하고 운반하면서 비비는 것

3) 시공상 주의사항
- 운반도중 슬럼프와 AE Concrete에 공기량이 감소하지 않도록 주의
- 제조자와(Maker) 면밀한 협의
- 선타설된 콘크리트에 충격진동을 주지 않아야 함
- 가수 금지 및 재료분리 발생시 거듭비비기 및 시간 경과된 것은 반출 조치

그림 4.171 레미콘 공장의 벌커 차량 전경
▶ *시멘트 생산공장에서 벌커 형태의 시멘트를 실어와 레미콘 공장에 제공하고 있다.*

그림 4.172 현장 펌프차 설치 전경
▶ *최고 건물 높이 8층까지 타설 가능*

(2) 펌프 콘크리트(Pump Concrete)

1) 정의 : 콘크리트 시공의 기계화 진행에 따른 슬럼프 크고 수송 좋은 콘크리트를 펌프 압송으로 제위치에 타설 가능한 콘크리트를 총칭

2) 문제점

- 재료분리(Segregation) 현상 및 압송 폐쇄 사고 초래
- 압송거리, 높이의 제한

3) 분류

- 피스톤(기계식, 유압식) 펌프
- 스퀴즈(Squeeze)식 펌프, 콤프레셔식 펌프

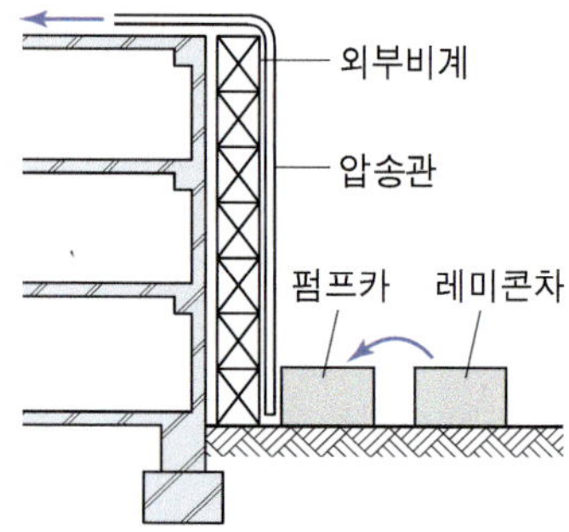

그림 4.173 펌프 콘크리트

그림 4.174 레미콘차에서 펌프카로 내려놓음

그림 4.175 예전 리어커 콘크리트 타설 전경
▶ *현장 기계 믹서로 비벼서 윈치로 올리고 리어커로 받아서 슬래브에 타설*

3.4.2 서중 · 한중 콘크리트

(1) 서중 콘크리트(Hot Weather Concrete)

1) 정의 : 기온이 상승하여 콘크리트 수분의 이상 및 품질에 영향이 올 우려가 있는 하루 평균기온 25℃ 이상 또는 최고온도 30℃ 초과할 때 시공하는 콘크리트

2) 문제점

- 콘크리트의 온도가 30~35℃로 상승(수화열에 의한 균열 발생)
- 단위수량 증가, 운반 중 Slump 저하, 타설이음(Cold Joint)과 균열 발생

3) 콜드 조인트(Cold Joint) 방지대책

- 일일 타설 계획(타설량, 이음위치, 타설순서, 구획계획)
- 운반거리, 장비준비 : 레미콘 소요시간(보통 60분을 기준으로 함)
- 불가피하게 발생시 레이턴스 제거 → 살수 → Cement Paste 도포
- 기온이 30℃ 이상시 타설 중지

그림 4.176 서중 콘크리트 양생 모습

▶ *하절기 급격한 건조방지를 위해 살수가 반드시 이루어져야 한다.*

(2) 한중 콘크리트(Cold Weather Concrete)

1) 정의 : 동해(Freezing), 결빙이 예상될 때(ACI 규정 : 일 평균기온 4.5℃ 이하)와 콘크리트 타설 후 일 평균기온 4℃ 이하에서 시공하는 콘크리트

2) 분류 : 한랭기(예상 평균기온 2~10℃), 극한기(예상 평균기온 2℃ 이하)

3) 시공방법

- 배합설계 : AE(Air Enterained)제 사용, 단위 시멘트량 증가, 조강 시멘트 사용
- 보온방법 : 열을 절연하는 재료 옆에서 보양 수화열 이용
  - 피막 보양 : 온실 보양, 온상선 보양, 직접 가열 보양
  - 가열 보양
- 가열방법 : 증기양생, 전기양생, 난방기구 이용

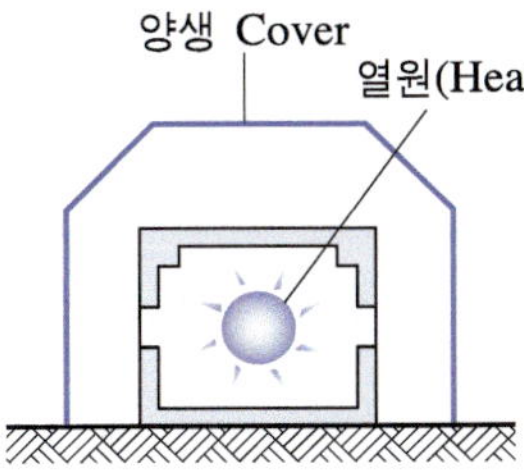

그림 4.177 온실 보양

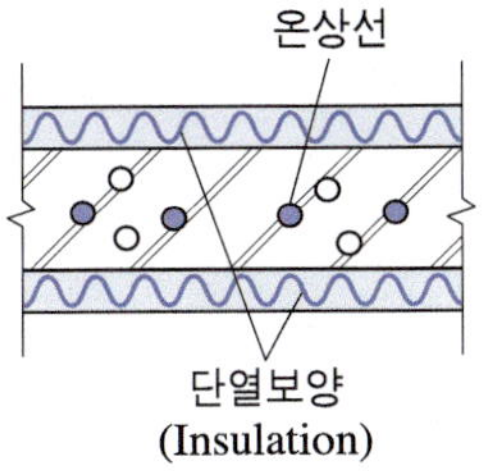

그림 4.178 온상선 보양

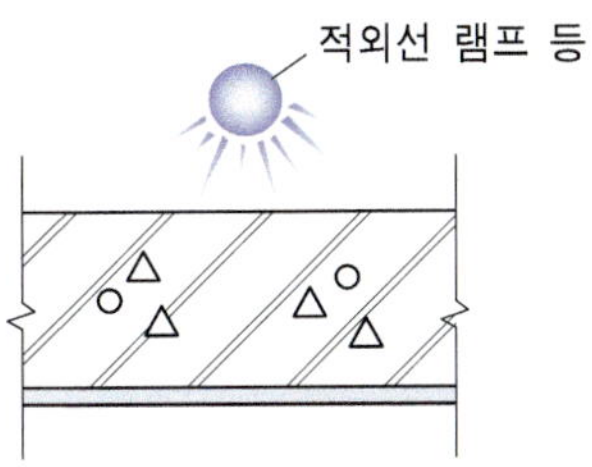

그림 4.179 가열 보양

4) 현장시공 요점

- 일일 온도 체크 : 온도 기록(최고 · 최저), 온도계 구입
- 타설부위 방풍막 설치, 난방가열 온도상승-갈탄 난로 사용(장시간 관리 편리)

그림 4.180 일일 최저 · 최고 온도계
▶ 한중 타설시 반드시 온도계 설치하여 일일 최저 · 최고 온도를 확인해야 함

- 동절기 물공사 시행시
  - 낮 기온 영상시 작업 및 삼한사온 이용
  - 햇볕 부위 선시행, 개구부 밀폐 및 유리공사 선시행(파손 고려)
  - 1층 출입 계단입구 완전 밀폐 : 이중차단시설, 동별 전체 방풍막 설치
- 모체 자체의 결빙 및 작업저하로 인해 하자 발생, 조잡시공이 되기 쉬우므로 가급적 동절기공사는 지양하는 것이 바람직함

그림 4.181 한중 콘크리트 타설 후 조치
▶ 별도 발판을 제작하여 타설 후 비닐+부식포를 덮고, 벽체에도 일정 높이 방풍막 설치

그림 4.182 한중 콘크리트 타설 전체 전경
▶ 1개층을 완전히 감싸서 내부에 일정 온도를 유지시킴

3.4.3 노출(제치장 : 제물치장) 콘크리트(Exposed Concrete)

(1) 정 의

콘크리트면을 노출시켜 자연 그대로의 면을 연출하기 위해 타설하는 콘크리트로 미장,

그림 4.183 바닥 제치장(제물마감) 시공 전경
▶ *타설 후 바닥도 별도 미장 등을 하지 않고 콘크리트 타설시 제치장으로 마감지우는 것이 원가절감 및 품질 향상에서 좋다.*

그림 4.184 한쪽 외벽체 전체를 노출 콘크리트 처리
▶ *저자가 살고 있는 아파트 바로 뒤편에 위치한 개인 주택이다. 이와 같이 노출로 처리하는 대담함은 좋은 건축주와 설계자, 시공자가 이루어낸 매우 긍정적인 징후이다.*

도장 등의 마감을 하지 않음으로써 거푸집 설치시 노출면에 대한 각별한 주의가 요구되는 콘크리트의 총칭

(2) 특 징

1) 외관 모양 및 색상의 자연스러움 탐미
2) 건물 자중 경감과 마감재 절약 가능, 콘크리트의 고강도화의 지향과 외관의 단순화

(3) 계획 및 시공

1) 설계 당초 외관의 줄눈키, 거푸집 패널의 이음면 및 매립콘 구멍 등을 디자인화
2) 콘크리트의 색상을 고려하여 동일 레미콘 제품을 사용
3) 거푸집 설치 및 콘크리트 타설시의 엄중한 관리 감독이 요구됨
4) 일체화 타설 : 타설이음(Cold Joint)의 발생을 절대 방지해야 함

3.4.4 매스 콘크리트 · 차폐(중량) 콘크리트

(1) 매스 콘크리트(Mass Concrete)

1) 정의 : 부재의 두께가 80 cm 이상일 때 또는 콘크리트 내부온도와 외기온도의 차이가 25℃ 이상일 때 타설되는 콘크리트
2) 특징
   - 단시간에 대용량의 콘크리트를 타설
   - 내부 수화열 온도 낮추는 방법을 시공 전 검토
   - 저열성 사용(강도발현이 늦는 중용열 계통)

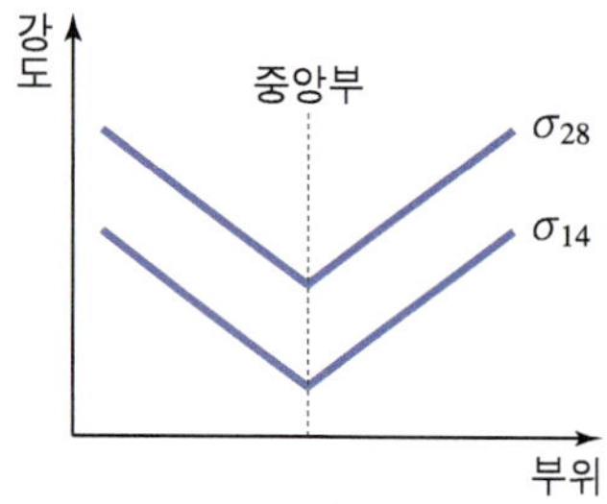

그림 4.185 부위별 강도 분포도

그림 4.186 파이프 쿨링 냉수공급 냉각탑 전경

그림 4.187 지하실 매트 기초 속 파이프 쿨링 설치

▶ *삼성 타워펠리스 지하 매트 기초에 수화열 저감을 위한 파이프 쿨링 시스템을 적용하여 사진과 같이 매스 콘크리트를 타설하였다. 삼성은 RC조 세계 최고의 건물인 말레이시아 페트로나스 빌딩의 건립 등 많은 경험을 가지고 있는 대한민국을 대표할 수 있는 건설업체이다.*

3) 시공 요점

- 여름철은 야간에 타설하고 비빔온도 낮은 것이 좋음
- 타설높이 : 1.5~2 m
- 급격한 온도변화, 수분증발 억제, 직사광선 피함
- 겨울철 표면 덮게(Cover) : 5℃ 이하시 단열 보양 시행

4) 쿨링(Cooling) 방식 : 온도 2~3℃ 가량 낮춤

- 굴링방식 : 파이프 쿨링(Pipe-Cooling), 프리 쿨링(Pre-Cooling)
- 액화 질산 스프레이 사용시 온도 10℃ 낮춤(Down) 가능

(2) 차폐 콘크리트(중량 콘크리트 : Heavy Weight Concrete)

1) 정의 : 방사선 차단이 목적(비중 2.5~6.9)으로 벽두께가 두꺼우며 균일하고 수밀한 콘크리트로 중량으로 타설되는 콘크리트 총칭

2) 특징

- 보통 포틀랜드 시멘트 사용 및 중용열 시멘트가 적합
- 골재(Aggregate) : 금속재 비중(4~8.0), 적철강, 철, 자철광, 중정석(Brite), 보크사이트 등 사용

3) 시공 요점

- 믹서(Mixer)를 사용하나 비중이 반비례하여 콘크리트양을 줄여 비빔
- 자철강 사용시
  - Cement Paste 만든 후 골재 투입
  - 낙하금지, 슈트(Shute) 타설 금지, 반죽후 15분 내 타설
  - 1회 타설 높이 30 cm정도 회전식으로 돌아 타설

그림 4.188 원자력 발전소

▶ *원자로 제작에 쓰이는 콘크리트가 바로 차폐 콘크리트이다.*

그림 4.189 진공 콘크리트로 도로 타설 전경

3.4.6 진공 콘크리트(Vacuum Concrete)

(1) 개 요

타설 후 유리수(자유수 : Free Water)를 인공적으로 제거함으로써 진공 매트나 진공 펌프 등으로 콘크리트 타설 직후에 시멘트의 수화(Hydration)에 불필요한 유리수를 제거하는 공법

(2) 시공방법

1) 콘크리트 타설 후 표면고르기
2) 진공 매트(Mat) 씌우기 : 진공펌프에 연결
3) 진공 펌프 가동 : 대기압(6~8 t/m^2)으로 콘크리트 가압
4) 수분 흡인 제거

(3) 대표적 용도

1) 토목 : 도로 포장 콘크리트

2) 건축 : 공장 바닥, 중요 건물 슬래브

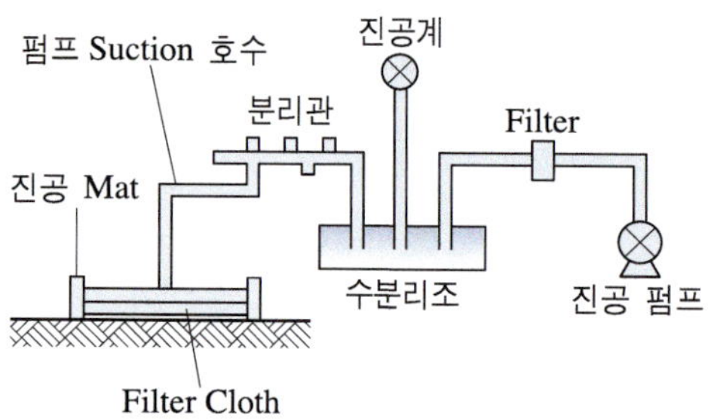

그림 4.190 진공 콘크리트 개념도

그림 4.191 방바닥 누름 타설 콘크리트

▶ *시멘트와 폐고무를 잘게 부수어 기포 콘크리트를 타설하는 방법도 있다.*

3.4.6 경량 콘크리트(Light Weight Concrete)

(1) 정 의

콘크리트 비중이 작은 2.0 이하의 콘크리트로서, 골재 자체 경량으로 사용하는 것과 기포를 다량 만들어 가볍게 만든 콘크리트

(2) 특 징

1) 단열, 방음, 내화성(Fire Resistance) 우수

2) 비중 적음(건축물의 자중 경감 효과), 열전도율 적음

3) 습기 및 물에 약하며, 건조 수축(Drying Shrinkage) 크고, 강도 적음

4) 다공질(Porous)로서 동결 융해(Freezing & Thawing) 경향

(3) 경량 콘크리트의 종류

1) 보통 경량 콘크리트

- 종류 : 구조용(Strutcure Bearing), 비구조용(Non-Strutcure Bearing)
- 골재 : 천연골재(혈암, 화산자갈, 석탄재), 인공골재(슬래그, 소성점토, 소성질석)

① 1200℃ 소성 후 ② 인공경량골재 ③ 입도조절 후 모습

그림 4.192 천연골재인 혈암

2) 기포 콘크리트(Cellular Concrete)

- 개요 : 기포제를 혼합하여 공기구멍을 형성한 콘크리트
- 배합 : 시멘트+잔골재+발포제(Al 분말, 알루민산염, 기포 혼화제)+물
- 생산
  - ALC(Autoclaved Light Weight Concrete) : 비내력벽, Curtain Wall
  - PALC : 패널 형태의 대형화 생산, 공업화 주택, 고층 건물벽체
  - 기포 콘크리트 : 옥상바닥 보호 모르타르 바닥 단열, 방음용

3) 다공 콘크리트(Porous Concrete)

- 정의 : 물이 자유로이 통과할 수 있는 콘크리트(수로 등 배수목적)
- 배합 : 모래 쓰지 않고 경량 자갈 5~10 m/m, 중량배합 1 : 5

4) 톱밥 콘크리트(Saw Dust Concrete)

- 정의 : 톱밥을 골재로 사용하여 못을 박을 수 있는 경량 콘크리트(팽창, 수축 큼)
- 배합 : 시멘트 : 모래 : 톱밥=1 : 1 : 1 (용적비)

그림 4.193 ALC 고온 · 고압 증기양생

그림 4.194 ALC 제품생산

그림 4.195 ALC 내부 벽체 시공 전경

5) 신더 콘크리트

- 정의 : 골재로 석탄재를 사용하는 경량 콘크리트
- 용도 : 방수층 누름용 경량 콘크리트(옥상 등)

3.4.7 고성능 콘크리트(High Performance Concrete) – 고강도 및 고유동화 콘크리트 시험 타설 실무

(1) 개 요

1) 고강도 및 고유동화 콘크리트 2종류(500 kg/cm^3 및 700 kg/cm^2)의 현장 적용성 여부 시험을 3층 높이의 실모형을 제작하여 하부에서 상부로 압입 충전시키는 시험
2) 시험은 한양대학교 안산캠퍼스 신성우 교수 연구실(혁신적 콘크리트 연구소)에서 주관하여 시행하였고, 저자는 당시 한양대학교 신성우 교수를 지도교수로 하여 주경야독 대학원 학업 중에 있었다.

(2) 시험 모식도 및 실모형 전경

그림 4.196 시험체 전체 전경

▶ *한양대학교 안산캠퍼스에 3층 높이의 실모형을 설치하였다. 왼쪽에 안산캠퍼스 구조동 건물이 보인다.*

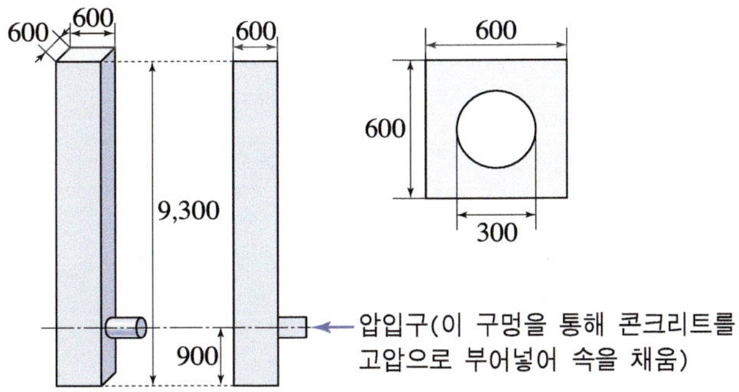

- 시험체 개수 : 2개소(500 kg 1개소 / 700 kg 1개소)
- 시험체 크기 : 600×600×9,300(@300 원통기둥)

그림 4.197 시험체 모형 모식도

▶ *9.3 m(3층 높이)에 고성능 콘크리트를 하부에서 상부로 압입하여 타설하고자 계획하였다.*

(3) 시험과정

그림 4.198 시험 직전 모형도

▶ *시험체 모형도 앞에서 선 저자*

그림 4.199 콘크리트 투입 압입구

▶ *콘크리트 펌프 연결 전 압입구 모습*

그림 4.200 버킷 트럭 대기

▶ *타설 후 9.3 m 높이에 완전 충전 여부 확인 목적*

그림 4.201 레미콘 도착 확인 전경

▶ *500 kg/cm^2, 우측 700 kg/cm^2 콘크리트 상태를 확인중인 신성우 교수(우측)*

그림 4.202 펌프관을 연결한 모습

▶ *압송관을 시험체 하부에 설치*

그림 4.203 콘크리트 압송 모습

▶ *700 kg/cm^2 콘크리트를 먼저 압송 타설*

(4) 성능시험 전경

그림 4.204 기둥 중앙에 수화열 센스 설치

그림 4.205 수화열 테스트기 설치 전경

그림 4.206 Zero 슬럼프 콘크리트

그림 4.207 플로(Flow) 테스터 78cm

그림 4.208 U형 단차시험 결과

그림 4.209 L형 단차 시험 결과

(5) 결 론

1) 콘크리트 타설 소요시간은 압입 충전하는 데 3분 정도 소요
2) 펌프 압력은 강도가 증가할수록 더 많은 펌프 압력이 소요됨
3) 콘크리트 침하량은 700인 경우가 500인 경우보다 40mm 많이 침하되었는데 700인 경우가 콘크리트의 유동성이 양호하여 자중으로 인한 침하량이 더 커진 것으로 생각됨
4) 일반 거푸집 고강도 콘크리트가 12~15hr에서 최고 수화온도를 나타내는 것보다 다소 늦은 시간 이후 최고온도 발현됨

3.5 콘크리트 시공구조 실무

3.5.1 철근 콘크리트 보의 구조원리

(1) 구조원리

1) 콘크리트의 성질

- 압축응력(Compresol Stress) → 강(强)함
- 인장응력(Tensile Stress) → 매우 약(弱)함 : 압축의 1/10~1/13

그림 4.210 다양한 콘크리트 구조물

2) 인장철근 배근 : 콘크리트 보는 휨에 약(弱)함 → 인장 받는 부분에 철근 배근

3) 합성구조(Composite Structure) : 철근+콘크리트가 완전 부착되어 일체화 이룸

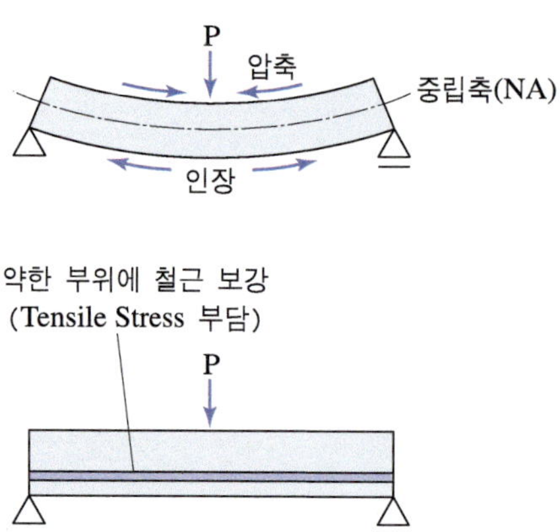

그림 4.211 단순보 원리

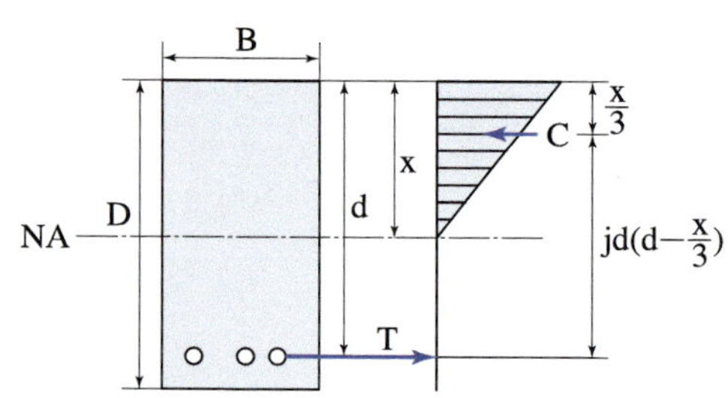

$M_R = C \times jd = T \times jd$

$T = a_t \times f_t$

$a_t = \dfrac{M}{f_t \cdot jd}$

$(M = T \cdot jd = a_t \cdot f_t \cdot jd)$

그림 4.212 단순보 산식

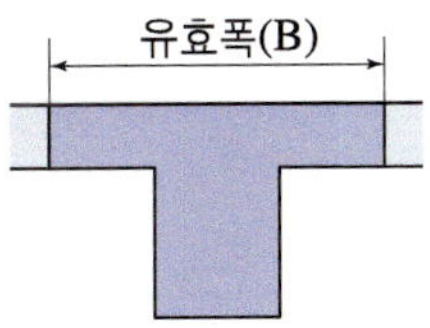

그림 4.213 T형보

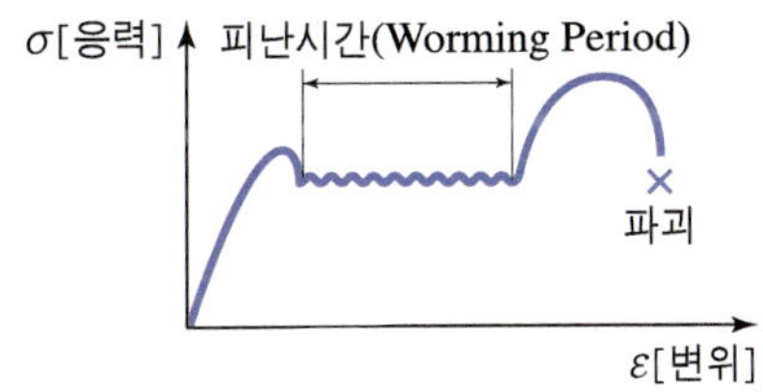

그림 4.214 철근 피난시간(Warming Period) 상관도

(2) 철근 콘크리트 보의 거동(Behavior)

1) 낮은 하중 작용시
   - Tensile Stress가 휨인장 파괴강도 이하
   - 응력도는 변형도에 비례

2) 하중증대
   - 인장측 콘크리트 단면은 인장력에 저항불가 → 인장철근이 저항함
   - 인장균열 발생, 하중 일시 증대시 보(Beam) 파괴

3) 보의 파괴형태

평형철근비 (Balanced Beam)	– C(콘크리트) = T(철근) : 가장 경제적 설계 – 인장철근 항복과 콘크리트 압축파괴 동시 일어남 – 철근량이 평형철근비 만큼 배근 필요
과다 철근비 (Over-Reinforced Beam)	– C < T : 취성파괴(Brittle Failure)(징후없이 갑자기 일어나므로 피해 극심) – 평형철근비 이상인 보 – 인장철근 항복 전 콘크리트 압축파괴 → 취성파괴(Brittle Failure)
과소 철근비 (Law-Reinforced Beam)	– C > T : 연성파괴(Ductile Failure) : 파괴가 서서히 발생 → 도피할 시간적 여유(Warming Period 있음) – 평형철근비 이하의 보로서 인장철근이 먼저 항복 – T형보 : 과소철근비로 배근된 보 – 철근 항복 후 상당한 연성 나타냄 → 연성 파괴(Ductile Failure)

(3) 철근의 배근

1) 주철근(휨인장 철근) : BMD(Bending Moment Diagram)에 의한 배근

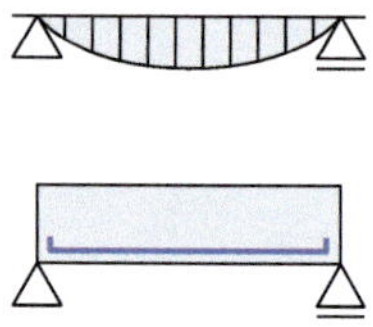

그림 4.215
단순보

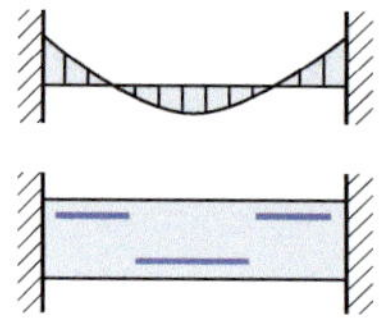

그림 4.216
양단고정보

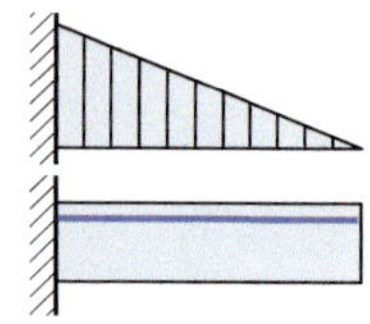

그림 4.217
캔틸레버

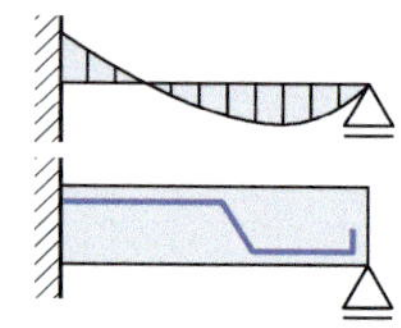

그림 4.218
캔틸레버+단부지지

2) 전단보강 철근(Stirrup)

- 휨 모멘트와 전단력(Shearing Force)이 작용
- 전단력(V)은 콘크리트(V_C) 부담하고 초과분을 Stirrup(V_S) 부담 → $V=V_C+V_S$
- 전단보강방법 : Stirrup(늑근)의 간격을 촘촘하게 배치

3) 옹벽

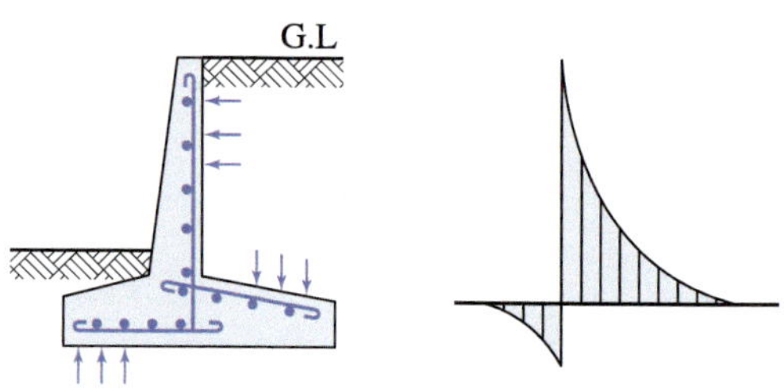

그림 4.219 옹벽의 주철근 배근

그림 4.221 콘크리트 구조 균열

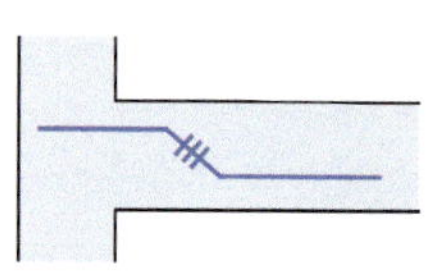

그림 4.220 전단균열

3.5.2 PS 콘크리트(Pre-Stressed Concrete)

(1) 정 의

콘크리트는 복합재료(Composite Material)로 결합되어 있어 압축응력에 대해서는 강하나 인장응력에 대해서는 매우 불리하므로 부재에 압축응력을 주어 콘크리트 인장응력에 저항하도록 설계된 구조

그림 4.222 PS 콘크리트 인양 전경

(2) PS 콘크리트 구분

1) Partial PS 콘크리트(부분 PS : ⓒ의 경우) : 가장 경제적인 구조

2) Full PS 콘크리트(전체 PS : ⓐ 및 ⓑ의 경우) : 구조 성능 극대화, 비경제적 구조

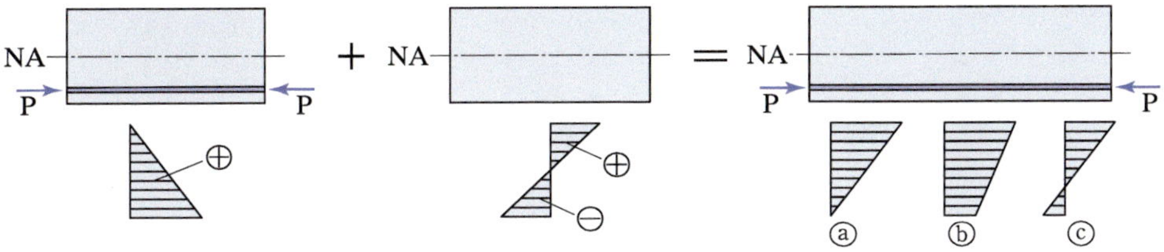

그림 4.223 PS 콘크리트 개념원리

(3) 공법 분류

1) 외적 또는 내적 Prestressing
- 외적 Prestressing : 외적으로 반력을 조절해 구조물에 소요응력 분담
- 내적 Prestressing : 고강도 강재를 지정해 콘크리트 부재에 정착시키는 방법

2) Pretensioning and Post-Tensioning
- Pretensioning : 내적 PS와 유사
- Post-Tensioning : 외적 PS와 유사

3) Bonded or Un-Bended Tendons
- Bonded Tendons : PC 강재가 전장에 걸쳐 콘크리트와 부착된 경우
- Un-Bonded Tendons : PC 강재가 콘크리트와 부착되지 않은 경우

그림 4.224 Post-Tensioning 방식 실물

(4) 시공관리

1) 타설 및 양생 : 5℃ 이상일 때만 타설(혼화제 사용), 진동 다짐 철저
2) 엄격한 품질관리와 시공관리 : 혼화제 사용 및 PC 강재 녹방지 등
3) 그라우팅(Grouting)
   - 시스(Sheath)관 내 모르타르 채움 : PC 강재와 콘크리트 부재를 부착 및 방청 작용
   - W/C비(45% 이하), AE 사용 피함(공극 및 부착력 저하)

3.5.3 내진설계(Earthquake Resistant Design)

(1) 개 요

1) 세계적으로 지진에 대한 공포 확산, 내진설계에 대한 관심이 고조되고 있고 우리나라도 최근 지진에 대한 예외 지역이 아님을 학계에서는 발표하고 있다.
2) 국내 내진설계는 1985년 멕시코 대진진을 계기로 1986년 내진설계법을 마련하여 1988년부터 적용해 오고 있다.

(2) 내진설계와 면진설계

1) 지진발생시 지면의 모든 건축물이 지면과 함께 요동
2) 내진설계(Earthquake Resistant Design)
   - 향후 지진 발생 가능성에 대비하여 구조물 안전 설계 의미

그림 4.225 진도 6.8 규모의 RC조 지진 피해 정도

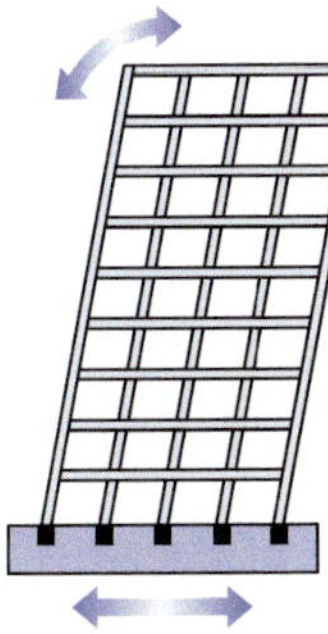

그림 4.226 내진설계 개념
▶ *건물자체가 움직인다.*

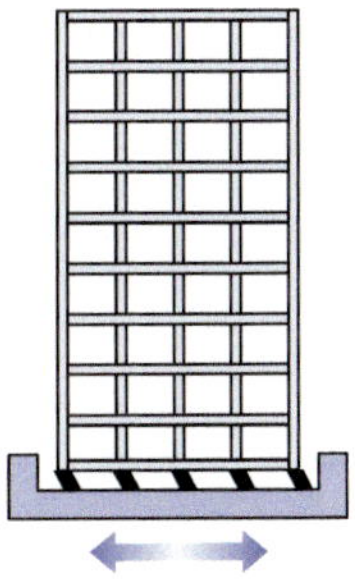

그림 4.227 면진설계 개념
▶ *건물과 분리된 하부 시스템이 움직인다.*

- 지진 발생시 구조물에 전혀 피해 없도록하는 방진설계는 불가능
- 최대한 지진의 충격에 견딜 수 있게 하는 내진설계 시도

3) 면진설계

- 구분
  - 내진설계 : 구조물 기둥과 벽면을 보강하여 충격에 버티게 하는 방법
  - 면진설계 : 구조물과 기초 지반을 분리시켜 지진파가 구조물에 영향을 미치지 못하게 하는 방법
- 원리 : 기초지반과 구조물의 완전한 불리 불가능 → 지진파 최소화를 위해 사이에 완충제를 끼움
- 완충재 사용재료 : 탄성높은 고무 등 다양한 완충재가 개발

(3) 내진설계시 유의사항

1) 내진요소인 기둥, 보, 가새, 기초 등 건물 상황에 따라 적정 배치

2) 건물 형상을 단순 대칭적으로 하고 내진 요소 균형 배치

- 건물 수평 비틀림이 생기지 않게 기둥 부재 직교효과 고려
- 상하층간 강성 · 강도의 차이를 없애고 부정적 차수를 높이는 것이 유리

3) 기초구조의 안정성 검토

(4) 구조물의 진동주기 및 피해사항

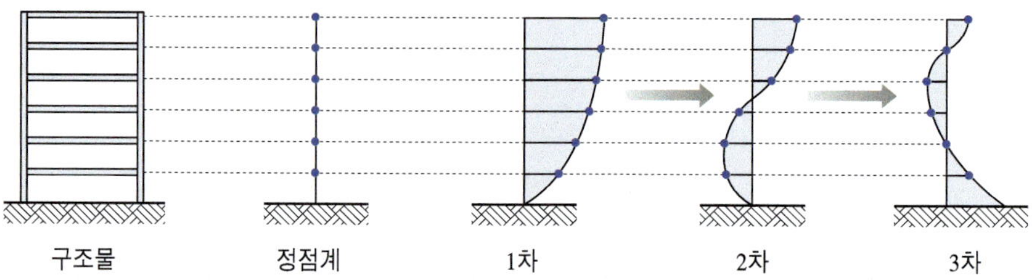

그림 4.228 구조물 진동주기

c·h·a·p·t·e·r·0·5·STEEL SKELETON WORK

5장
철골 공사 | Steel Skeleton Work

1 재 료(Material)

1.1 특 성

(1) 성 질

강(鋼) = 철+탄소 (함유량에 따라 성질변화)

종 류	특 징	탄소 함유량 많을 때
주 철	선철 약간 가공 탄소 1.7~6%	항복점(Yield Point) 증가, 인장강도 커짐, 신장률 작아짐
연 철	탄소 0.01%보다 적은 연강	
강 철	탄소 0.04~1.7% 정도인 철	

그림 5.1 철골 공사 시공 전경

▶ *저자가 감리 감독한 서울 산단동 벤처센터 현장 철골 공사 모습*

(2) 강재의 응력변위 곡선도

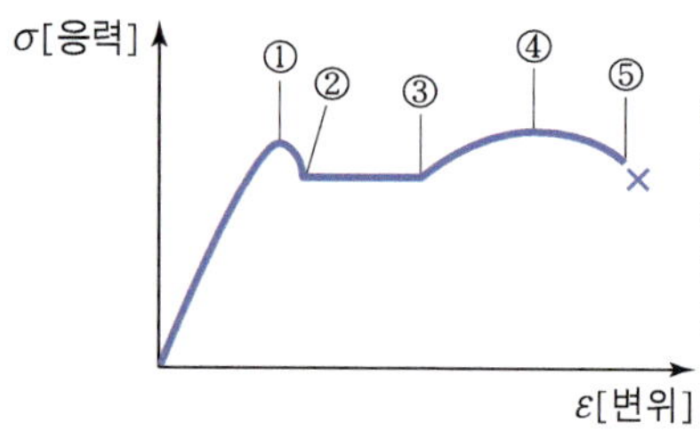

① 상위항복점
② 하위항복점
③ 항복종지점
④ 최고강도
⑤ 파괴점

그림 5.2 응력 · 변위 곡선

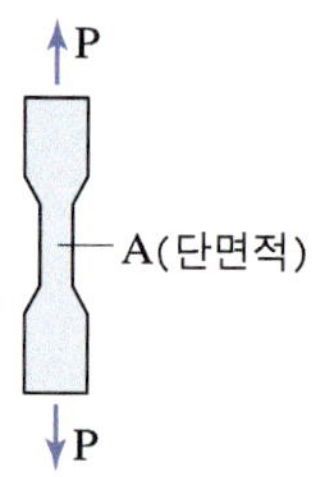

$\sigma(\text{Stress}) = \frac{P}{A}[\text{kg/cm}^2]$

$\varepsilon(\text{Strain}) = \frac{\Delta l}{l}$

$E(\text{탄성계수}) = \frac{\sigma}{\varepsilon}$: 기울기

그림 5.3 응력 · 변위 산식

(3) 일반 형강 표시방법

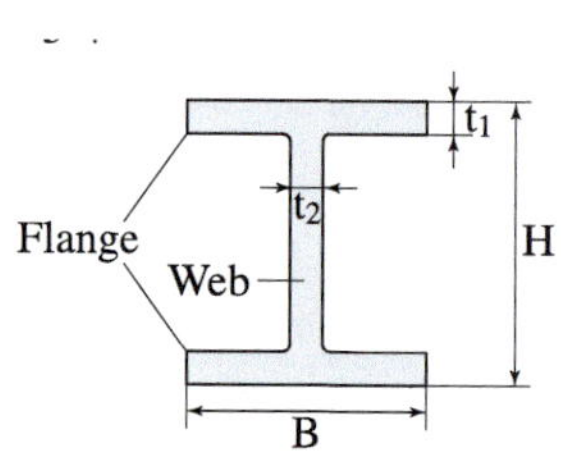

H-200×150×3.2×4.5
H : 200, B : 150
t_1 : 3.2, t_2 : 4.5

그림 5.4 H형강 표시방법

그림 5.5 미국 뉴욕 맨하탄 WTC 빌딩 폭파 모습

▶ *WTC 폭발 후 화재때 철골의 인장강도가 급격히 저하되어 붕괴됨*

1.2 종 류

	일반형강	경량형강(철골)	종 류
ㄷ-형강 T-형강 Z-형강 L-형강 H-형강	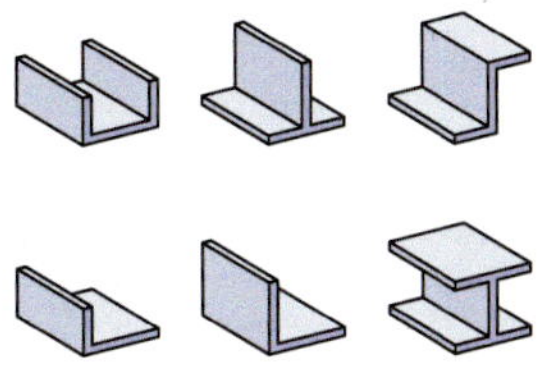	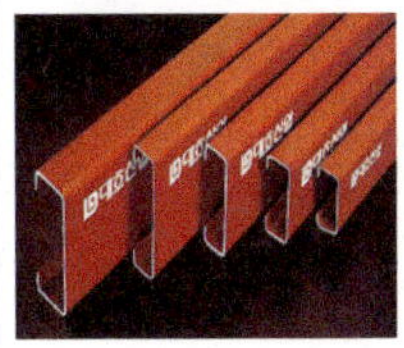	① 형강 ② 강판(고강도 후판) ③ 봉강(Round & Deformed Re-Bar) ④ 평강 ⑤ 리벳(Rivet), 볼트(Bolt), 너트(Nut)

1.3 부재의 형상

구분	H-형강	BOX 기둥	빌드업 빔(Build up Beam)
개념전경사진			
개념도		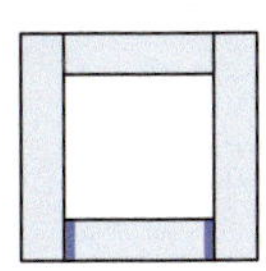	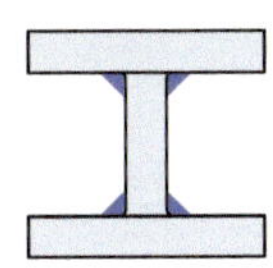
적용현장	서울 벤처센터현장	삼성동 무역센터현장	서울벤처센터 철골공장

1.4 강재의 재질에 따른 구분

(1) 일반구조용 압연강재 : SS41(SB41)

1) 규격 : 최대 ⓣ40 mm, 인장강도 41~52 kg/mm^2

2) 특징

- 일반적으로 가장 많이 쓰임
- 명기 없을시 일반적으로 SS41의 재질로 봄

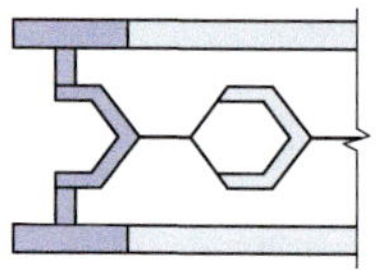

그림 5.6 Honey Comb Beam 개념도
▶ *강재절감과 단면 2차 모멘트 극대화 가능*

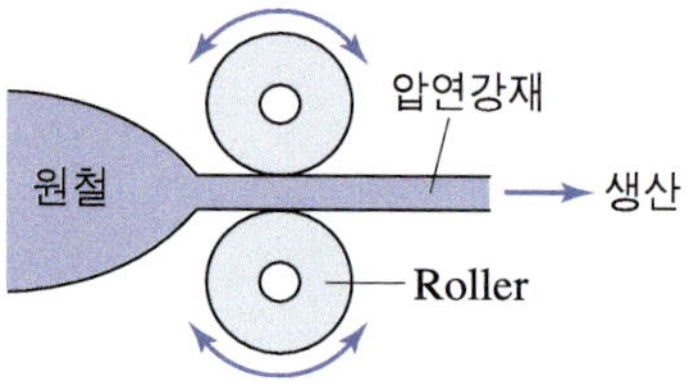

그림 5.7 압연강재 개념도

(2) 용접구조용 압연강재 : SWS41A~SWS58

1) 규격 : ⓣ100 mm, 인장강도 41~73 kg/mm^2

2) 특징

- 구조용재로서 인장강도 높고, 용접성 좋은 제품
- Si(규소), Mn(망간) 합금원소 첨가

(3) 용접 내구용 내후성 열간압연 강재 : SMA41A~SMA58

1) 규격 : 최대 ⓣ50mm, 인장강도 41~62 kg/mm^2

2) 특징

- 대기 중 내식성, 즉 내후성 2~6배 증가
- 재질 가공성, 용접성 향상

(4) 일반구조용 탄소강관 : SPS41~SPS50

1) 규격 : 인장강도 41~50 kg/mm^2

2) 특징 : 파이프 구조를 용접으로 설계 시공할 수 있는 강재

(5) TMCP(Thermo Mechanical Control Process) 강재

1) 정의 : 건물이 고층화 · 대형화되면서 고장력화 · 극후화 추세에 따른 우수한 역학적 특성을 가진 고내후성 강재의 총칭

2) 특징

- 강도, 인성 및 용접성 향상
- 열가공성 억제 가능, 국내에서도 생산 사용됨

1.5 재료 입고 검수관리

(1) 입고 검수

1) 재질의 대조확인 : 치수, 수량, 형상
2) 외관검사 : 재료의 손상, 굴곡, 단면 형상, 도장상태 및 두께
3) 절단된 Plate 및 가공품으로 입고시
   - 규격증명서(Mill Sheet) 확보
   - 절단면의 형상 검사 : 형상, 치수, 정도(정밀도) 검수

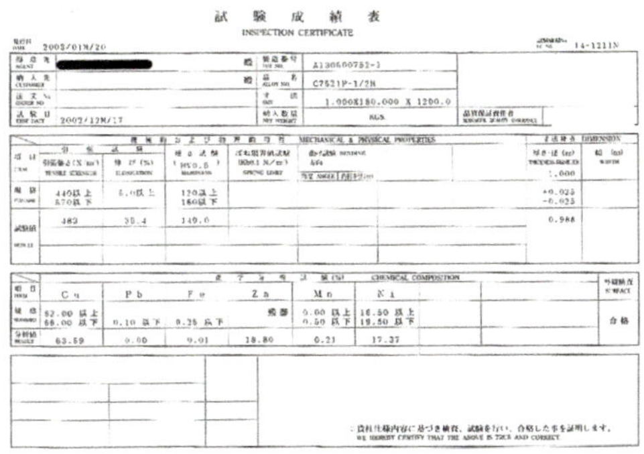

試 驗 成 績 表
INSPECTION CERTIFICATE

2003/01M/20 14-1211N

A130600752-1
C7521P-1/2H
1.000X180.000 X 1200.0
2002/12M/17

	引張強さ	伸び (%)	硬さ試験 (HV0.5)	厚さ
規格	440以上 570以下	5.0以上	120以上 160以下	+0.025 -0.025
試験値	483	35.4	140.0	0.988

그림 5.8 규격 증명서(Mill Sheet)

(2) 재료관리

1) 구분원칙 : 종류별, 규격별, 크기별
2) 절단 후 식별이 가능하도록 표시하여 구분
3) 보관
   - 용접재 : 충분히 건조되게 하고 습기 변질시 용접성 저하
   - 습기가 침투하지 않도록 보관하여 녹발생 방지

그림 5.9 벤처센터 현장 철골조공장 검수 방문
▶ *철골부재 현장 입고 전에 공장을 방문해 철골공장 검수를 선행해야 함*

그림 5.10 현장 입고 부재 검수
▶ *현장 반입된 부재 검사 후 철골조 설치*

2 공 장(Plant)

2.1 기본방침

1) 공장작업은 현장작업에 비해 우수한 설비를 사용하므로 품질 정도 확보 가능
2) 가능한 한 완성품에 가깝게 조립하여 현장에 운반하여 현장작업을 줄이는 측면의 시공도(Shop Drawing) 제출
3) 기본방침
   - 공장가공 : 가능한 한 완성품으로 제작
   - 현장 : 이음과 접합만으로 세우기(Erection) 작업 시행

2.2 공장 가공 순서

(1) 원척도(현치도) (Full Size Drawing)	(2) 본 뜨 기	(3) 변형바로잡기

설계도 시방서에 의거 원척도 위에 각부 상세 및 재의 길이 등 원척 표시	이음판(Gusset Plate), 베이스판(Base Plate)의 본 등을 원척에 맞추어 자름	검사에 합격된 재료의 비틀림 휘어짐을 바로 잡음
(4) 금메김(Marking)	(5) 절단 및 가공	(6) 구멍뚫기(Drilling)

강재 위에 구멍뚫기 위치, 리벳 위치 등을 표시(Marking)	금메김 표시된 바와 같이 절단(Cutting) 및 가공	펀칭(Punching), 드릴링(Drilling : 송곳뚫기), 리밍(Reaming : 구멍가심) 작업

(7) 가조립	(8) 용접 및 볼팅	(9) 검사(Inspection)
		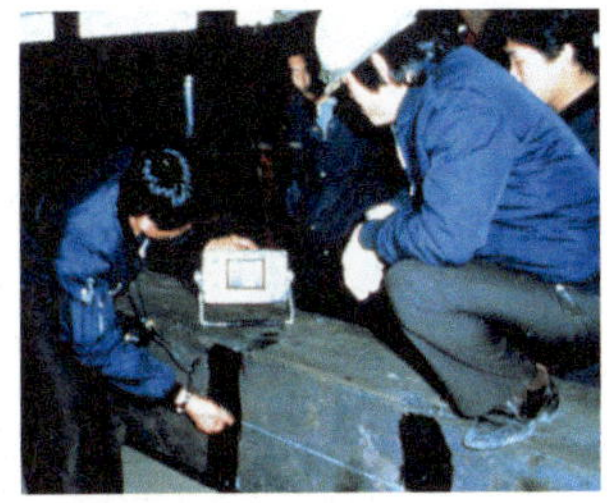
각 부재에 1~2개 볼트 조립 또는 핀 및 리벳으로 가조립	가조립된 부재의 본용접 접합 실시(리베팅은 최근 소음, 진동 등의 문제로 사용안함)	조립된 상태, 접합 등의 철저한 품질검사
(10) 녹막이 칠(Painting)	(11) 운반(Transportation)	(12) 현장 반입 검수, 양중

녹막이 하지 않을 부분을 제외하고 전부 녹막이 도색	공장검사 → 칠한 후 → 현장 반입(세우기 순서에 따라)	현장 검수 후 본격적인 이렉션(Erection) 작업 실시

2.3 공장 가공시 주의사항

1) 현장세우기 반입순서 대로 가공, 동일 종류는 능률상 연속 가공
2) 장대, 중량물 : 운반, 세우기 가능하도록 분할 가공
3) 가공 완료 제품 : 변형 및 오염주의, 반입시기, 이렉션(Erection) 공정 맞추어 반출
4) 부재 상차시 손상에 주의

3 현 장(Site Erection)

3.1 앵커 볼트(Anchor Bolt : 주각 설치)

(1) 개 요

1) 공장 철골이 반입되기 전에 현장에서 골조 기초작업을 완료하고 주각용 앵커 볼트를 매입한다.
2) 이렉션(Erection)을 위한 가장 초기작업으로 앵커 볼트 매입과 주각의 마무리 작업을 시행
3) 기둥 저면은 정확한 수평(정밀도 = 0)으로 모르타르 바름하고 경화 후 이렉션 작업 시행

그림 5.11 현장 철골조 이렉션 작업
▶ *철골조 현장 이렉션 작업은 주공정(CP)이므로 공정에 유의하고 안전관리에 만전을 기해야 함*

(2) 앵커 볼트 매입방법

고정매입방법	가동매입방법	이동매입방법
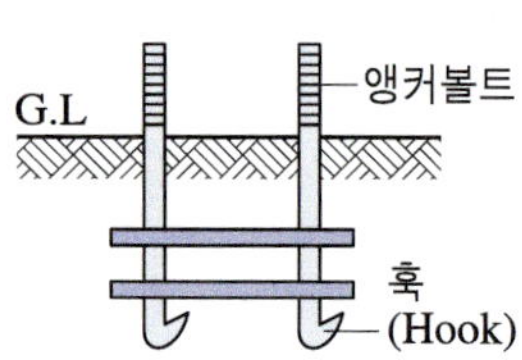	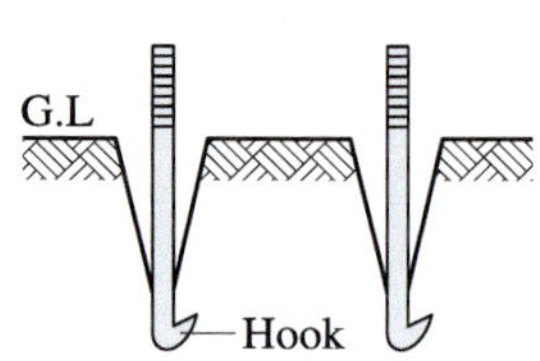	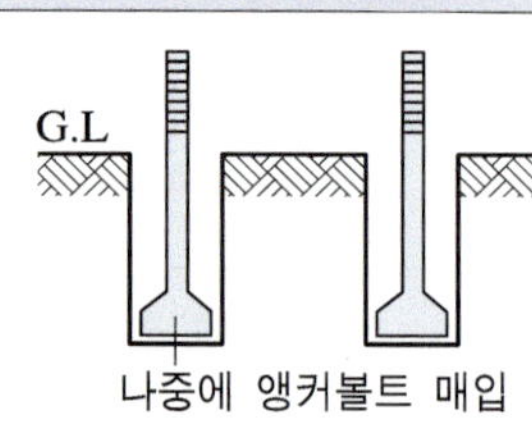

그림 5.12 현장 고정매입방법 적용 예

▶ *현장에서 가장 많이 쓰이는 방법으로 정밀도가 요구되는 고정매입 방법임*

(3) 매입시 주의사항

1) 위치를 정확히 고정하고 너트(Nut)를 견고하게 끼움
2) 밑부분에 훅(Hook)을 붙인다
3) 철골 준비가 덜 되었을 때는 고정매입 외 방법 채택 가능

(4) 주각의 마무리

1) 개념 : 기초 상면과 Base Plate 바닥면과의 접착면은 완전 수평으로 처리하기가 현실적으로 불가능하기 때문에 기둥 저면에 25~50 m/m 사이를 두고 마무리 모르타르 타설함
2) 마무리방법 세 가지

<table>
<tr><th>전면 바름 마무리법</th><th>나중 채워넣기 중심바름법</th><th>나중 채워넣기법(전면 그라우팅)</th></tr>
<tr><td>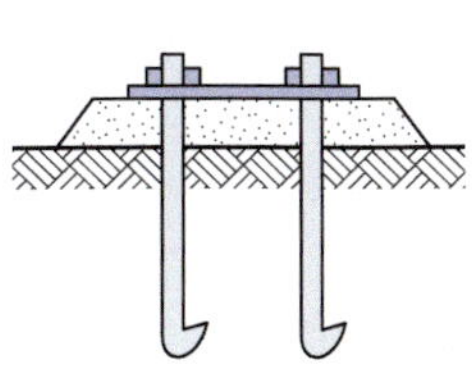</td><td>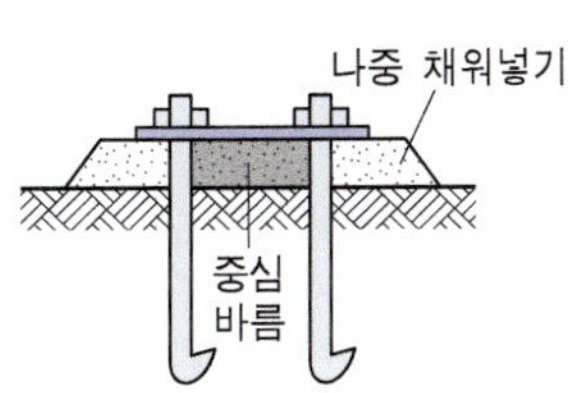
</td><td>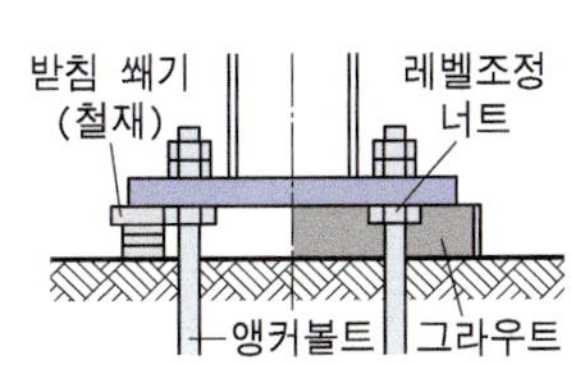
</td></tr>
</table>

그림 5.13 현장 나중 채워넣기법 적용
▶ *기둥 수직 확인 후 팽창성 모르타르를 타설 고정시킨다.*

3.2 세우기(Erection)

3.2.1 세우기용 기계

(1) 선 정

설치장소, 작업조건, 용량 및 능률(Capacity), 일일 작업량, 단일부재 최대치수, 대수와의 조합

(2) 종 류

1) 타워 크레인(Tower Crane) : 아파트 현장에서는 건물 길이가 길므로 보통 타워 크레인이 사용됨

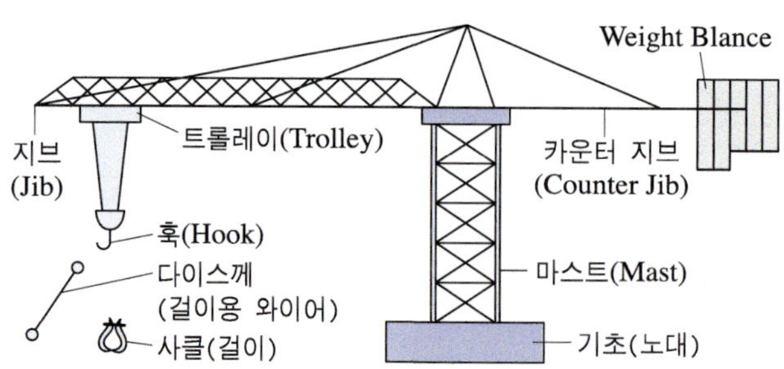

그림 5.14 타워 크레인 각부 명칭

그림 5.15 철골 양중 타워 크레인
▶ *서울 삼성동 무역센터 현장의 위용*

그림 5.16 타워 크레인 기초 철근 배근
▶ *기초 매트 타설시 함께 시공되어 기초 속에 묻힌다.*

그림 5.17 중간 몸체 마스트 고정 모습
▶ *슬래브에 철골빔으로 고정시켜 장비의 안전성 확보*

2) 짚 크레인(Jip Crane) : 도심지 단독 빌딩에서는 집중적인 양중을 위해 보통 짚 크레인이 사용됨

3) 트럭 크레인(Truck Crane), 크롤러 크레인(Crawler Crane) : 현장 필요시 임시적으로 불러서 사용할 때에 적용됨

3.2.2 현장 세우기 작업

(1) 세우기 주의사항

1) 조립 : 기둥만 독립시키지 않으며, 바로 빔(Beam)을 걸쳐야 함

2) 판 조임 볼트
- 본 체결 볼트수의 1/2~1/3 정도 또는 2개 이상
- 조립된 부재는 바로 가조임 볼트로 사용 긴결

3) 수평보기 및 수직보기
- 조립 도중에 세운 것 점검, 수정
- 조립점검 교정 : 다림추 및 트랜싯을 이용해 수평 및 수직도 측정 및 교정
- 교정 기계 : 와이어 로프(Wire Rope) 또는 턴 버클(Turn Buckle)

4) 보양 : 조립 중 가새(Brace) 등으로 보강

5) 안전관리 : 재해예방, 안전철망 설치
- 조립기계의 취급 및 안전대책 강구하여 설비
- 안전교육 및 훈련 실시

그림 5.18 철골 이렉션 작업 전경
▶ *철골 4절 기둥이 독립적으로 서 있으며 바로 빔을 걸쳐 잡아주어야 함*

그림 5.19 철골 수직도 확인
▶ *다림추 및 트랜싯을 사용해 철골의 수직도 확인 후 용접작업*

그림 5.20 철골 기둥 수직 확인
▶ *다림추를 이용한 철골 수직도 확인*

(2) 현장 세우기 작업 개념도

1) 기둥세우기	2) 보설치	3) 세우기 검사 및 수정
		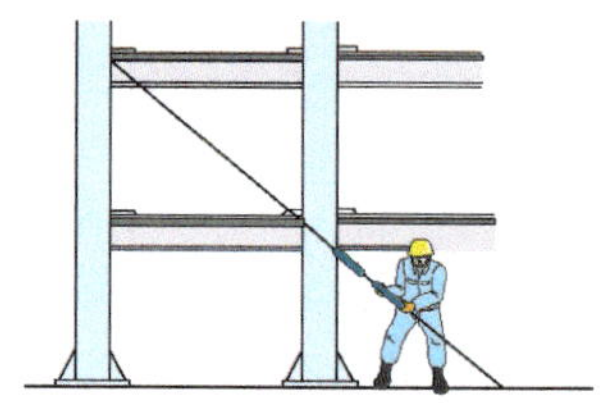
4) 접합(용접 및 고력 볼트)	5) 덱 플레이트 깔기	6) 철근 배근
	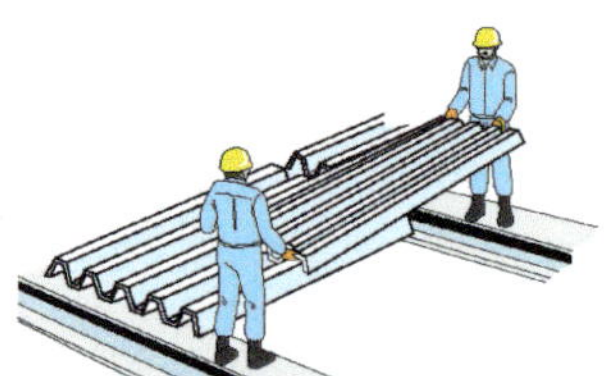	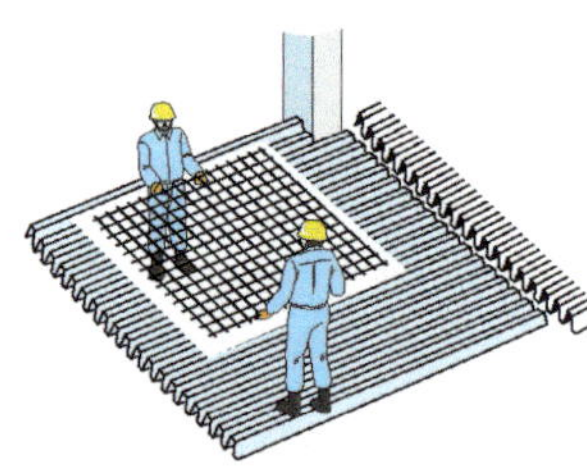
7) 콘크리트 타설	8) 내화피복 작업	9) 층별 반복작업

3.3 현장 접합(Connection)

3.3.1 접합 방법

1) 리벳(Rivet) 접합

2) 볼트(Bolt) 접합

- 보통 볼트
- 고장력 볼트 : TC(TS) Bolt, PI Nut 부착 Bolt, High Tension Bolt, 고장력 Grip Bolt

3) 용접(Welding)접합

4) 핀(Pin) & 롤러(Roller) 접합

3.3.2 현장 접합방법 선정시 고려사항

1) 좋고(Quality) : 품질 정밀도, 강도

2) 싸고(Cost) : 경제성, 경제적일 것

3) 빠르고(Schedule) : 시공성, 쉽고 접합이 확실할 것

4) 안전(Safety) : 구조적, 시공상 안전(Safety)할 것

5) 공해(Environment) : 저공해(소음, 진동), 환경보존공법일 것

3.3.3 리벳(Rivet) 접합

1) 개요 : 소음 · 진동, 숙련공 부족, 환경공해 등으로 현재 사용되지 않는 접합공법임

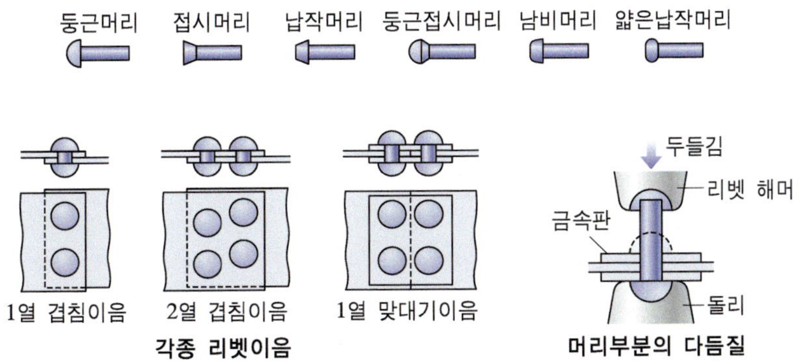

그림 5.21 리벳 접합 개념도

2) 리벳 치기 기계 기구

- Joe Rivetter, Rivetting Hammer : 공장 사용
- Pneumatic Hammer : 공장 보조적 사용
- 리벳 수정 기구 : Chipping Hammer, Rivet Cutter, Rivet Buster, Drill Grinder

3.3.4 고장력 볼트 접합(HTB : High Tension Bolt)

(1) 개 요

1) 철골조 건물의 접합방법 중 가장 많이 사용되고 있는 접합방식

2) 고력 볼트 마찰접합으로 조이기하며, 접합방식 에는 마찰접합(전단형), 인장접합(인장형)이 있다.

3) 현장에서는 TC(Torque Control) 볼트(TS : Torque Shear 볼트)가 가장 많이 쓰이는 방법이다.

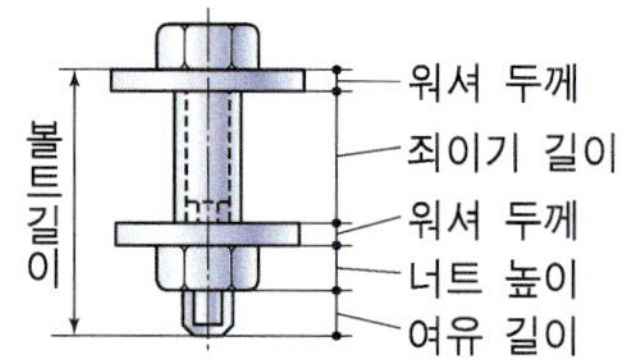

그림 5.22 볼트

(2) 종 류

TC 볼트(TS 볼트)	PI Nut 부착 High Tension Bolt	고장력 그립 볼트(Grip Bolt)
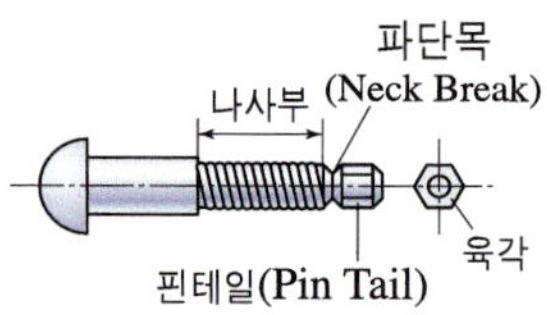	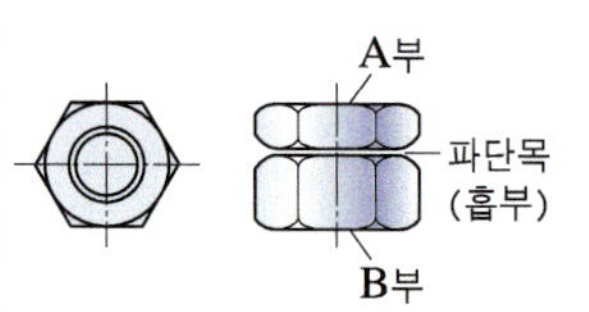	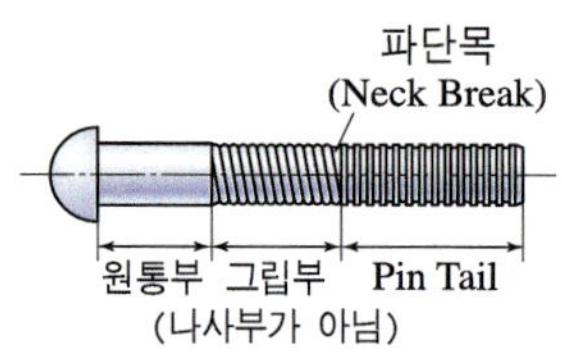

(3) 접합 개념

1) 개념

- 마찰접합(전단형)으로 볼트의 조임힘(압착)에 의한 강재간의 마찰력에 의해 응력이 전달
- 마찰계수 0.45 이상, 구멍 주위면은 워셔(Washer) 지름의 2배까지, 검정녹은 그라인더(Grinder) 제거, 녹슨 거친면 처리

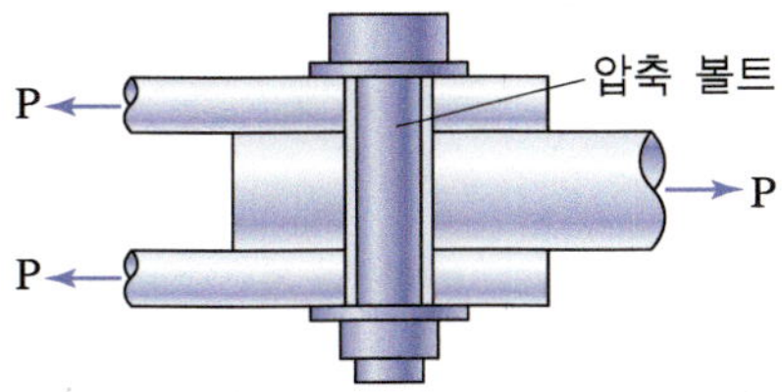

그림 5.23 마찰접합

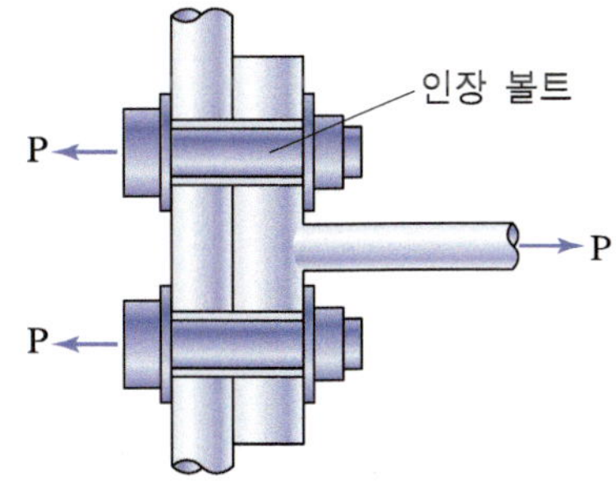

그림 5.24 인장접합

2) 현장 접합검사

- 기기의 조정(Calibrator Test) 필요 : 제품검사시 데이터와 현장 예비시험 데이터의 서로 다름에 주의
- 최종 체결의 검사 충분히 실시 : 검사는 체결 완료 후 당일 내(24시간) 실시함이 중요함

(4) TC(Torque Control) 볼트 현장 접합상 시공 실무

1) 사용 볼트의 축력시험을 합격한 자재 사용
2) 보관 고력 볼트는 사용량만큼씩 수시로 꺼내 사용
3) 최종 체결은 강우, 풍우, 강풍시 작업하지 않음
4) 파단목(Neck Break)이 잘려나갈 때까지 체결하면 됨
5) 마찰면에 솟은 녹, 먼지 등이 부착된 경우는 와이어 브러시(Wire-Brush)로 제거
6) 1군 중심에서 단부로 향해 체결

그림 5.25 현장 접합 TS 볼트 축력시험

그림 5.26 TS(TC) 볼트 체결 모습

(5) TC 볼트(TS 볼트) 체결과정 실무

그림 5.27

TS 볼트 체결 전체 모습

▶ *볼트 체결은 중심부에서 단부로 시공해야 한다.*

그림 5.28

TS 볼트 부분 체결 모습

▶ *임펙트 렌치를 사용해 볼트의 파단 목이 떨어질 때까지 체결*

그림 5.29

TS 볼트 체결 완료

▶ *체결이 완료된 곳에 완이라고 쓴 글씨가 보임*

3.3.5 용접(Welding)접합

(1) 개 요

1) 최근 철골의 주요 부재에 적극 사용하는 경향

2) 사용 이유

- 용접 기술 진보, 기능공 부족 등
- 공해 및 환경 규제, 사회정세의 변화, 경제적 유리 때문

그림 5.30 피복 아크(Arc) 용접

(2) 용접접합의 종류

- 피복 아크 용접 : SMAW(Shielded Metal Arc Welding)
- 서브메지드 아크 용접 : SAW(Submerged Arc Welding)
- 플럭스 코어 아크 용접: FCAW(Flux-Cored Arc Welding)
- CO_2 아크 용접
- 가스 용접(Gas Welding) / 가스 압접
- 일렉트로 슬래그 용접 : 슬래그의 전기저항열로 용접봉을 녹여 접합
- 플러시 버트 용접 : 전기저항열을 사용한 전기저항 압접방식

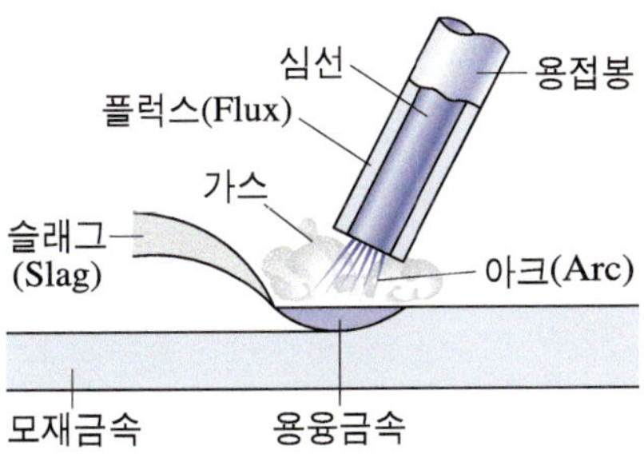

그림 5.31 피복 아크 용접(SMAW) 개념도

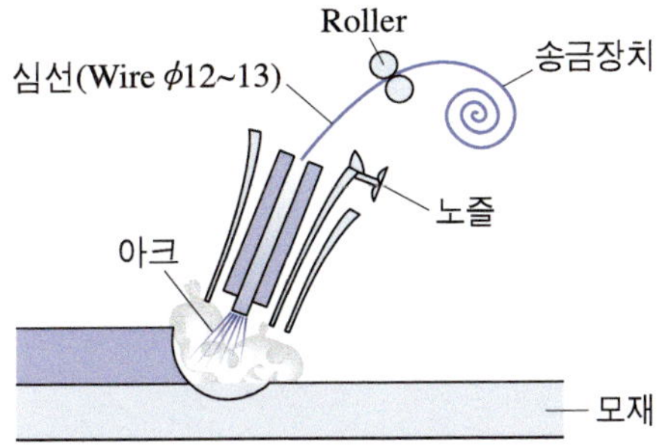

그림 5.32 CO_2 아크 용접 개념도

(3) 주요 용접 실예

구 분	피복 아크 용접 : SMAW (Shielded Metal Arc Welding)	서브머지드 아크 용접 : SAW (Submerged Arc Welding)
용접 전경도		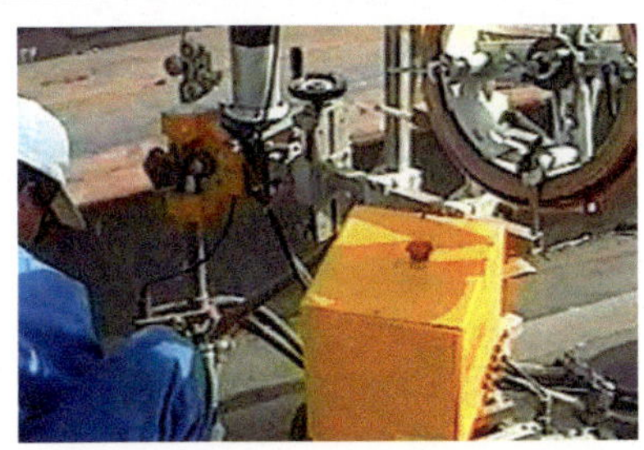
용접선(비드) 모습	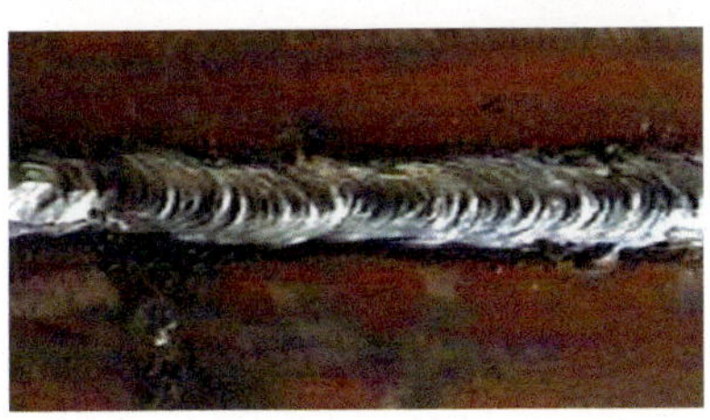	

(4) 용접부 비파괴검사(NDT : Non Distructive Test)

1) 개요

- 용접착수 전 : 개선(Brieling) 모양, 모아대기법, 구속법, 자세의 적부
- 용접작업 중 : 용접봉, 운봉, 전류
- 용접작업 후 : 검사는 사전 결함원인 및 대책 강구 중요

2) 초음파 탐상법 : UT(Ultrasonic Test)

- 개념 : 음파를 이용 브라운관에 나타나는 형태 판독
- 특징
  - 최근에는 X선법으로는 불가능한 부분의 검사가 가능한 초음파법을 많이 사용
  - 검사속도가 빠름, 필름(Film)이 필요 없음, 기록성 없음, 검사원의 기량 차이 큼

3) 방사선 투과시험 : RT(Radiograph Test)

- 개념 : X, γ선에 의해 용접부 투과, 필름에 감광
- 특징
  - 검사장소 제한, 기록성 좋음, 방사선 인체에 유해
  - 촬영 장소 위치에 따라 판독자 개인차이 심함

그림 5.33 초음파 탐상법
▶ *철골기둥 이음용접 부위에 대한 비파괴검사 실시 전경*

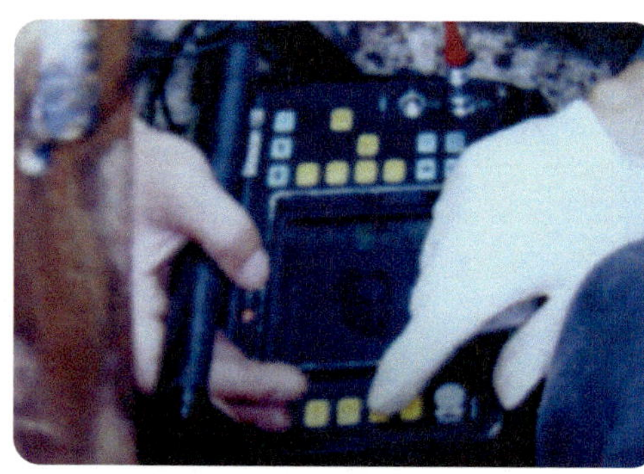

그림 5.34 초음파 탐상법 계측기
▶ *계기판 모니터에만 결과가 나타나 기록성이 없는게 단점*

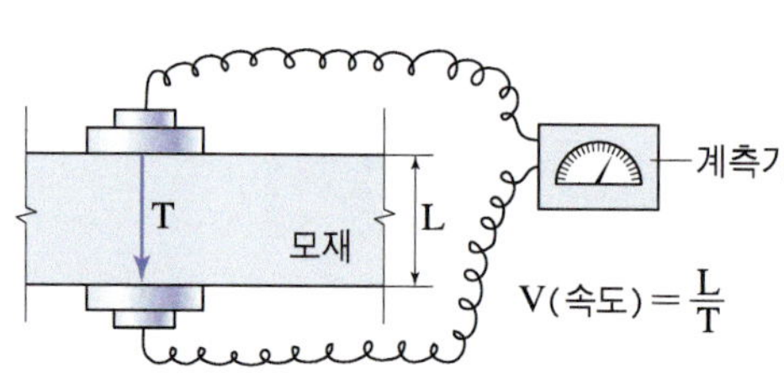

그림 5.35 초음파 탐상법(Ultrasonic Test) 개념도

그림 5.36 방사선 투과시험 전경

그림 5.37 방사선 투과시험 기계

그림 5.38
방사선시험 통제구역 표시

4) 침투탐상법 : PT(Penetrant Test)

- 개념 : 침투액에 자광성을 띠게 하여 자외선을 쪼이는 “자광탐상법”
- 특징
  - 검사 간단, 특별한 장치 불필요
  - 상당히 넓은 범위 간단히 검사, 표면에 나타나지 않은 결함은 검출 불가

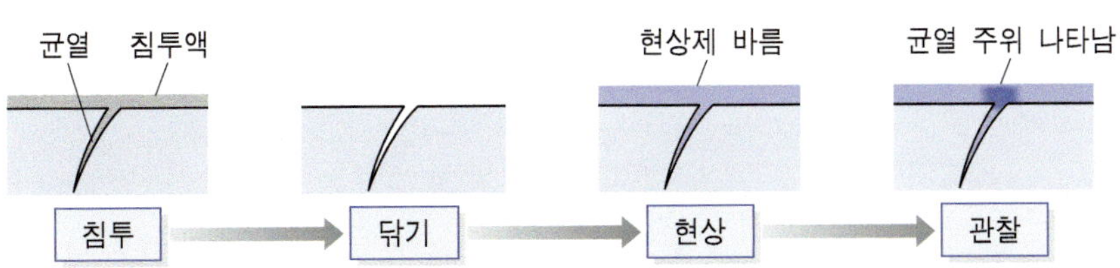

그림 5.39 침투탐상법 시공순서

5) 자기분말탐상법 : MT(Magnetic Particle Test)

- 개념 : 강자성체에 자력을 통하여 표면에서 7~15 m/m 정도의 내부결함 검출

(5) 용접의 결합

1) 크랙(Crack : 균열, 터짐)

- 가장 중대 결함 : 고온터짐(870~723℃), 저온터짐(200℃ 이하)
- 원인 : 전격 전류 불균형, 냉각, 예열 부족
- 대책 : 예열, 용접재료 검사

2) 오버 랩(Over-Lap : 용재의 덮힘)

- 원인 : 전류의 부족, 모재와 용착 불량 등으로 용접속도 느린 경우
- 대책 : 적정 전류, 용접시간 조절

3) 브로우 홀(Blow Hole : 기공 또는 Porosity)

- 원인 : 용접봉의 피복제 및 습도 불량으로 공기구멍 형성, 운봉 시간 부족, 강도에 영향, 크랙 발생 원인
- 대책 : 상 · 하로 용접, 용접봉의 품질검사

4) 슬래그(Slag) 감싸돌기

- 원인 : 용접봉 불량, 습기 · 물 · 유기 불순물 미제거, 바탕처리 부실 및 페인트, 기름, 녹
- 대책 : 기능도의 문제, 교육훈련

5) 라멜레이트(Lamellate)

- 정의 : 모재 내부에 열영향부로 인해 균열 및 변형되는 현상
- 현상 : 국부 열변형(Thermal Movement), 열영향부 균열

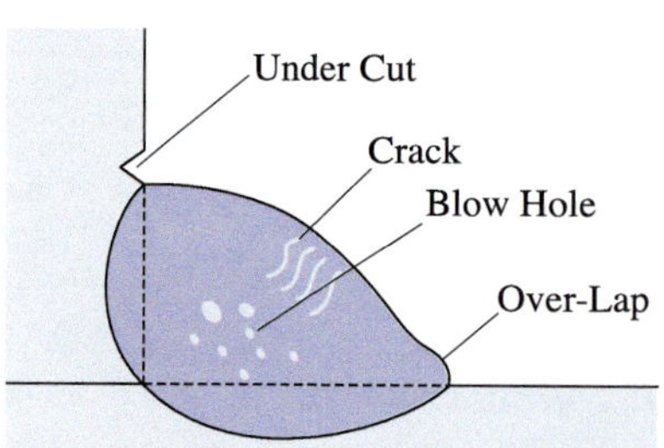

그림 5.40 균열 등 결함

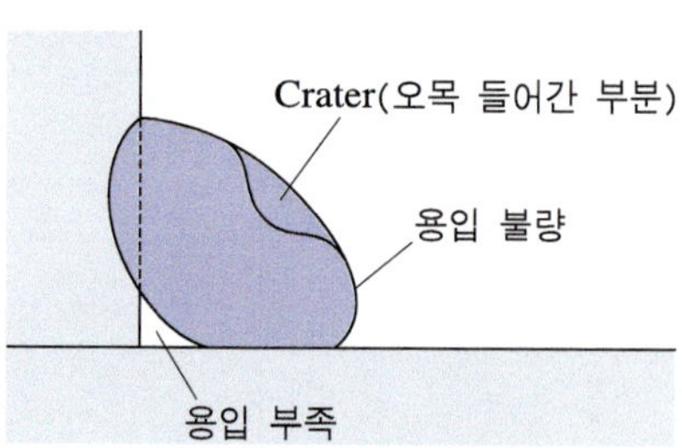

그림 5.41 용입 등 결함

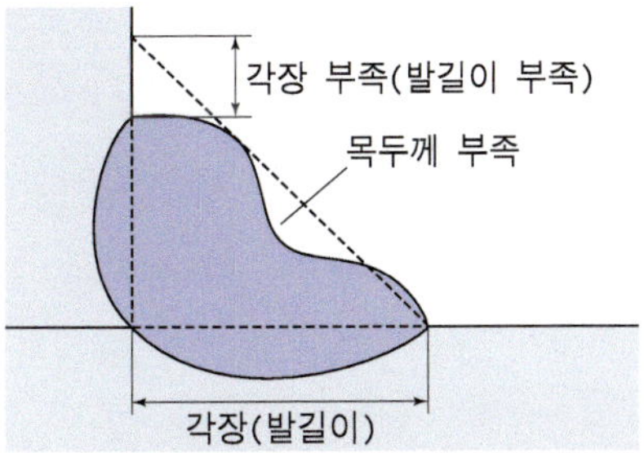

그림 5.42 각장(발길이) 등 결함

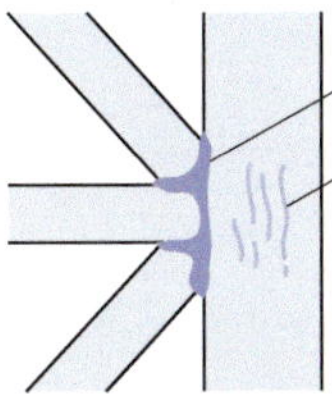

그림 5.43 라멜레이트(Lamellate)

그림 5.44 SAW 균열 결함

그림 5.45 수동 아크 웰딩 슬래그 결함

(6) 용어해설

1) 모따기(Scallop : 스캘럽)

- 정의 : 철골부재의 이음(Splice) 및 접합(Connection)을 용접(Welding)으로 함에 있어 용접부위가 재용접되어 열영향부 중복을 피하기 위해 모따기(부채꼴의 Notch)를 하는 것
- 목적
  - 열영향부(Heat Affected Zone)의 취약화 방지
  - 용접 균열(Welding Crack), 슬래그 혼입 등 결함 사전 예방

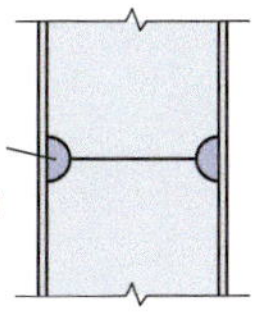

그림 5.46
이음(Splice)

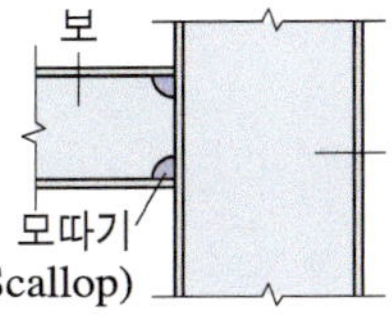

그림 5.47
접합(Connection)

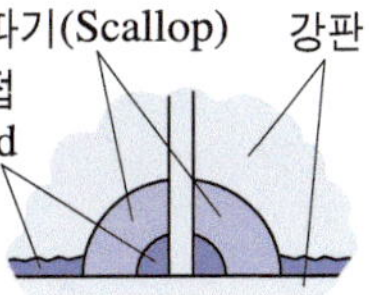

그림 5.48
모따기 상세도

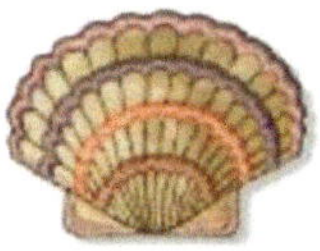

그림 5.49
모따기 형태 개념

2) 메탈 터치(Metal Touch)

- 정의 : 철골기둥의 절(아랫기둥)과 절(윗기둥)을 이음함에 있어 그 이음면이 밀착되게 하기 위해 축응력과 휨응력의 25%까지 두 부재의 맞닿는 면에서 응력을 전달시키는 이음방법
- 현상
  - 철골조는 층수가 높아지므로 단일재 기둥(Column) 시공 불가
  - 적당한 길이(1절 : 보통 약 10 m 기준)의 부재를 공장가공하여 현장에서 이음(Splice)함

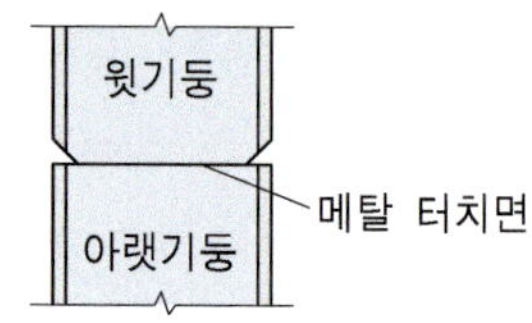

그림 5.50 메탈 터치

3) 각장(발길이, 다리길이)

- 정의 : 모살용접에서 용접 비드(Bead) 단면으로 볼 때 한쪽 부위의 치수(S)로 구조 계산시 중요한 사항
- 시공의 정도
  - 목두께(a)=0.7 S 정도
  - 보강살 붙임두께 : 3 mm 이하 또는 0.1 S+1 mm 이하

4) 단속용접과 상향용접

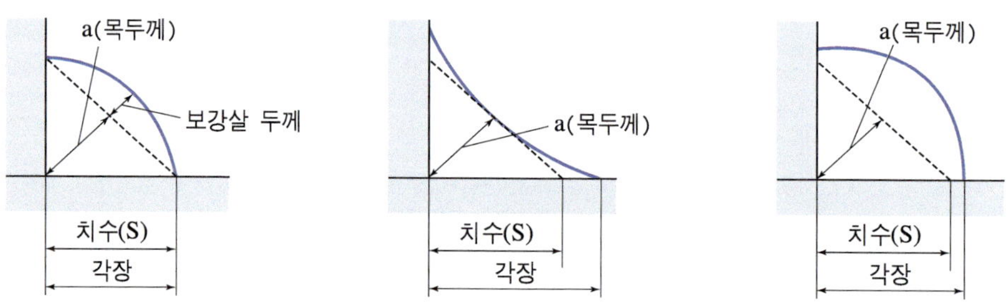

그림 5.51

- 단속용접 : 용접 비드선이 중간에 부분적으로 끊기면서 용접되는 용접 라인 총칭
- 상향용접 : 천장용접시 적용, 보통 수동용접으로 하므로 어려운 용접에 속함

5) 개선(開先) (앞벌림 홈 : Groove)

- 정의 : 맞댄용접(Butt Weld)에서 이음부위의 용접강성을 높이기 위해 단면형이 V자형으로 형성되어 일정 각도로 따낸 이음부분
- 개선의 종류
  - I형, J형, K형, U형, V형, X형

그림 5.52 단속용접 전경

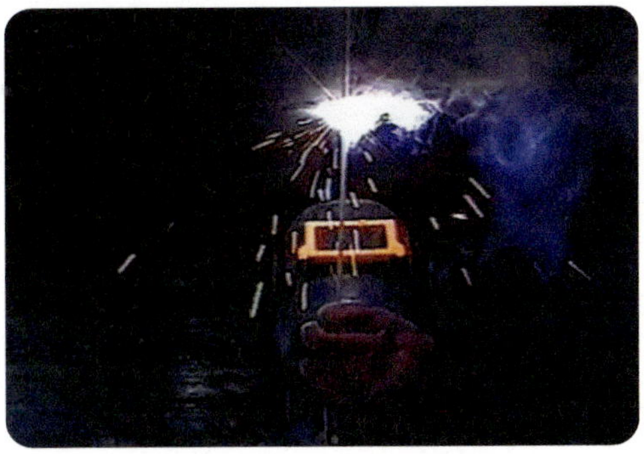

그림 5.53 상향용접 전경

그림 5.54 박스 기둥에 부착된 이렉션 피스

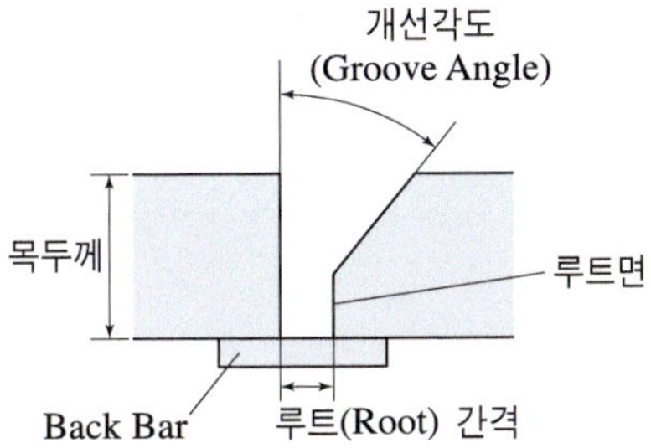

그림 5.55 개선부분의 명칭

6) 이렉션 피스(Erection Peace)

- 정의 : 기둥용접을 위해 개선시켜 둔 메탈 터치 라인의 직각방향으로 기둥 임시 연결을 위해 설치해둔 피스 조각
- 특징 : 대부분 개선을 따라 기둥용접이 이루어진 후 제거됨

7) 엔드 탭(End Tab)

- 정의 : 용접시 시작과 끝부분의 구조적 취약 및 결합을 없애기 위해 붙이는 철판으로 돌림용접을 할 수 없는 상태에서 떼어낼 목적으로 용접 끝에 붙이는 버팀판의 총칭
- 특징
  - 구조상 응력전달 : 유효길이(Effective Length)의 확보
  - 통상 모재의 동일 두께 · 종류 철판 사용

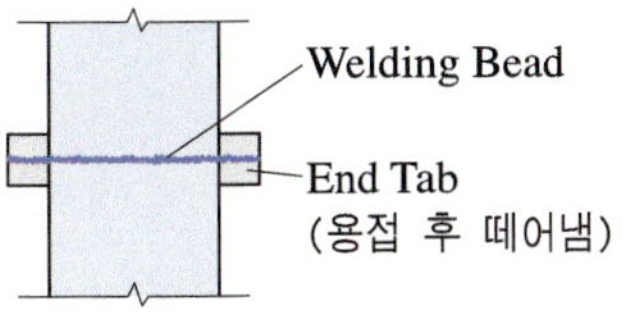

그림 5.56 엔드 탭(End Tab)

– 보통 : 2.2 m/m, 3.5 cm 두께 이상의 철판 사용
– 전류 시작과 끝부분 강약조절의 어려움 극복

8) 스티프너

- 정의 : 철골부재의 강성을 높이기 위해 덧붙이는 구조판
- 스티프너 상세 모식도(그림 5.57 참조)

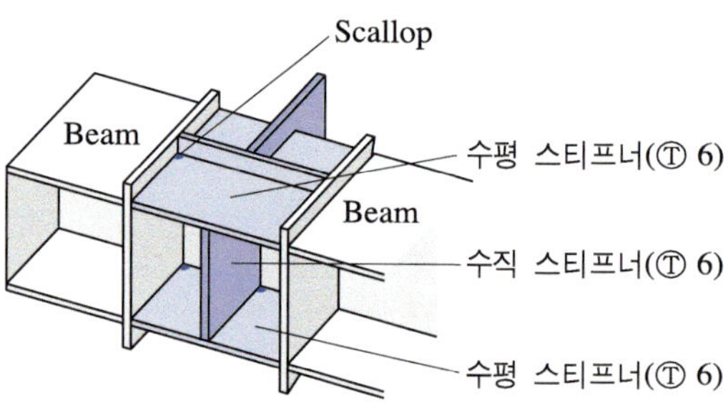

그림 5.57 스티프너 개념도

그림 5.58 철골조 바닥판 덱 플레이트

9) 덱 플레이트(Deck Plate)

- 정의 : 철골구조 설치 후 슬래브에 깔아 대는 철판의 총칭
- 구분 : 단순 거푸집용, 구조용(반드시 내화피복 필요) 두 가지로 구분됨

10) 스터드(Stud) 볼트(시어 커넥터)

- 정의 : 철골구조 슬래브 콘크리트 타설 전 철골 빔 상부에 이질재와의 합치를 위해 설치되는 볼트의 총칭
- 역할 : 콘크리트와 철골구조체의 일체화 연결

그림 5.59 덱 플레이트 위 철근 배근

그림 5.60 시어 커넥터 시공

3.3.5 핀(Pin) & 롤러(Roller) 접합

(1) 개 념

휨모멘트(Bending Moment)는 전달하지 않고 축방향력을 부재에 전달하는 방법

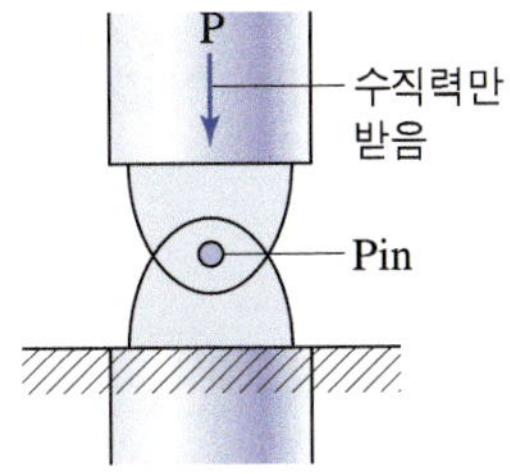

그림 5.61 핀 접합

(2) 적 용 처

트러스(Truss), 주각 등

(3) 유의사항

1) 부재가 이동하지 않도록 하고 핀(Pin) 구멍은 정확해야 함
2) 핀 구멍 : d+0.5 m/m 이내 (d〈130 m/m)
   d+1.0 m/m 이내 (d〈130 m/m)
3) 핀은 판 마무리가 정확하고 결점이나 흠이 없어야 함

3.4 도장(Coating, Painting)

(1) 일반사항

1) 현장 반입 전 1회 칠하고, 조립 후 도장 불가한 부위에 2회 칠함
2) 그 외 부위는 현장반입 후 조립해서 1회 칠하고 운반 · 조립시 손상된 부위는 다시 칠함

(2) 녹막이칠을 하지 않는 부위

1) 콘크리트 속에 묻히는 부위

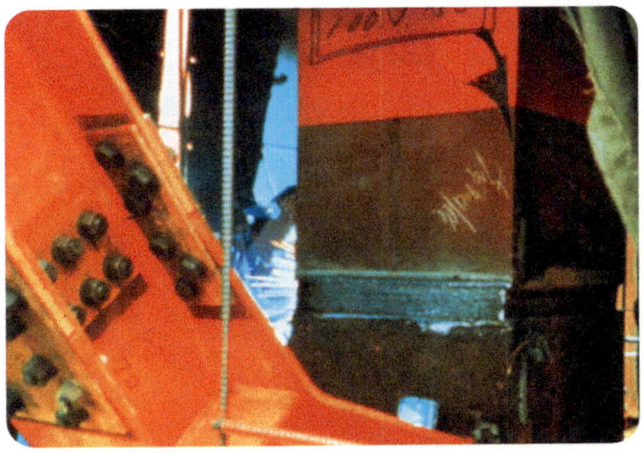

그림 5.62 철골 기둥 녹막이칠이 안된 부위 모습
▶ *기둥 용접부위는 공장이 아닌 현장에서 용접한 후 녹막이칠을 해야 한다.*

2) 현장 접합 리벳(Rivet), 볼트류의 두부 및 너트(Nut)
3) 현장 접합 용접을 실시하는 부위
4) 고력 볼트 접합부 마찰면
5) 조립 맞닿는 부위 및 밀폐되는 내면

4 내화 피복(Fire Proof Coating)

4.1 공법의 분류

(1) 일반사항

1) 강구조의 최대 약점인 내화성에 대해 탄성계수가 항복점 강도(Yielding Strength) 이하로 되어 건물의 붕괴가 없도록 내화재료로 피복
2) 건축법 시행령상 부위, 층수에 따라 소요성능을 규정함
3) 구조강재의 고장력화, 경량화 추세에 따른 용접성과 소성변형이 적은 TMCP강 생산시대 도래

(2) 공법의 분류

1) 습식(Wet)공법 : 현장에서 재료와 물을 혼합해 시공
2) 건식(Dry)공법 : 공장성형 → 현장 단순 부착
3) 합성공법 : 각종 재료 조합 시공
4) 내화도장공법 : 내화도료를 이용하여 도포처리

그림 5.63 철골조 내화 피복 모습
▶ *구조용 덱 플레이트는 내화 피복을 반드시 해야 한다.*

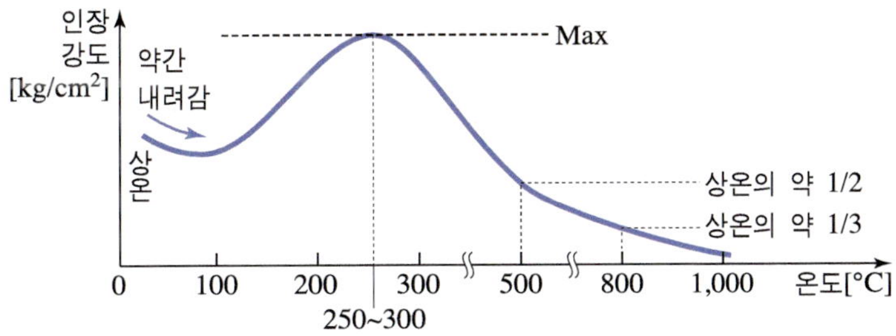

그림 5.64 철의 인장강도와 온도 상관도

4.2 공법별 특성

(1) 습식내화 피복공법

1) 타설공법

- 철골 둘레에 콘크리트 소요두께로 타설
- 보통 콘크리트, 경량 콘크리트, 기포 콘크리트 등
- 균열방지 : 보강끈

2) 뿜칠공법(Spray Method)

- 재료 : 주자재(석면, 암면, 질석 등) + 부자재 (시멘트, Plaster) 혼합뿜칠
- 공법 분류 : 습식뿜칠공법, 건식뿜칠공법
- 결함 : 모재파탄, 철골박리, 접착박리

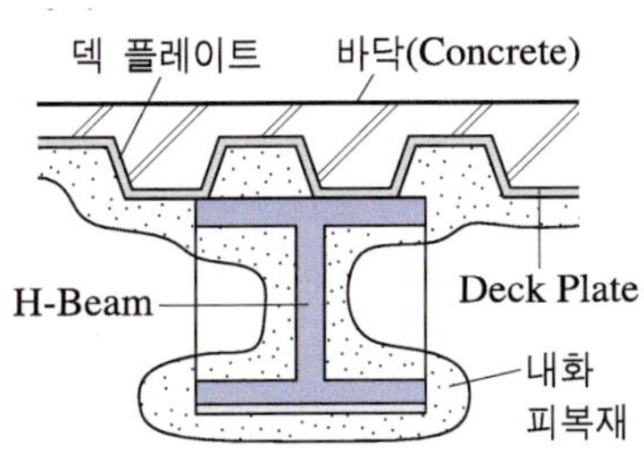

그림 5.65 습식뿜칠공법 개념도

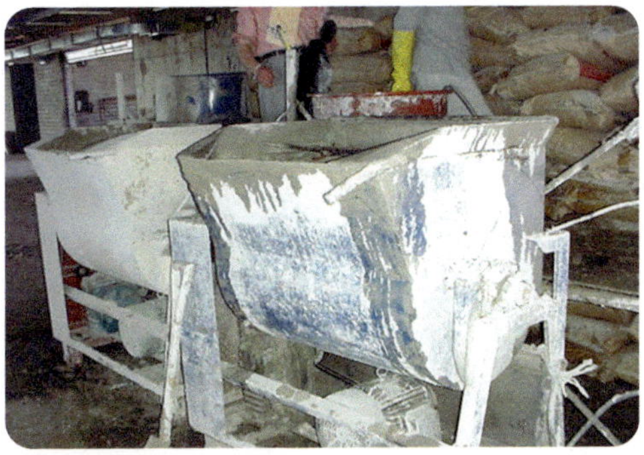

그림 5.66 습식내화 피복공법 재료 혼합 모습
▶ *내화재료를 현장에서 물과 혼합하여 뿜칠 시공함*

3) 미장공법(Plaster Method)

- 모르타르 미장(Mortar Plaster)은 마감이 겹치기 때문에 시공 후 균열방지
- 균열방지용 바탕 메탈 라스(Metal Lath) 시공
- 품질관리 : 바름두께, 배합 등

(2) 건식내화 피복공법

1) 성형공법 PC판(Precast Concrete)

- 설치철물(Fastener) 용접, 볼트 조임 등에 의해 고정
- PC판은 화재시 열변형(Thermal Movement)이 큼
  - 방지책 : 철골지지간격을 짧게 하고 접합부 틈새 없도록 처리
- 지지간격 1.5 m 정도

2) ALC판(Autocalved Light Weight Concrete)

- 설치방법 : PC판과 동일
- 줄눈부 틈새가 없도록 시공
- 규산칼슘판, 석면성형판
  - 접착제로 부착 : 두께 얇고, 가볍고, 강도 작음
  - 접합부 줄눈폭 작게 처리 : 수축균열 방지
  - 접착제 시공시 보양에 주의 : 내수, 충격방지

(3) 합성내화 피복공법

1) 이종재료 적층공법

- 프리패스(Pre-Fab) 공법과 습식공법의 결점 보완
- 마감의 평탄성 확보
- 질석 플라스트(Plaster) 두께는 보통 2.5cm로 시공
- 바름공, 박리, 균열방지 대책 검토

2) 이종재료 합성공법(일체화하는 공법)

- 외장 Curtain Wall이 PC인 경우 : 기둥, 보 등의 외피복재료 PC 사용
- 외부 피복재 절약 및 외부 위험요소 감소
- 내화성능, 시공성, 사전검토
- 접합부 줄눈에 대한 검토 필요

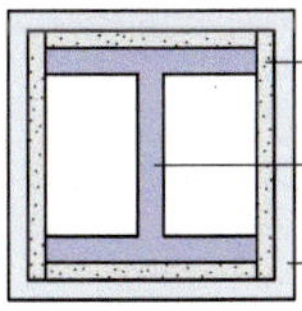

그림 5.67 이종재료 적층공법

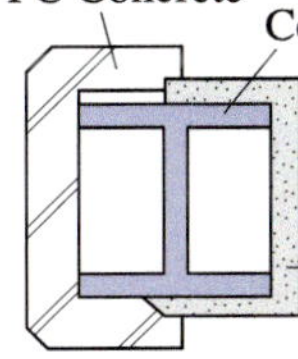

그림 5.68 이종재료 합성공법

(4) 내화도장공법

1) 정의 : 친환경 내화페인트로 철골구조체 부위의 내화성능을 향상시키기 위해 에어 분사(Spray)공법으로 수회 도포하여 구조체를 노출시키는 공법의 총칭

2) 특징

- 화재시 건물 붕괴 방지의 내화성능 유지
- 철골 부식재와의 문제점 해소 및 최근 품질개선 안정화 확보
- 뿜칠공법의 단점인 노출시의 마감성능 저하, 분진, 탈락 등의 하자 해소

3) 용도

- 내화구조를 요하는 건축물 철골보 및 기둥의 1~2시간 내화구조 피복재
- 적용범위 : 일반시설, 주거시설, 산업시설, 위험물시설

그림 5.69
철골조 내화도장 후 전경

6장 초고층 및 커튼 월 공사

High Lised & Curtain Wall Work

1 초고층 건축(High Lised Building)

1.1 정의, 특수성, 발생배경

(1) 정 의

1) 일반적으로 20층~25층 이상 건축물(보통 60 m 이상 높이)
2) 수평력에 저항할 수 있는 특별한 대책이 도입된 형식이 필요한 건물
3) 특별한 구조형식 채택, 저층과 다른 건설 관리시스템과 기술이 요구되는 건물

(2) 특 수 성

1) 도심지에 건축, 지하구조물 깊이 깊어짐
2) 지내력 증강, 특수기초 보강공법
3) 자연외력에 대한 영향(비, 바람)
4) 공사기간이 길어지고, 공사비 증가

5) 양중부하(높이)가 크고, 고소작업 안전대책 요구
6) 연속작업 되풀이 : 기준층 공정계획(N층의 반복)
7) 층간변위(Side Sway)에 대한 특별한 고려 필요

그림 6.1 페트로나스 빌딩 시공 전경
▶ *RC 구조 세계 최고(452m)의 위용을 자랑하는 페트로나스 빌딩은 우리나라 삼성건설과 일본 청수건설에서 각각 1동씩 시공하였다.*

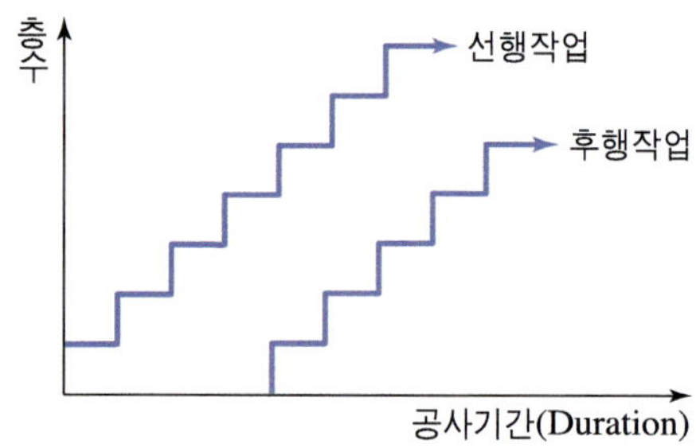

그림 6.2 N층의 반복

(3) 발생 배경

1) 고층화, 대규모화, 다양화, 복잡화, 고품질화, 고기능화에 따라 작업내용 복잡, 공사기간 증가, 작업능률저하,
2) 초고층 건축물의 출현
   - 인구밀도의 급격한 증가, 소득수준 향상, 지가의 급상승, 토지 고도 유효 이용화, 도심 집중화
   - 신기술, 신공법, 신자재 개발
3) 수직이동 집중관리 : 양중작업

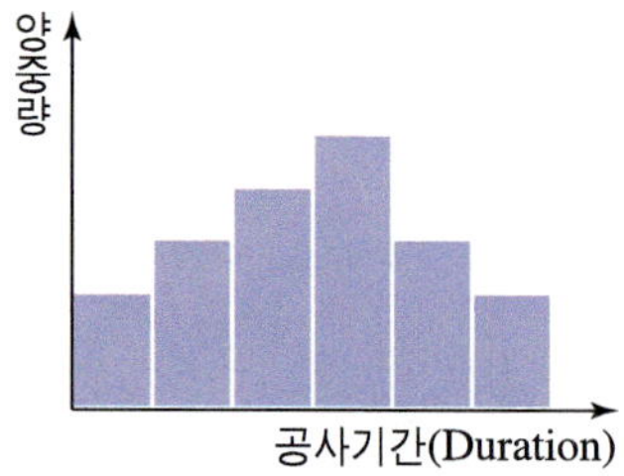

그림 6.3 양중부하도

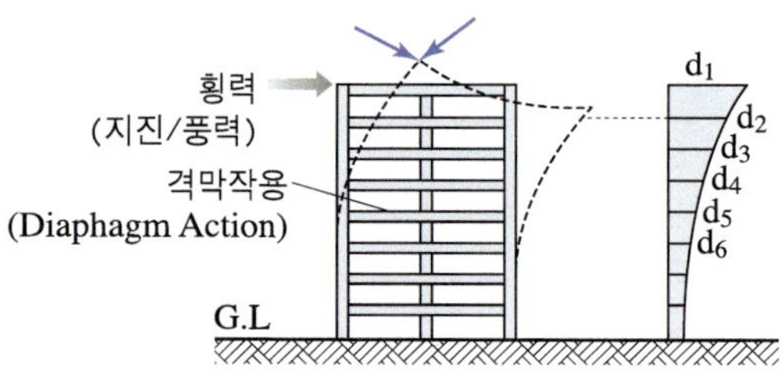

그림 6.4 층간변위(Side Sway) 개념도

1.2 시공계획 및 공사관리

1.2.1 시공계획(Construction Plan)

(1) 대지주변의 요건

1) 대지주변의 요건 : 지반의 성상, 건물의 규모, 공사기간 감안
2) 지하부분 공사 : 시공의 확실성과 능률성을 고려한 순서 및 공법, 시공기계의 적정한 선정
3) 직접 가설계획 : 시공능률을 활성화할 수 있는 방법과 안전성 자재의 전용 등 능률 향상
4) 자재 반입은 반출용, 출입구, 장비운반로, 적치장 등 적절히 계획
5) 재료의 부품화, 기성부재화, 현장설치 합리화 방향
6) 시공속도를 전체적으로 조절하여 공사기간의 중단이 초래되지 않도록 함
7) 가설전기 : 본설수전 가능하도록 계획

(2) 공정계획

1) 기본공정 설정하여 시공속도를 표준속도로 하여 적절한 공정단축방법 개선
2) 기준층 공정을 기본 : 기후(비 · 바람) 영향 부분 및 보양을 필요로 하는 마감공사로 구분
3) 기후 영향 고려, 수시로 공정수정, 보완검토

그림 6.5 삼성동 무역센터 철골조 양중작업
▶ *하층부 마감, 상부층은 골조공사 시행 중으로 철골 부재 양중 전경*

4) 관리 책임자 선정에 의한 작업진도 관리
5) 작업순서를 명확히, 각 직종 공사 수행능력 파악
6) 검사기준의 명확한 설정, 층단위 관리

(3) 양중계획

1) 형태, 치수, 중량에 대한 각 재료의 양중능력에 맞는 기종, 물량산출방식 선정
2) 건물의 대지조건, 설계조건, 검토한 위치에 양중기 설치
3) 전담 취급자 선정 : 운행관리, 일산점검 정비
4) 양중이 편리하도록 파렛, 운반용구, 달철물 등 사전 준비
5) 공정에 따른 양중 계획서 작성

(4) 품질관리(Quality Control)

1) 생산공장에서부터 품질 점검 필요
2) 측정 책임자 선정 : 조립정도, 접합부 검사
3) 필요시 비파괴검사(NDT) 시험 실시
4) 기상 영향에 대한 대책 수립
5) 통계적 처리에 의한 품질관리수법 적용
6) 표준시방서 등 제반 품질관리 규정에 따른 검사

(5) 안전관리(Safety Control)

1) 기본사항
- 안전에 관한 모든 규칙 존중 : 산업안전관리법
- 인명 존중의 정신, 제3자의 안전보장, 작업환경 개선

2) 요점
- 안전시공 공법 채용
- 안전유지 위한 가설 보양
- 무리없는 공정계획과 관리 필요
- 안전관리 체제의 확립
  - 현장 담당자 설정 및 책임분담
  - 안전장비 점검 정비, 안전용구 착용

– 비, 바람, 눈 등 이상 기후시 옥외작업 금지
– 화재예방 및 소화설비, 구급설비, 방재설비
• 작업자의 안전의식 강화

1.2.2 공정계획(Schedule Plan)

(1) 특 수 성

1) 연속 되풀이 되며 기준층(N층)의 공정계획이 가장 중요
2) 네트 워크(Net Work) 수법의 활용(CPM/PERT 기법)
3) 공정 수정 관리기법 : 진도 관리(Follow Up)

(2) 공정의 작성

1) 연속작업에 의한 고층부 층별 작업내용
• 철골 공사(세우기 : Erection)
• 바닥판 공사 : Deck Plate 공법
• 내화피복 공사
• 외주벽 공사 : 커튼 월(Curtain Wall)
• 마무리 바탕 : 천정, 벽, 바닥
• 마무리 공사 : 전기, 기계설비

2) 기준층 표준 공정(Standard Floor Flow Chart)

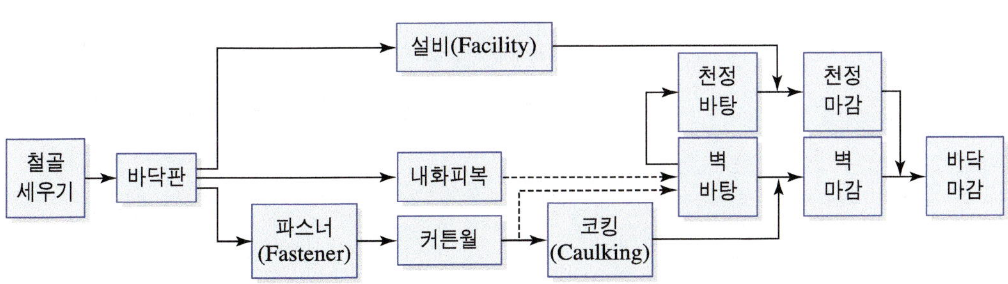

그림 6.8 기준층 공정 모식도

(3) 현장공정표 실예

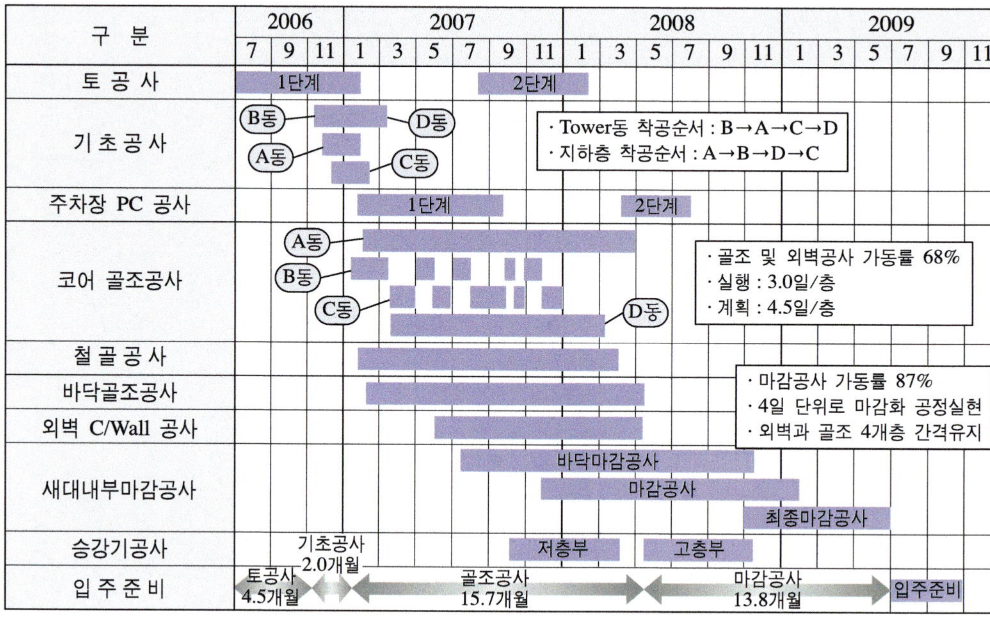

그림 6.7 ○○현장 전체공정표의 실예

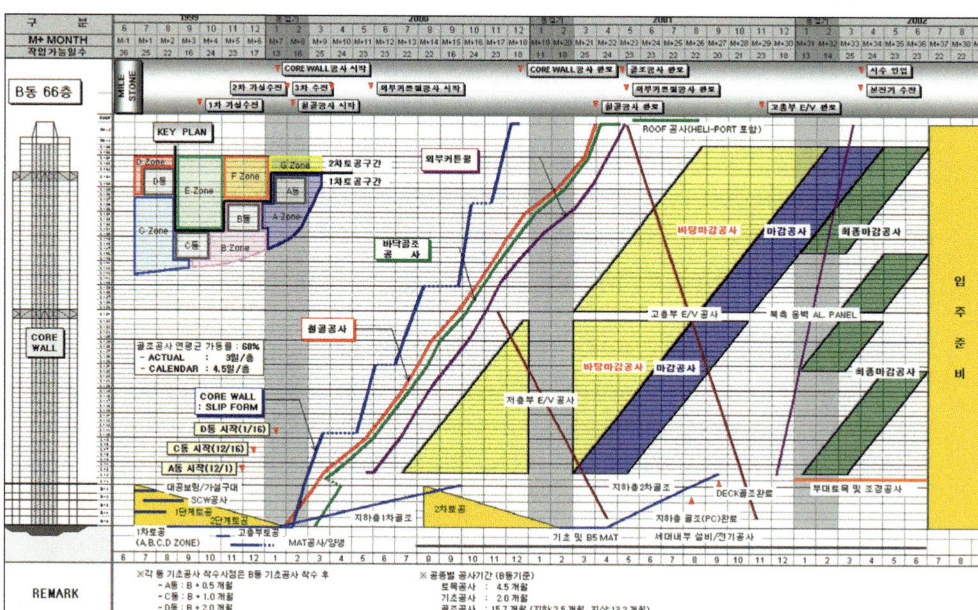

그림 6.8 ○○현장 세부공정표의 실예

1.2.3 양중 및 안전관리

(1) 양중계획

1) 개요

- 양중은 일련의 운반작업 중 수직운반을 나타내는 것
- 초고층 건물의 출현으로 운반은 공기와 경제성을 좌우하게 됨

2) 목적 : 경제성(원가절감), 속도성(공기단축), 안전성(운반재해 사고방지 : 안전관리)

3) 양중방식

- 수직운반
  - 양중계획의 기본이며 철골공사가 선행되므로 기계선정이 중요함
  - 일반자재 적절 반입 → 양중 → 운반계획입안(승용, 승강기와 병용이 일반)
- 수평운반
  - 운반형식 통일, 양중기 운반시간 절약
  - 화물처리 : 능률을 고려하여 핸드 리프트(Hand Lift), 손수레 고려

4) 양중계획의 기본방침

- 반입자재의 프리패브(Pre-Fab)화
- 가설재 미발생공법, 포장방법 선택
- 설계단계에서 크기, 중량, 동선(Moving Line) 고려
- 자재의 양, 중량 검토 → 양중설비의 능력

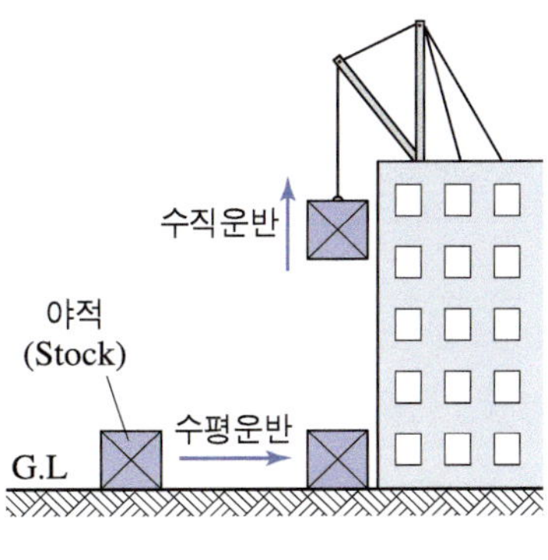

그림 6.9 양중 방식 개념도

그림 6.10 삼성동 무역센터 공사 중 전경

- 양중관리방법 : 양중 공정상 무리없는 배치 검토
- 양중기 조기 해체 고려
- 자재운반의 기기 컨테이너(Container), 파레트(Pallet) 사용
- 양중기 관리 계통 확립 : 사용계획서(주, 월간)
- 반복 공정시간 검토(Time Circle Check) : 공정별 피드백(Feed Back)
- 하청 및 제조업체와의 협의 계획에 참여
- 자재, 양중과 작업원 수송동선 분리
- 야적장의 위치 크기 결정(임차지)
- 반입순서, 정리, 소요 이상 자재 적치 않음

(2) 고소작업 안전대책

1) 고소작업 적합공법 : 안전, 작업 능률, 공사정밀도
2) 안전대책 : 시공계획과 관련 작업판, 낙하물의 보호대책 필요
3) 고소 작업 천후 대책
   - 풍속 10 m/sec 작업 불가
   - 작업 가능일수를 고려한 작업계획

1.3 바닥판공법

1.3.1 공법 개요

(1) 종래공법(거푸집 전용공법) 문제점

1) 가설재, 인력 대량 필요
2) 원가상승, 안전사고, 화재 발생
3) 공기지연, 양중 부하증대, 작업환경 보존 미흡

(2) 바닥판 선정 목적

1) 공정의 합리화, 시스템화(SE : Safety Engineering)
2) 철골 세우기(Erection) 진행 용이 : 주공정(CP : Critical Path)
3) 경제성(Cost), 안전성(Safety), 시공 정도의 향상
4) 바닥판 채택시 구조적 성능뿐만 아니라 타작업 연관성 등 종합적인 검토 필요

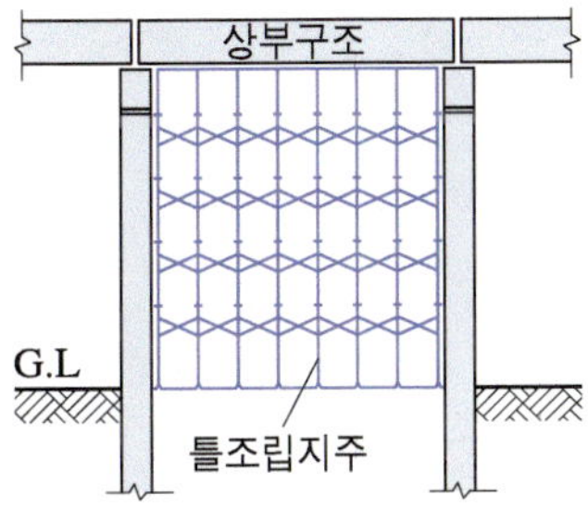

그림 6.11 기존 Support 공법 개념도

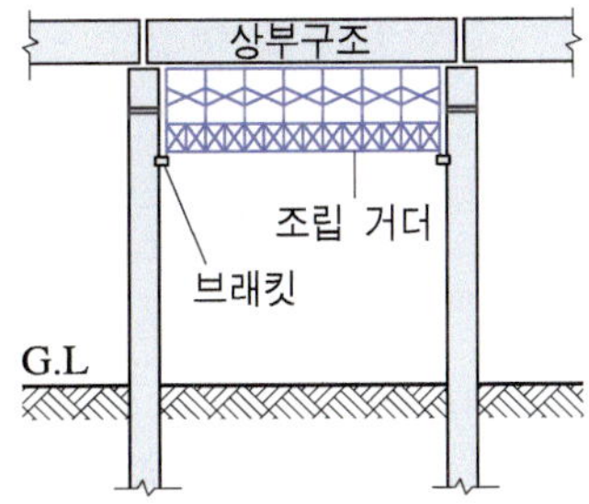

그림 6.12 Non Support 공법 개념도

1.3.2 연구개발 합리화 방향

(1) 서포트 제거 경향

1) 서포트(Support : 동바리)에서 Non-Support화(동바리 없는 공법) 경향
2) 가설 보(Beam)의 이용

(2) 철근공사

1) 용접철근(WWF : Welded Wire Fabric) 사용
2) 철근 Pre-fab화(Pre-fabrication)
3) 이음공법의 합리화

(3) 거푸집 공사

1) 거푸집의 단위(Unit)화, 경량화(Light Weight)
2) 운반작업의 합리화
3) 각 작업의 시스템(SE : System Engineering)화

그림 6.13 PC 공법 전경

그림 6.14 하프 슬래브 공장 제작 후 양중

1.3.3 바닥판 공법 분류

(1) 현장타설 콘크리트 공법(현타공법)

1) 일반적 방법
   - 보통 거푸집 전용 공법
   - 와플 폼(Waffle Form) 공법

2) 덱 플레이트(Deck-Plate) 방법
   - 단순 거푸집 사용 : 내화피복 필요없음
   - 구조체 일부 사용 : 내화피복 반드시 필요

(2) PC 공법(Precast Concrete)

1) PC판, ALC판, 기포 콘크리트판
2) 중공판 등

(3) 하프 슬래브 공법(Half-Slab)

1) 옴니어 슬래브(Omnia Slab) 공법
2) 스판 크리트(Span-Crete) 공법
3) 피코스(PICOS) 공법
4) FC판 공법
5) Form Void Slab(에스램 Void)공법
6) 원심력 성형부재 이용 Slab 공법

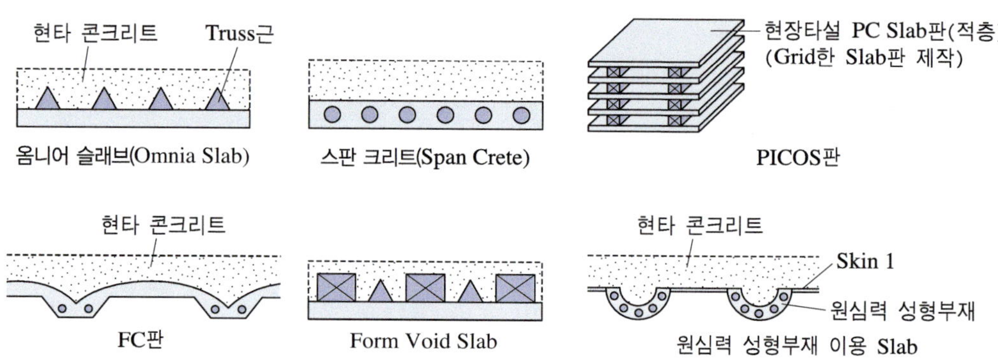

그림 6.15 하프 슬래브 공법의 종류

2 커튼 월 공사(Curtain Wall work)

2.1 공법의 분류

(1) 개 요

1) 개념 : 건물의 외주부를 구성하는 비내력벽(Non Bearing Wall)으로 건물 골조에 조임철물로 중재 부착

2) 목적

- 건물의 경량화(Light Weight), 작업의 성력화(Labour Saving)
- 횡력(풍력, 지진력)에 대한 추종성
- 내후성(Weather Tight) : 내풍압, 수밀성 등

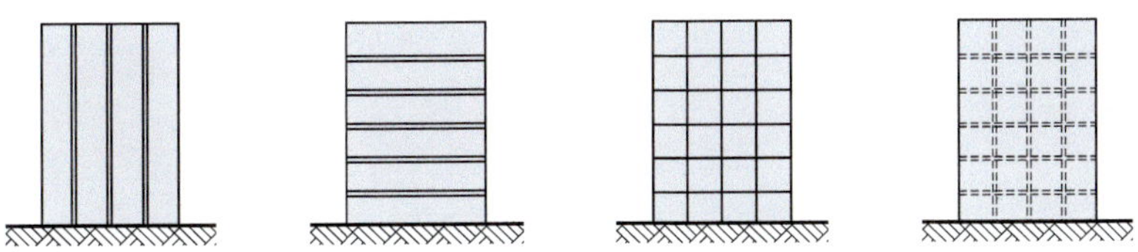

그림 6.16 외관형태에 의한 분류

그림 6.17 LG 강남타워의 위용
▶ 국내 대규모 복층유리 SSGS 공법을 최초 적용한 대표적 건물

그림 6.18 콘크리트 커튼 월 TPC 공법 전경
▶ 외벽을 공장에서 제작한 Tile PC로 시공함

(2) 분 류

1) 외관 형태에 의한 분류

2) 재료에 따른 분류

- 금속 커튼 월 : Stainless, Steel, Aluminum, Galvanized 커튼 월
- 콘크리트 커튼 월(PC)
  - 표면마감 : 도장, Spray, GPC(Granite PC), TPC(Tile PC), PC, ALC, PALC 등

3) 설치방법에 의한 분류

- 멀리언 방식(선대방식)
- 패널 방식(공장재 유닛 부재 사용)
- 스팬드럴 방식(스팬드럴 사용)

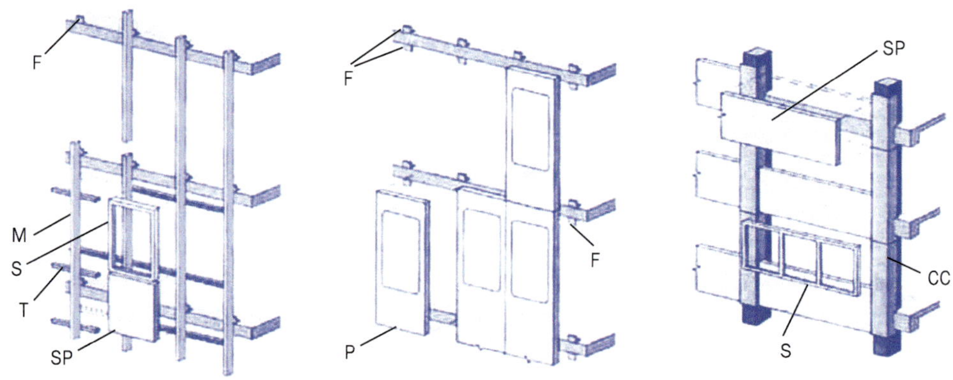

멀리온 방식(선대방식) 　 패널 방식(공장재 유닛 부재 사용) 　 스팬드럴 방식(스팬드럴 사용)

F:파스너, M:멀리언, S:새시, T:트랜섬, SP:스팬드럴 패널, P:패널, CC:기둥 커버

그림 6.19 설치 방법에 의한 3가지 개념도

그림 6.20 스팬드럴 유리 형식

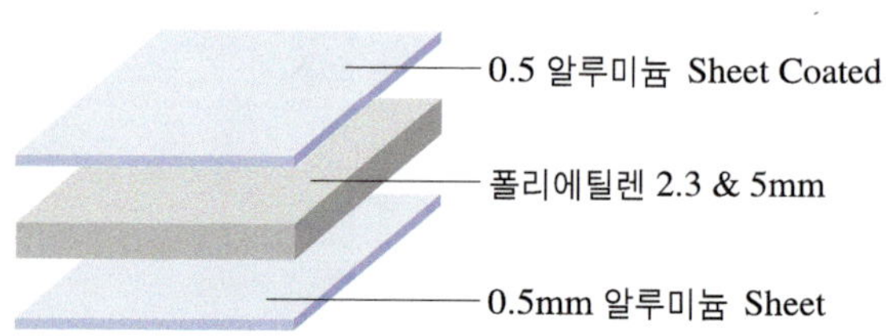

그림 6.21 알루미늄 복합판넬(알코판넬)

▶ *복합판넬은 커튼 월 외벽 스팬드럴로 사용되기도 함*

2.2 설치방법 종류(Curtain Wall 공법)

2.2.1 분 류

1) 금속판제 : AL, Stainless, Steel 등
2) PC 패널
   - ALC(알크), PALC(펄크), PC 콘크리트 화강석 합성재
   - GPC(Granite Veneer PC) / TPC(Tile Precast Conrete)

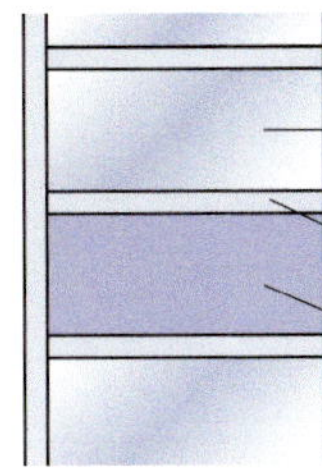

그림 6.22 C/W 구성도

2.2.2 현장 커튼 월 설치 실무

(1) 현장 시공 준비사항

1) 공정계획
2) 기본 먹치기 계획
3) 양중, 동선(Moving Line) 및 보양계획

(2) 멀리온 방식(선대방식 : Mullion Bar) 실무

1) 개념 : 현장에서 자재를 조립 가공하여 설치하는 방식으로 일명 녹다운 공법이라고 한다.
2) 작업순서

그림 6.23 수직 멀리온 바를 블래킷에 설치

그림 6.24 조인트 부분을 수직바(Bar)로 연결

그림 6.25 외벽 알루미늄 커튼 월 완료 전경

- 수직 멀리온 바(Mullion Bar)를 외벽 앵커의 블래킷에 고정
- 트랜섬(Transom) 설치
- 멀리온 바가 길어질 때는 조인트로 연결
- 유리 및 스팬드럴 설치

(3) 패널 방식(유닛 부재) 시공 실무

1) 개념 : 공장에서 유닛된 부재를 생산하고 현장에서는 단순접합으로 조립하는 방법

2) 커튼 월(Curtain Wall) 제작 고려사항

- 구조설계 : 기밀성, 수밀성이 저하되지 않도록 하고 층간변위 1/300에 커튼 월 파손됨에 유의
- 요점 : 파스너(Fastener) 방식, 단열성, 방호성, 조인트 부의 수밀성, 기밀성
- 내화성 : 30분~1시간의 성능 유지(주요부 1시간 그 외 30분)

3) 현장 시공 개념 순서도

① ② ③ ④

그림 6.26 유닛 부재 시공 순서

2.3 파스너(Fastener System) 방식

(1) 정 의

커튼 월 본체와 골조를 긴결하는 부품으로 횡력, 자중 등에 의한 변위(Movement)에 추종하기 위해 사용되는 철물의 총칭

그림 6.27 내부 커튼 월 브래킷 모습

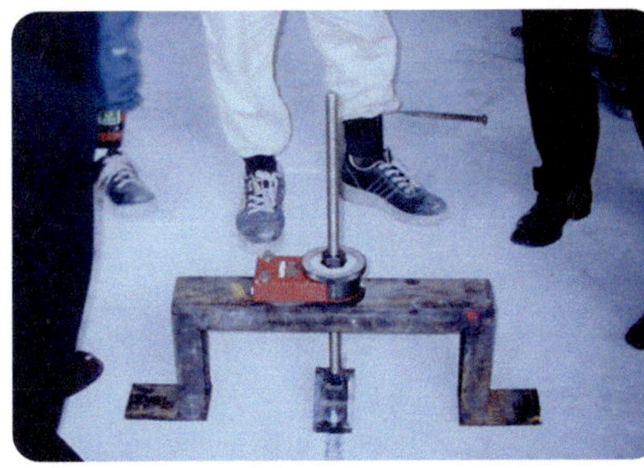

그림 6.28 알루미늄 브래킷 인발 시험 모습

(2) 요구성능

1) 내력 : 자중은 패널 하부 고정단이 지지, 슬라이딩 파스너(Sliding Fastener)는 풍압력만 지지
2) Sliding 성능(시공오차 흡수 능력)
   - 수평 : ±20~40 mm, 수직 : ±2~5 mm
   - 내구성 : 50년 이상, 스테인리스(Stainless) 또는 도금(Galvainzed) 사용
   - 시공성 : 구체 구조부의 시공오차 및 PC 패널의 제작오차 흡수가능

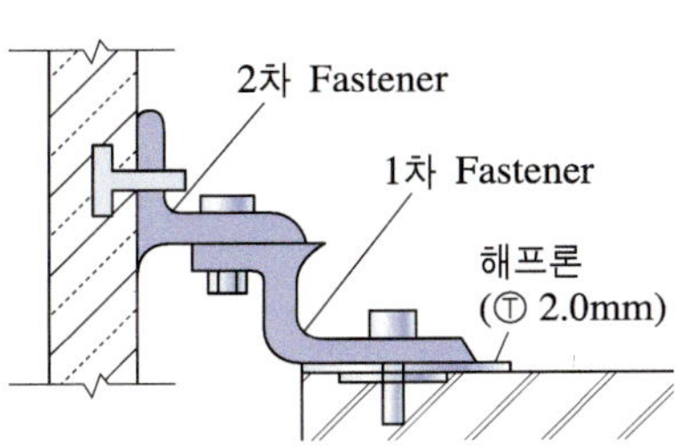

그림 6.29 파스너 단면도

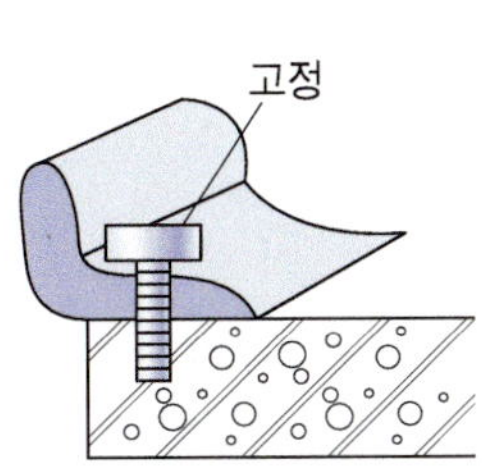

그림 6.30 Fixing System

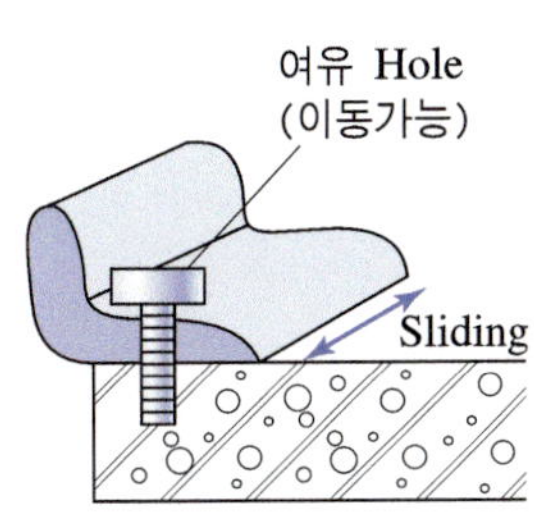

그림 6.31 Sliding System

3) 파스너 시스템(Fastener System)

- 슬라이딩(Sliding) 방식 : 자중(하부고정)+풍력(상부 Sliding)
- 록킹(Rocking) 방식 : 상하 중앙에 핀 고정
- 픽싱(Fixing : 고정) 방식 : 상하 좌우 용접 고정

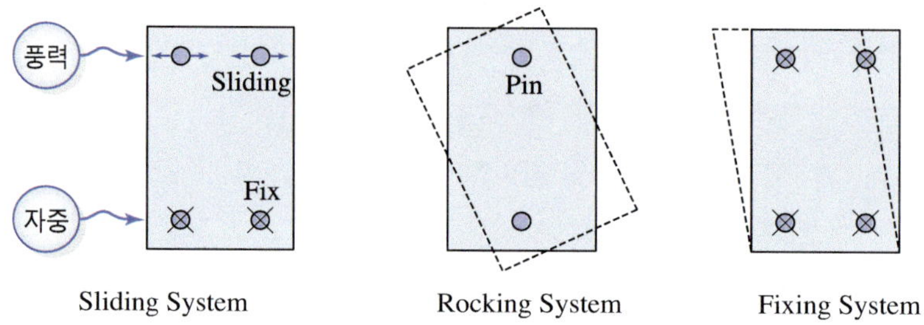

그림 6.32 파스너 시스템 종류

2.4 실링재, 접합부 줄눈 방수

2.4.1 실링(Sealing)재

(1) 개 요

1) 각종 접합부, 균열 등의 방수와 기밀 유지 보수 목적으로 사용되는 것으로 자재의 선택에 유의해야 한다.

2) 구분

- 실(Seal)재 : 경화 후 고무 탄성체로 되는 것
- 코킹(Caulking)재 : 경화 후 유성 코킹재와 같이 고무 탄성체가 되지 않는 것

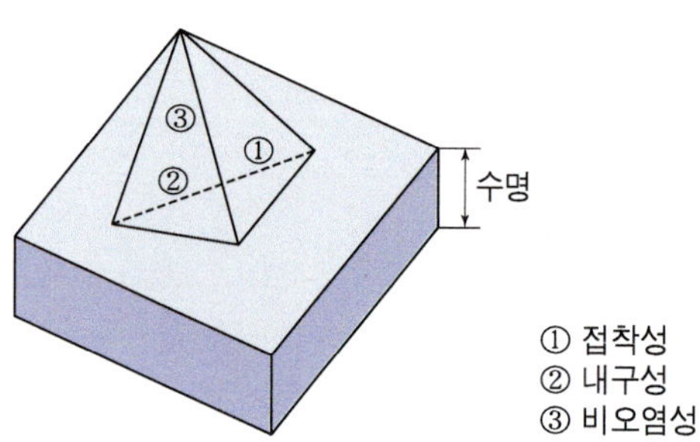

그림 6.33 실링재 3대 요구성능

(2) 종류 및 성능

1) 종류 : 우레탄, 아스팔트(Asphalt), 아크릴, 실리콘, 치오콜, 에폭시

2) 성능별

- 비탄성형 : RC 구조 등 방수부위, 유리(Glass)용
- 탄성형 : PC 조인트 등 변형 및 유동에 대치

(3) 시공상 요점

1) 실링재 재료의 선택

2) 바탕처리

- 부착면 청소 양생 충분 건조
- Primer 선정 도포(평활화, 완전 건조 후 다음 공정)

3) 배합 : 2액형일 경우(주재+부재 혼합)

- 혼합 불균일 : 충분한 혼합
- 1회 배합량과 작업량 비교

4) 백업(Back-Up)재 충전

5) 오염방지 : 마스킹 테이프 부착

6) 실링(Sealing) : 충전 속도 일정, 실링 후 도장 원칙

7) 보양(Curing) : 주위 청소, 경화 전, 먼지부착 오염, 손상 없도록 양생(Caulking-Gun)

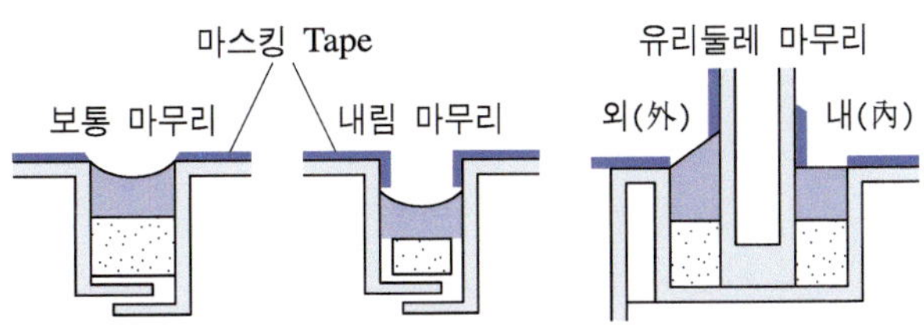

그림 6.34 마스킹 테이프 부착

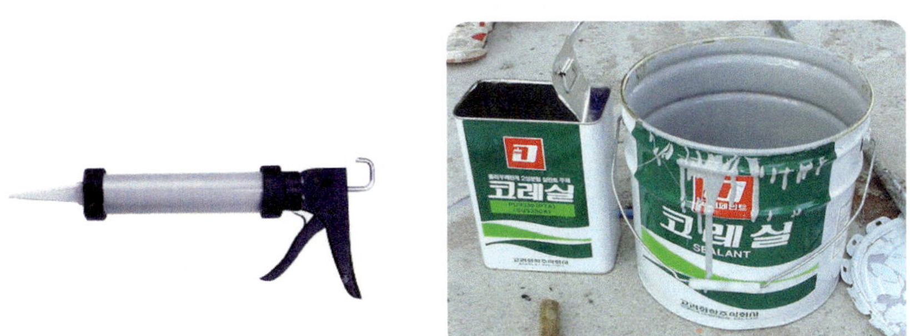

그림 6.35 코킹건(Caulking-Gun)과 주재 및 부재

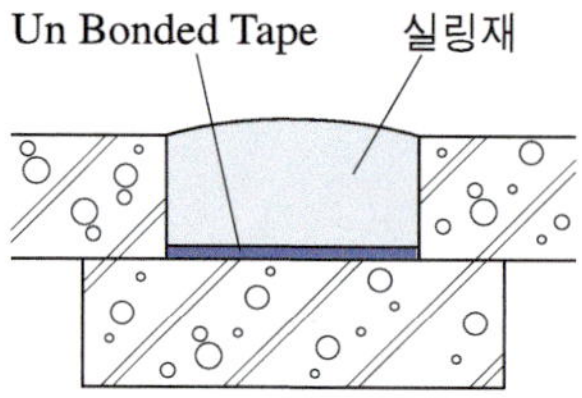

그림 6.36 면부착

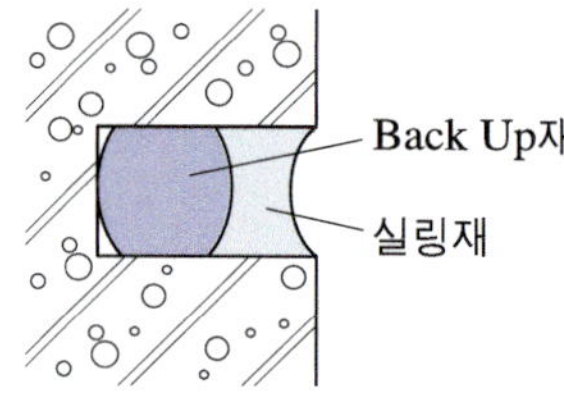

그림 6.37 충전재

(4) 실링재의 시공법

1) 실링재 배합 정확히 : 건조제 안료
2) 바탕 청소 : 기름, 분진, 오물
3) 백업(Back Up)재 충전, 충전 속도 일정 : 충전건(Gun), 나이프 등 사용
4) 오염방지 및 보양청소 : 시공시 마스킹 테이프 부착, 경화전(응결) 주의
5) 단면보양 : 면부착, 충전재(백업재+실링재)

(5) 현장 실링 공사 하자 요점

1) 곰팡이 발생 : 욕실 등 습기 발생지역
   - 실리곤계 치오콜 코킹(Caulking)
   - 비초산형 종류 중 내곰팡이성 필히 사용
2) APT 내부 유성 코킹재 사용시
   - 어린이의 장난 대상(손톱으로 파냄)
   - 어린이가 먹는 경향에 주의(방지책 : 탄성 실리콘 사용)
3) 외부면 : 실리콘계 실란트 사용

그림 6.38 PC 커튼 월 외벽 줄눈처리 작업 전경
▶ *줄눈 사이에 백업재를 넣고 코킹재로 충전하여 방수 처리한다.*

(6) 결 함

1) 응집파괴(파단)
   - 실링재의 열화, 시공 불량
   - 설계신축의 이상 움직임

2) 접착파괴(계면박리)
   - 프리머(Primer)의 부적합 및 열화
   - 시공불량

3) 피착체의 파괴
   - 강도 및 줄눈형상의 불량
   - 전체 결함의 1/10(10%) 차지

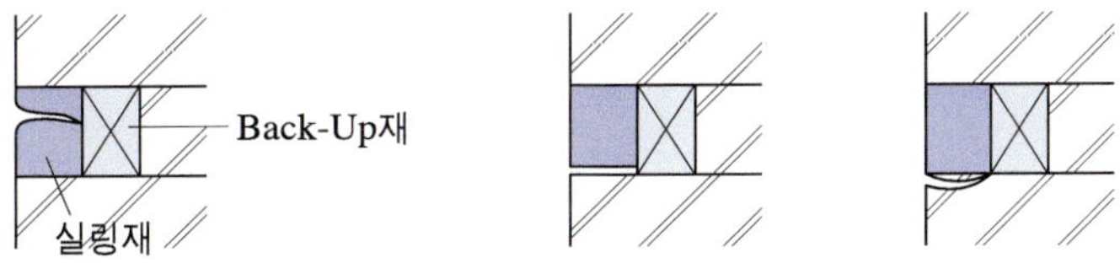

응집파괴 접착파괴 피착제파괴

그림 6.39 결함의 종류

2.4.2 접합부 줄눈 방수

(1) 누수원인 3요소

1) 물(Water)
2) 간격(틈 : Gap)
3) 이동력(운동 에너지 : Movement Energy)

(2) 빗물침투조건과 방수적 대응

빗물침투 조건	방지책의 기본적인 처리	구체적인 예
물	틈에 물을 접근시키지 않음	바닥, 처마, 물끊기 등
간격(틈, 사이)	방수재료로 틈을 막음	실링 방수, 멘브랜 방수, 주입지수공법 등
이 동 력 (운동 에너지)	미로, 비(非)통기처리 등으로 이동력을 약화시킴	오픈 조인트, 기와이음, 비닐사이드 판벽, 이중벽 등

(3) PC 접합공법

1) 습식 접합(Wet Joint) : 벽판과 벽판의 수직 조인트에 많이 이용
   - 접합용 철근 용접
   - 접합부 거푸집 설치
   - 콘크리트 타설

2) 건식접합(Dry Joint) : 상하 벽판 연결, 벽과 바닥판 접합 등의 수평접합이나 벽과 벽의 국부접합 또는 소벽 부분 사용
   - 용접 : 피복 아크, 아크, GAS, MIG, CO_2아크용접
   - 피복 모르타르, 콘크리트(Dry Packed Mortar)

2.5 풍동시험(WTT) · 실물대시험(MUT)

(1) 풍동시험(WTT : Wind Tunnel Test)

1) 정의 : 건물 반지름 600 m의 축척된 모형 만들어 풍동 내의 원형 테이블에 설치한 후 과거 100년간의 최대풍속을 가해 커튼 월에 미치는 영향을 파악하는 시험

2) 목적
   - 건물 외벽에 미치는 설계풍하중 결정
   - 예상풍향 및 풍속의 변화 파악
   - 준공 후 발생할 문제점을 사전 해결하고 설계에 반영

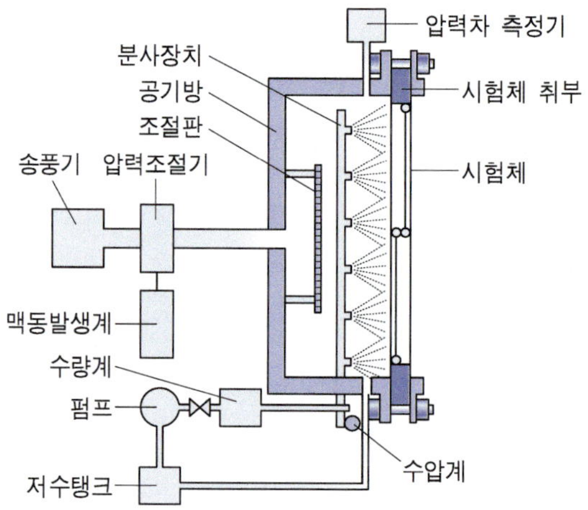

그림 6.40 실물대 시험장치 개념도

(2) 실물대시험(MUT : Mock Up Test)

1) 정의 : 풍동시험 설계풍하중을 토대로 외벽 커튼 월의 실물 모형을 만들어 최악의 외기상태를 실험

2) 목적

- 커튼 월의 변위와 온도변화에 따른 변위 측정
- 누수시험 및 조인트 확인
- 창문틈 사이 스며든 바람 등 문제점 보완 수정

3 유리 공사(Glass Work)

3.1 유리 공사 일반

3.1.1 개 요

(1) 건축 3대 재료 : 유리의 개발

건축공사 근대화에 박차를 가한 건축재료는 콘크리트, 철강, 유리로 이들 중 유리의 개발은 건축물의 기능적 디자인적인 측면에서 엄청난 발전을 가져왔다.

(2) 채광(Vision)의 필수재

1) 열의 반사와 흡수

2) 건축물 미관을 위해서도 사용

그림 6.41
유리 현장 반입 검수 전경

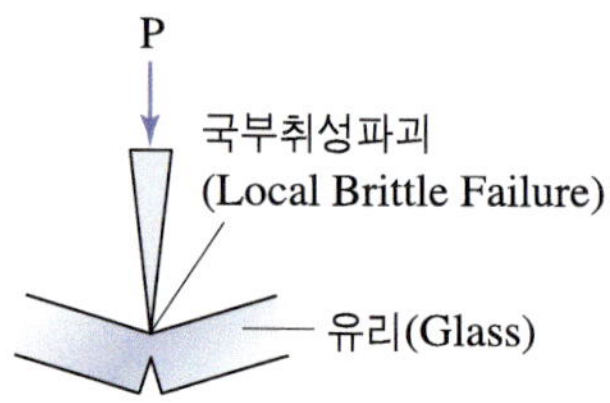

그림 6.42 국부 취성 파괴

그림 6.43 일반 창호에 복층유리 끼우기

3.1.2 특 징

1) 열의 불량도체지만 화재시간 1~2분에 파열되는 특징
2) 충격에 약함 : 국부취성파괴(Local Brittle Failure)
3) 변형(Movement), 풍화(Aretion)되기 쉽다.
4) 압축강도 1,000 kg/cm^2 이상, 인장강도 500 kg/cm^2 이상

3.1.3 시공상 요점

(1) 선택시 주의사항

1) 기포, 줄눈, 얼룩, 혹, 균열, 색, 일그러진 면 등을 확인
2) 풍압 · 풍속에 대한 안정성 검토 : 유리두께
3) 사용 목적 일치 여부 : 열반사, 열흡수, 차음 등
4) 2차 처리 제품의 성능 확인 : 색, 강화, 코팅(Coating), 필름의 위치 등

(2) 시공상 주의사항

1) 외기온 −4℃일 때 공사 중단
2) 온도가 높을 때 작업 중단 : 김서림 현상 발생
3) 공사시 주의사항
   - 파손의 주의, 유리 끼우기 완료 후 보양(Curing) : 스티커 부착
   - 오차 : 절단공차(Tolerance) ±3 m/m, 시공오차(부착 : Clearance) ±2 m/m
   - 퍼티(Putty) 사용시 : 안목치수 1.5~2 mm 짧게 절단
   - 내려 끼울시 : 상부에 1.5 mm 여유 있게 시공

3.2 유리의 분류

3.2.1 공 법

(1) 일반적인 끼움공법

1) 퍼티(Putty) 고정 : 외 퍼티 고정, 내 퍼티 고정
2) 누름띠 고정 : 실내 창호, 외부 출입구, 진열창
3) 떨어뜨리기 : 수재 창호
4) 누름대 고정

(2) 개스킷(Gasket)에 의한 공법

1) 고무계, 수지계, 캐스킷 사용
2) 고층 커튼 월(Curtain Wall)용
3) 내풍압, 기밀성

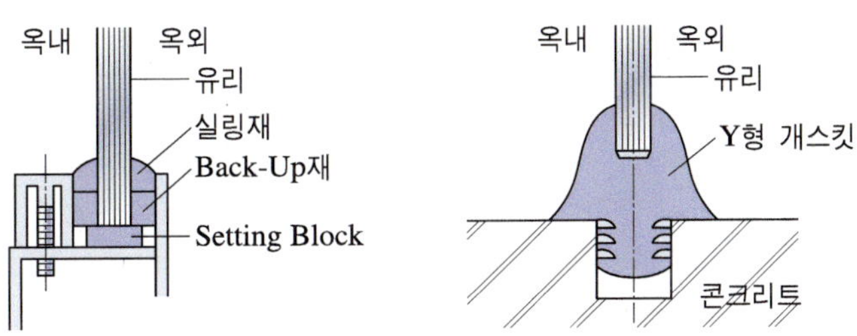

그림 6.44 개스킷에 의한 공법

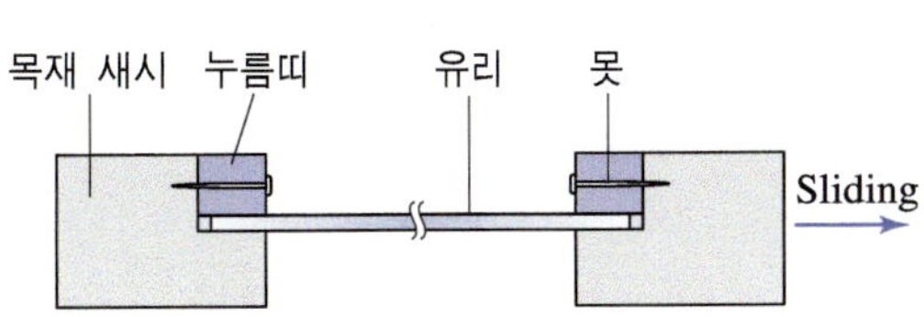

그림 6.45 목재 누름띠 고정

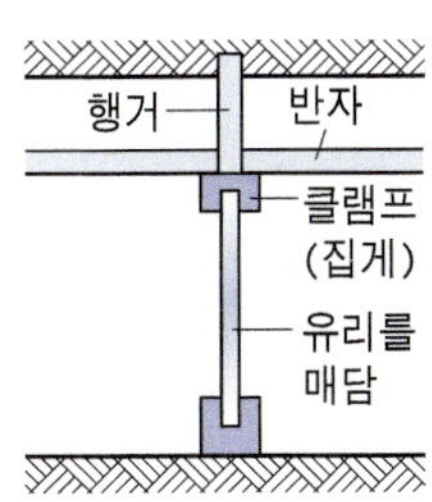

그림 6.46 매단(Suspension) 공법

(3) 매단(Suspension) 공법

1) 원리 : 유리를 매달아(Suspension) 부착하고 상부 클램프(집게)로 잡아주어 자중에 의한 완전 평활도 유지

2) 특징 : 내부 응력성 없음, 대형유리 사용, 리브(Rib) 병용

3.2.2 유리 생산 방식

1) 플로트(Float) 제조 방식 : 투명유리 생산

2) 롤 아웃(Roll Out) 제조 방식 : 무늬유리 생산

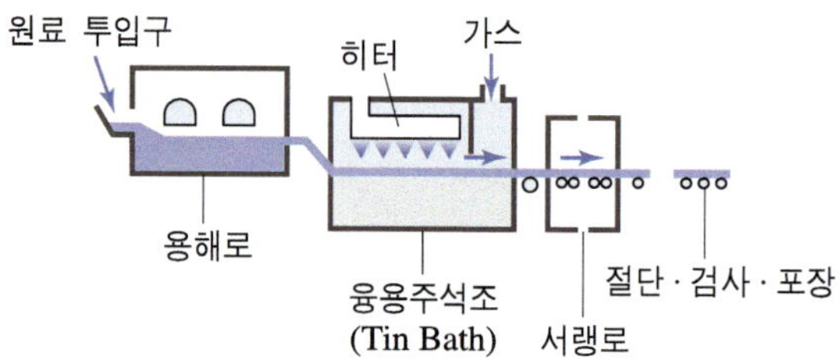

그림 6.47 플로트 제조 방식

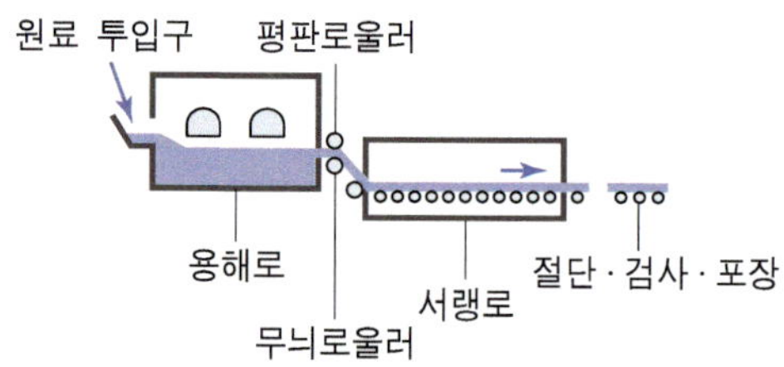

그림 6.48 롤 아웃 제조 방식

3.2.3 종 류

(1) 판유리

1) 복층유리(Pair Glass)

- 건축물 외벽창에 의무적으로 설치하도록 되어 있으며 단열성 크며 냉난방효과가 좋음
- 제작 : 2장 또는 여러 장의 유리를 맞추어 4면 밀봉 → 건조공기층(Air Hole) 봉입 제작
  - 12 mm 복층유리 : 3 mm 유리+6 mm Air Hole+3 mm 유리
  - 16 mm 복층유리 : 5 mm 유리+6 mm Air Hole+5 mm 유리

2) 열반사 복층유리

- 개념 : 열반사를 목적으로 금속 코팅을 유리면에 부착시킴
- 코팅 필름 부착 위치 : 공기층(6mm Air Hole) 내부측 유리면에 반드시 부착

3) 색유리(Spectro Glass)

- 금속 이온 침투 → 색상 형성
- 사용처 : 미관, 프라이버시 침해방지

그림 6.49 부착방식 개념도

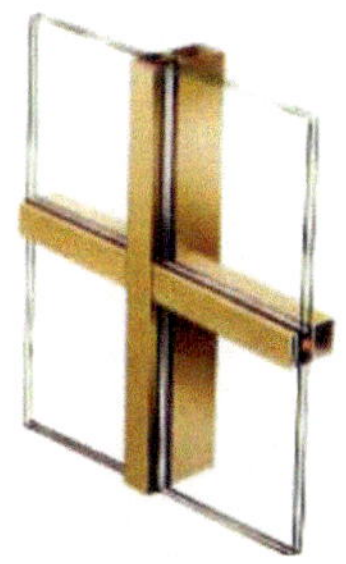

그림 6.50 끼우기방식 개념도

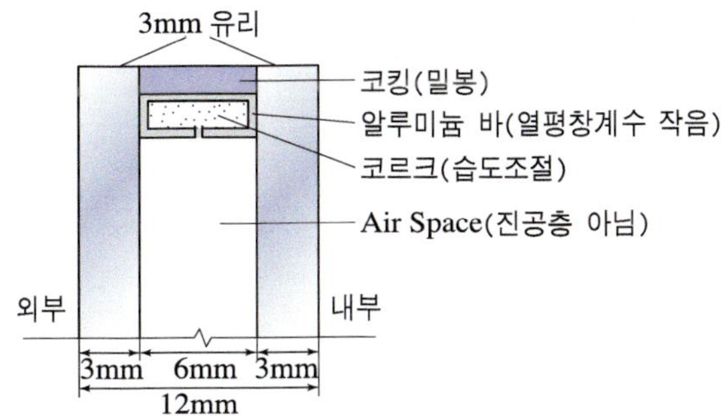

그림 6.51 12mm 복층유리 단면 상세도

4) 무늬유리(Figured Glass)
- 기하학적 무늬로 제조, 광선 확산
- 사용처 : 미관, 투시차단, 프라이버시 침해방지

5) 강화유리(Tempered Glass)
- 600℃ 이상 가열 균일 공기 뿜어 만든 공법
- 강도 보통유리 5배, 세립자로 파손됨으로 인명보호 가능
- 사용처 : 자동차, 건물 안전유지

6) 접합유리(Laminated Pair Glass)
- 접착력 강한 플라스틱 필름을 끼우고 접착
- 충격 흡수 작용, 파손시 조각 떨어지지 않음
- 안전유리(자동차, 은행, 진열장)

7) 회화유리(Stained Glass)
- 색, 문양을 도안에 따라 절단하고 납으로 정착 제조
- 사용처 : 종교 건물, 천창, 창문

8) 망입유리(Wired Glass), 열선반사유리, 로이유리

그림 6.52 로이유리 개념도

(2) 성형유리(Molding Glass)

1) 강화유리문(Door)
2) 곡면유리, 망입골유리
3) 유리 블록(Block)
4) 프리즘(Prism) 유리, 벽면용 프리즘 유리
5) 프로피릿 유리, 기타

그림 6.53 곡면 유리 설치 전 창호 커튼 월 전경

그림 6.54 곡면 유리 설치 후 전경

3.3 유리 파손 원인

(1) 일반적인 파손 원인

1) 외부 충격에 의한 영향
2) 구조물에 의한 영향 : 프레임의 휨(Bending), 처짐(Deflection)
3) 실란트(Sealant)의 영향 : 변형, 팽창, 수축에 적응하지 못할 때
4) 클리어런스(Clearance)에 의한 영향 : 프라임에 대한 에이지(Edze) 간격 불일정
5) 유리 절단면에 의한 영향 : 깨끗하게 절단이 되지 않을 때
6) 세팅 블록(Setting Block)의 영향 : 규격, 위치, 세팅 블록 자체의 경도가 적절하지 못할 때

(2) 열충격(Thermal Shock)에 의한 파손

1) 원리 : 유리 면내 온도의 부분적 차이
2) 파손 형태
   - 유리와 커튼 간격이 유치되지 않을 때
   - 냉난방 공기가 유리면에 직접 닿을 때
   - 유리면에 적색 필름 사용으로 열흡수시 파손

(3) 방지대책

1) 온도 차이 최소화
2) 커튼, 차일 및 스팬 조절구간 등 간격 유지(10 cm 이상)

3) 반사막을 붙이지 않도록 함 : 필름, 라벨, 페인팅 등

4) 에이지(Edze) 가장자리에 니퍼(Nipper)를 떼어내지 않음

5) 냉난방 공기 유리면에 직접 닿지 않게 하고 이중창인 경우 Air Hole 설치

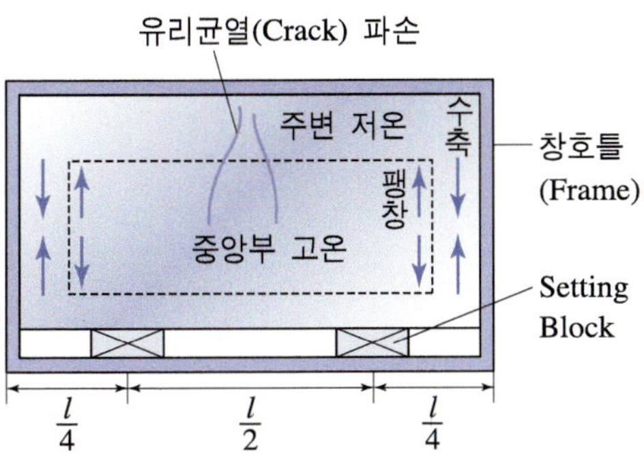

그림 6.55 유리의 균열 메커니즘

그림 6.56 유리끼우기 후 보양 전경

7장

PC 공사 | Pre-cast Concrete Work

1 공업화 건축생산(Industrial Building Production)

1.1 성립 배경, 전제조건, 장 · 단점

1.1.1 성립배경

(1) 공급 측면

1) 노동자의 부족, 3D(Difficult, Dangerous, Dirty) 기피 현상 및 인건비 상승

2) 기능공의 노령화, 고령화 현상

3) 기능도 저하 및 생산성 저하

(2) 수요 측면

1) 인구 도시집중, 수요의 집중화와 급증 추세

2) 핵가족화로 인한 건설 호수의 증대

그림 7.1 공업화 건축생산방식 개념

그림 7.2 공업화 건축생산방식의 적용 현장 전경

3) 대량생산화 요구(Mass Production)

4) 일반적인 재료로서의 콘크리트 획득 용이

(3) 일반 사항

1) 조립식 건축은 건설업계가 향후 지향해야 할 건축생산방식의 하나라고 생각
- 기능인력 부족-인력 공동화 현상 초래
- 고임금화, 노임의 상승-대외 경쟁력 저하
- 기능인력의 노령화, 고령화
- 젊은 연령층의 건축업 기능공의 3D 기피 현상에 따른 품질저하(생산성 저하)

2) 재래식 공법의 합리화와 병행하여 본공법으로 당면한 주택 수요문제 해결

3) 현장타설에 의한 재래식공법에 의존하기에는 경제적인 어려움에 직면

4) 공업화 건축에 의한 조립식 공법으로 전환이 강하게 대두

5) 생산성 향상과 건설환경 변화 대책을 위해서는 본공법의 활용이 바람직할 것임

1.1.2 전제 조건

(1) 기술적인 측면

1) 콘크리트 조기강도 실현 : 고강도화와 고시공성화

2) 양중장비 : 기계화, 자동화, 로봇(Robot)화

3) 조직화에 의한 관리기술(Soft Ware)의 발달

4) 방수, 실링재(Sealant)의 발달로 조립공법의 취약점인 접합부(Joint) 문제 해결가능
5) PC 구조의 접합 관련 기술과 계측, 시험기술의 발달
6) 콘크리트의 가열 양생 촉진기술
7) 양중기술, 수송기술, 접착기술
8) 공장생산 및 품질관리기술
9) 현장 관리기술

(2) 기본 전제조건

1) 건축법규의 국제화
2) 성능 시방서의 제정과 활용
3) 3S 시스템화(표준화, 단순화, 규격화)
4) 적정 수량확보 문제 연구 및 장기계획 필요
5) 전체 공정계획
6) 생산공장과 현장의 거리 고려
7) 건축 척도 조정 : MC화(Modular Co-ordination)

(3) 문제점

1) 초기투자비용 큼 : 200~300억
2) 잉여인원의 배치 전환이 곤란
3) 작업의 성력화(Labour-Saving)에 적합한 시기가 별도로 없음
4) 자동화 기계의 개발을 위한 기술자의 공급이 부족
5) 연속적인 수주와 수요의 신장

그림 7.3 공업화 부재 양중 전경

그림 7.4 판식 구조 형식

그림 7.5 상자식 구조 형식

1.2 분 류

1.2.1 분류 방식

분 류	구 분	종 류
구조형식	판식 구조	• 종벽구조 • 횡벽구조 • 양벽구조
	골조식 구조	• 보-기둥 • 무량판 • 개구식 구조
	상자식 구조	• 개방형 구조 • 폐쇄형 구조
PC판의 기능 및 형상	수평부재	• 대형 Slab • PS 중공 Slab • 반 PC박판
	수직부재	• 내력벽 • 비내력벽 • 마감박판

1.2.2 접합방식에 의한 구분

1) 습식(Wet System) : 콘크리트 충전, 고층건물에 구조적으로 적합
2) 건식(Dry System) : 용접, 볼트 사용, 저층건물에 구조적으로 적합

그림 7.6 PC 공사 현장 전경

1.3 생산과정

(1) 공장 제작 순서

1) 베드 몰드(Bed Mould) 청소 : 제치장면(Mould Side), 거친면(Top Side)의 청소와 부재 상태 확인

2) 몰드(Mould) 조립 : 폼 오일(Form Oil) 도포
3) 새시(Sash)틀 부착
4) 철근망, 철물류 설치 : 용접 철망(WWF : Wire Welded Fabric)
5) 설비, 전기 배관 및 Box 설치 등
6) 검사(Inspection) : QC Team
7) 콘크리트 타설 : 옥내형, 옥외형
8) 표면 마무리 : 거친면, 제치장(Exposed)면의 구분 표면 마무리
9) 양생, 보양(Curing) : 증기양생(60~80℃), 2시간 존치
10) 탈형 : 조립의 역순, 볼트 완전 제거(누락시 파손), 100 kg/cm^{2}시 무리 없음
11) 보수, 표시(Marking), 검사(Inspection)
12) 저장(Stock) : 수직 보관, 야적장(Stock Yard)
13) 운반(Transportation)

① 철근 배근 및 부속물 매입

② 콘크리트 타설

③ 증기양생

④ 몰드탈형

그림 7.7 PC 공장 제작순서

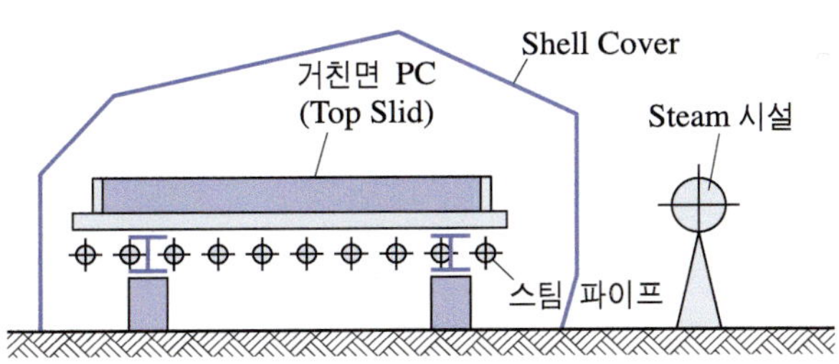

그림 7.8 평타 제작 개념도

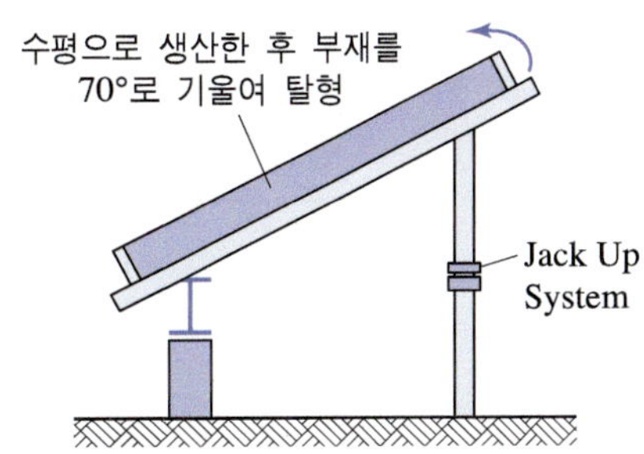

그림 7.9 틸딩(Tilt up) 시스템

▶ *평면에서 부재를 제작하고 탈형시 세워서 처리*

그림 7.10 PC 부재 현장 운반(수송팀)

(2) 상차－현장 운반 : 수송팀

1) 상차 프로그램 작성
2) 현장 세우기(Erection)계획에 따라 순차적으로 상차
3) 현장과의 긴밀한 연락과 협조(Coordination)

(3) 현장 설치(Erection) : 팀당 구성 5~6명

1) 현장 기초 콘크리트 타설 : 수평선, 기준점, 먹메김
2) PC 현장도착 : 야적장(Stock Yard), 진입로 확보와 직접 양중방식을 채택하여 설치하는 것이 유리
3) 세우기(Erection) 및 접합(Connection) 작업

(4) 보양(Curing)

1) 초기 충격, 진동 방지
2) 소요 양생기간 확보

2 PC 공법(Pre-cast Concrete)

2.1 정 의

1) 프리캐스트 콘크리트(PC : Pre-cast Concrete) : 최종 위치 이외의 곳에서 타설 및 양생된 Concrete 부재
2) PC 공법 : 이러한 PC 부재를 사용해 구조물을 축조하는 기술

그림 7.11 건물 외벽 부분 PC 커튼 월 적용 현장
▶ *구조체는 RC로 시공하고 외벽만 커튼 월로 부착*

그림 7.12 All PC 공법 적용 현장
▶ *구조체 자체를 모두 PC(기둥, 보, 슬래브, 외벽 등)로 제작해 설치*

2.2 PC 생산 시스템

(1) 공장운영방식

1) 고정공장 : 한 장소에 대규모의 건설물량이 있을 경우

2) 이동공장 : 서로 다른 장소에 약 500세대 정도의 건설물량이 있을 경우

3) 현장공장 : 대도시 근교에 한정적인 건설물량이 있을 경우

(2) 공장 선정요인

1) 부지의 형태 및 여유

2) 현장과의 거리

3) 생산 건립 물량 : 생산횟수

4) 수송, 운반의 난이도

(3) 생산방식

1) 종류

- 배터리 몰드(Battery Mould) : 수직으로 Mould 세우고 생산(수직 부재 생산)
- 틸트 업 몰드(Tilt Up System) : 수평 Mould 부재 생산 : 70℃ 기울이면서 탈형 (Jack Up 시스템 이용)
- 헬로 코어 슬래브(Hollow Core Slab), 롤러 컨베이어(Roller Canveyor)
- 스테이셔너리 몰드(Stationary Mold)

2) 타설 방식

<table>
<tr><td rowspan="5">평 타 식
(수평타설식)</td><td colspan="2">적층식 : 한 테이블 위에 수개층을 반복타설</td></tr>
<tr><td rowspan="3">단 층 식</td><td>정치식 : 고정 테이블</td></tr>
<tr><td>회전식 : 틸딩(Tilting) 테이블</td></tr>
<tr><td>이동식 : 테이블 수평 · 수직이동</td></tr>
<tr><td colspan="2">연속식 : PS 중공판</td></tr>
<tr><td colspan="3">입타식(수직타설식) : 수직형틀(Battery Mould)</td></tr>
</table>

(4) 평타식 공장 생산 실예(TPC : 타일 피시)

그림 7.13
① 평타식 Bad Mould 청소

그림 7.14
② TPC 타일 바닥에 깔기

그림 7.15
③ 건물 외벽 TPC 설치작업

(5) PC 콘크리트의 경제적 요소

1) 조립식 공법의 3요소
   - 부재 생산(Production)
   - 운반(Transportation)
   - 조립(Assembly)
2) 공장가동률
3) 거푸집 비용 : 경제적 전용횟수 200회 이상
4) 공장 설비비 : 200~300억
5) 운반거리 : 통상 40 km 이내, 1시간 거리가 적합

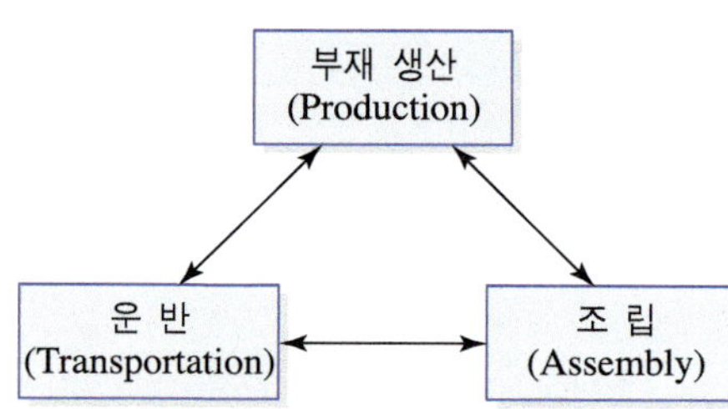

그림 7.16 PC공법의 3요소

2.3 시 공

2.3.1 공사계획

(1) PC 계획상 유의사항

1) 모듈(Module) 제품 사용
2) 중심선 기준, 부재수 및 Joint수 최소화
3) 기둥은 각층마다 동일하게 계획
4) 일반주택은 Box Unit화
5) 평면계획시 끝부분 오차 고려
6) 접합은 상하좌우를 조정할 수 있는 방법으로 계획

그림 7.17 콘크리트 PC 외벽판 부착 전경

(2) 시공계획상 유의사항

1) 대형 부재 현장 제작, 소형재 공장 제작
2) 단일 부재 중량 크레인 치수 고려 1.5~2.0t
3) 계단 계획 염두
4) 설비시설(난방, 전기, 기계, 토공사) 먼저 계획
5) 작업공정과 순서에 유의

(3) PC 시공 공정

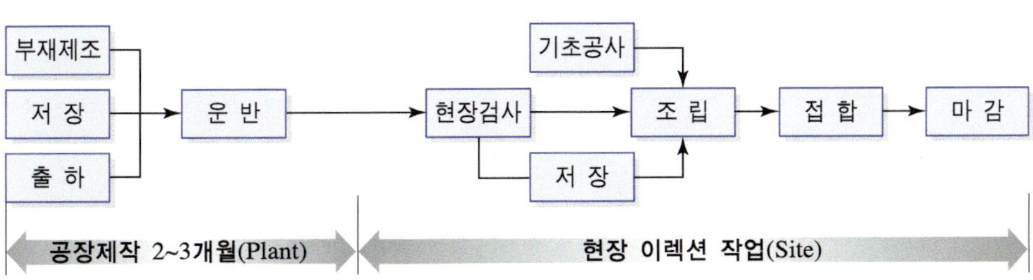

그림 7.18 PC 공장 및 현장 시공공정 모식도

2.3.2 가설, 기초 공사

(1) 제작기간 고려

PC 제작기간(2~3개월)을 고려하여 기초 골조공사 시행

(2) 운반 프로그램에 의한 반입계획

1) 야적장(Stock Yard) 확보 및 차량 진입로
2) 공장에서 현장까지의 거리, 소요시간, 교통량 고려

2.3.3 조립(Erection)

(1) 조립공법의 시공관리

1) 조립 준비시 고려사항 : 조립 크레인의 용량, 조립주기, 습숙효과(반복작업 능률 증대)
2) 설치계획 : 패널 위치 및 코드 번호를 부여한 도면계획
3) 조립계획 : 크레인 작업 배당 계획, 크레인 동원대수, 조립주기, 조립용 기계

(2) 조립설치 방법

1) 직접달기
2) 집중달기

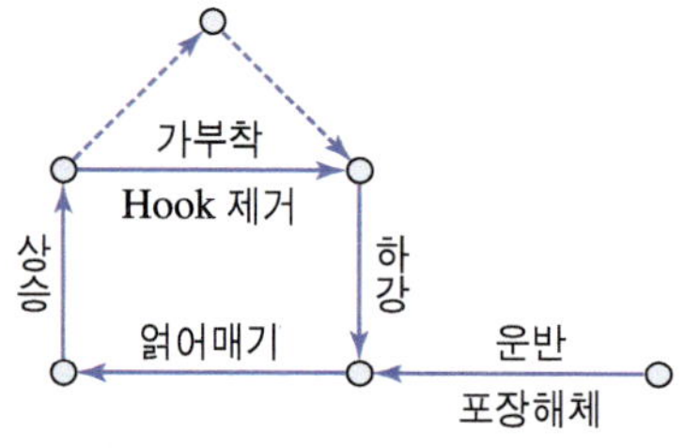

그림 7.19 직접달기

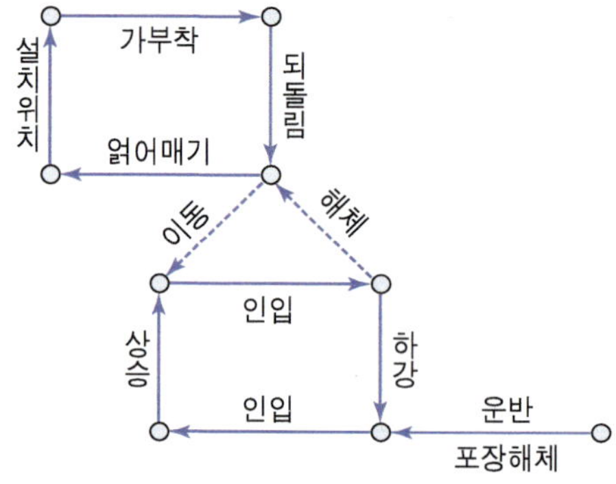

그림 7.20 집중달기

그림 7.21 PC 부재 직접달기 방법

2.3.4 접합(Connection)

(1) 콘크리트 또는 모르타르 접합

1) 특징

- 접합부분에 먼저 매설한 철근(철판)을 용접 또는 콘크리트 모르타르로 충전하는 방법
- 시공이 번거로우나 경제적(Cost Down), 부재의 제작 및 조립상 오차조정이 용이

2) 종류

① 습식접합(Wet Joint) : 벽판과 벽판의 수직접합에 많이 사용

- 접합용 철근 용접
- 접합부 콘크리트 타설용 거푸집 설치
- 콘크리트 타설
- 허용오차(일반적으로 접합부는 ±10 mm) 확인 및 수정

② 건식접합(Dry Joint) : 상하 벽판 연결, 벽과 바닥판 접합 등 수평접합 또는 벽과 벽의 국부접합 사용

- 용접 : 조립 후 Fastener(철근 Plate)의 위치조정, 용접
- 피복 모르타르 콘크리트(Dry Packed Mortar) : 내화구조, 방청목적(접합부 노출시)
- 부재 접합방식(비내력 벽판의 접합)
  - 직접지지 접합, 코벨지지 접합, 현장 매입지지 접합
  - 앵글지지 접합, 강판지지 접합, 대판 배면지지 접합
  - 조형 접합, 조면 접합, 조적조 대판배면 접합

그림 7.22 기둥과 바닥판 사이 모르타르 접합방식

그림 7.23 용접에 의한 접합 방법

(2) 용접(Welding)에 의한 방법

1) 특징 : 접합부에 매설한 철근, 철판을 서로 용접

2) 피복 : 용접 후 방청, 내화 피복 모르타르(Dry Packed Mortar)

(3) 볼트(Bolt), 인서트(Insert)에 의한 방법

1) 특징 : 구조적인 강성, 경제성에서 뒤짐

2) 용도 : 소규모 용도에 사용, 시공이 간단

그림 7.24
볼트 접합방식

(4) 수평 줄눈(Joint) 모식도

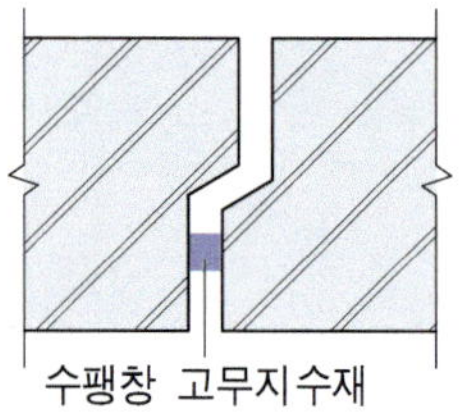

그림 7.25 기존의 공법

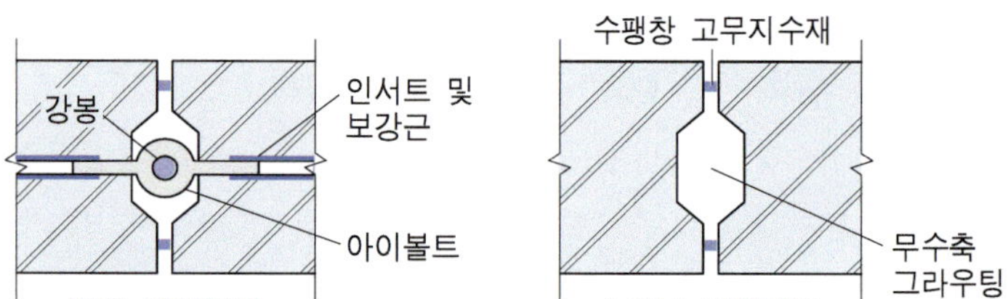

그림 7.26 신공법

(5) 현장 PC 작업순서

1) 현장 PC 기둥 설치	2) PC 가더 설치작업	3) Half Slab 설치

2.4 공업화공법(Industrial Method)

2.4.1 발생배경

건설환경변화
- 노동력 부족
- 자재품귀
- 공사비 상승
- 품질저하
- 3D 기피

→ **시공의 합리화**
- 품질향상
- 공기단축
- 공사비 절감
- 시공의 합리화

→ **프리패브화**
- 품질의 안전
- 현장작업 단순화
- 현장공정 단축
- 현장노무 단축
- 안정성 향상

→ **구체공사** → **프리패브화** → **공업화 공법**

2.4.2 분 류

분 류	세 부 종 류
구 법	HPC 공법, RPC 공법, WPC 공법 적층공법(TSA 적층 공법) 리프트 업(Lift UP) 공법 Space Unit 공법 복합화 공법 (부분 PC)
바닥판공법	PC 공법 합성 슬래브(Half PC) 공법 중공(Hollow Core) 슬래브 공법 PS 슬래브 공법

분 류	세부종류
내장공법	Metal Stud Panel 공법, PC 공법, GRC 공법 Deco Panel 공법, Tile선 부착공법, Tile PC(TPC) 공법, 석재부착 PC(GPC) 공법, 기능 Panel 공법
네가 프리폼 공법 (Nega Pre-form)	철근 Pre-fab 공법 거푸집공법

2.4.3 주요공법 세부사항

(1) 복합화공법(부분 PC 공법)

1) 정의

- 공업화공법 장점과 재래식 공법의 부정적 요인을 제거하여 부가가치를 높인 공업화공법
- PC + 철골 + 기존 재래공법을 조합(Mixing)한 공법

2) 성립배경

- 건축주, 사회 수요에 따라 이루어진 생산 시스템
- 개별 생산기술의 조화와 고도의 생산성과 건축기능을 실현하기 위한 시스템 조합기술

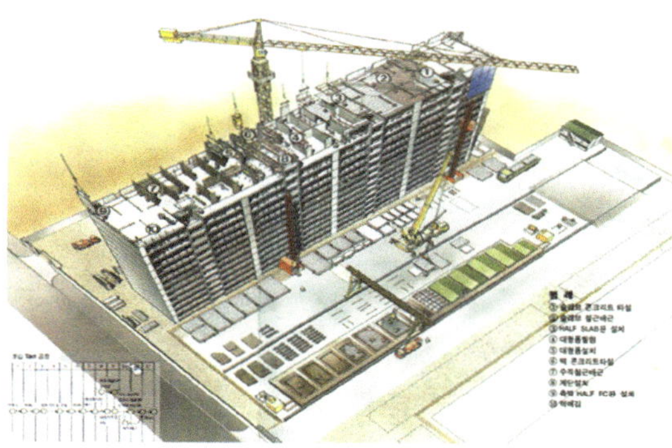

그림 7.27
복합화공법 적용 개념

3) 복합구조의 구분

합성부재(Composite Member)	혼합구조(Mixed Structure)
• 합성보(Beam) : SRC주, 합성보 • 합성기둥(Column) : SRC주, 강관 콘크리트주 • 합성벽 • 합성 슬래브(Half Slab) 공법 • 합성 트러스(Truss) • 합성 블레이스(Blace)	• 합성 철재 구조 (Composite Steel Structure) • PC+SRC(HPC) • RC Core + S Frame • RC Tube + S Frame • S Core + RC Frame

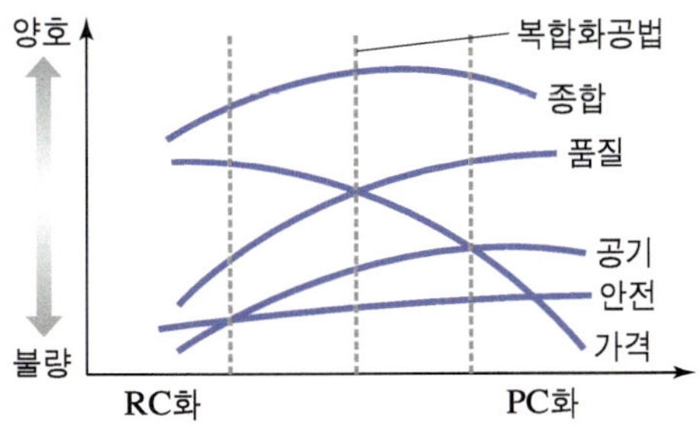

그림 7.28 복합화공법의 경제성 비교

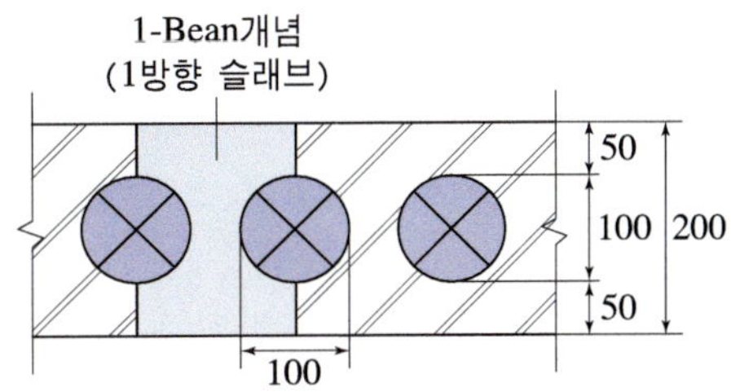

그림 7.29 Hollow Core Slab

(2) 합성 슬래브(Half Slab) 공법

1) 정의

- 얇은 PC판 또는 반PC판(Half PC) 공법
- 하반부분 PC화+상반부분 현장타설 → 바닥 슬래브 일체화 완성(Topping 콘크리트 타설)

2) 공법의 종류

- 옴니아 슬래브(Omnia Slab)
- 스판크리트 합성 슬래브(Spancrete Slab)
- 피코스 합성 슬래브(PICOS Slab)
- FC판 합성 슬래브
- Form Void 슬래브(에스램 Void Slab)
- 원심력 성형부재 바닥 슬래브

그림 7.30 트러스근이 설치된 Half PC 전경

그림 7.31 시어키 Half PC판 운반 전경

3) 특 징

- PC 공법 및 재래 현타(현장타설)공법의 장점 채택, 단점 보완
- 거푸집 불필요, 천장면 마감 단순
- 접합부 일체성 확보, 성력화, 공기단축
- PC 수평력 결점 보완

4) 시공시 고려사항(유의사항)

- 현장타설 콘크리트와의 일체성 확보
  - 전단 철근 접합방법 : 듀월 바(Dowel-Bar), 스파이럴 바(Spiral-Bar), 트러스 바(Truss-Bar)
  - 타설 경계면 접합방법 : 거친면 마감, 시어코터(Shear Cotter), 시어키(Shear Key)

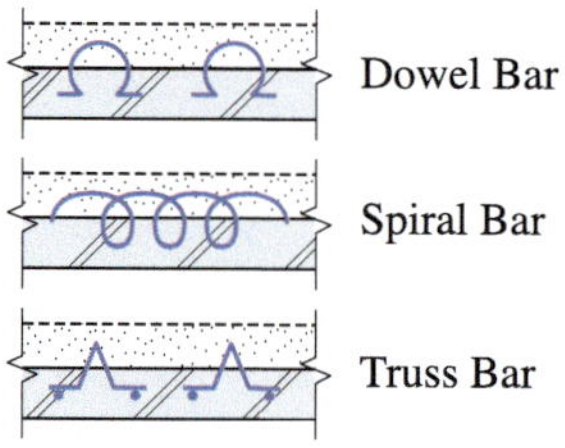

그림 7.32 전단 철근 접합방법

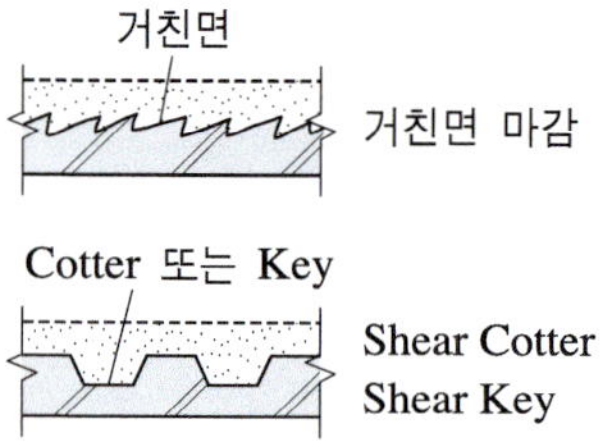

그림 7.33 타설 경계면 접합방법

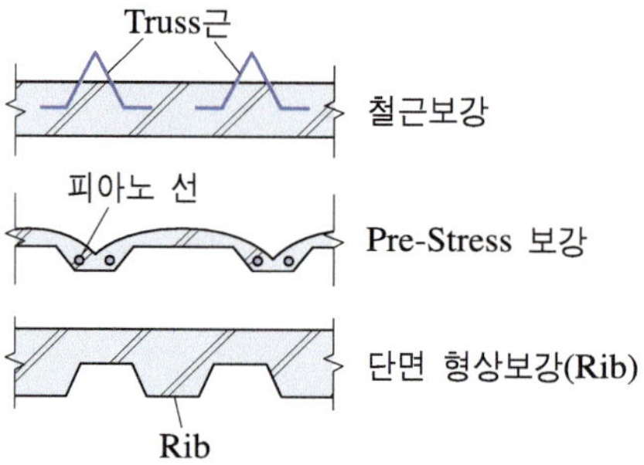

그림 7.34 보강방법

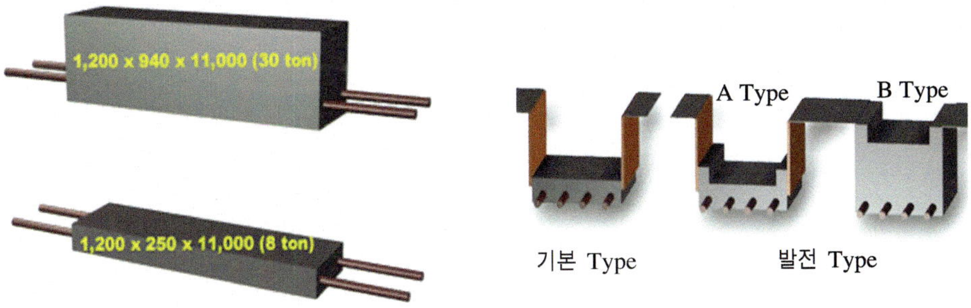

그림 7.35 합성 슬래브 개념도

- 얇은 PC판 보강
  - 탈형, 운반, 조립시의 균열 및 처짐
  - 박판 거동(Behavior)에 대처
  - 콘크리트 타설시 파손 · 균열 방지
  - 보강방법 : 철근보강, Pre-Stress보강, 단면형상 보강(Rib)

(3) 옴니아 슬래브(Omnia Slab) 공법

1) 정의

- 조립 철근 Truss를 사용한 얇은 PC판 합성 슬래브 공법
- 거푸집 역할 외 콘크리트와 일체로 구조체 역할

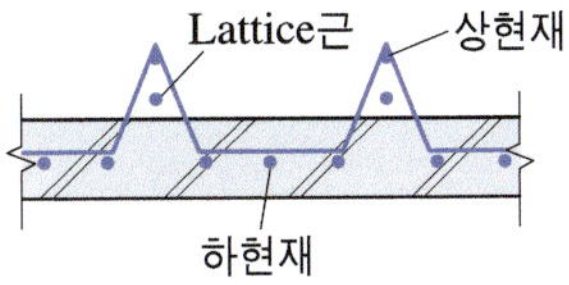

그림 7.36 옴니아 슬래브 개념

2) 특징

- 상부 현타 콘크리트와 구조상 수평력 전달 충분
- 종래 PC 바닥판과 같은 장점으로 지지대가 적게 들고 작업성 좋음(공기단축)
- PC 공법, VH 공법, 합성보공법 병용 가능

그림 7.37 옴니아 슬래브 모습

그림 7.38 피코스 합성 슬래브 모습

(4) 피코스(PICOS)판 합성 슬래브 공법

1) 정의 : 1Grid 분을 1매로 현장에서 적층 제작하여 소정위치 설치하는 공법

2) 특징

- RC에 비해 지보공 절약, 좁은 장소 공간 활용 가능(운반비, 저장 생략)
- PC판에 이음(Joint)이 없으므로 2방향 슬래브 설계 가능
- 천장 마감 : 바로 바탕처리 가능

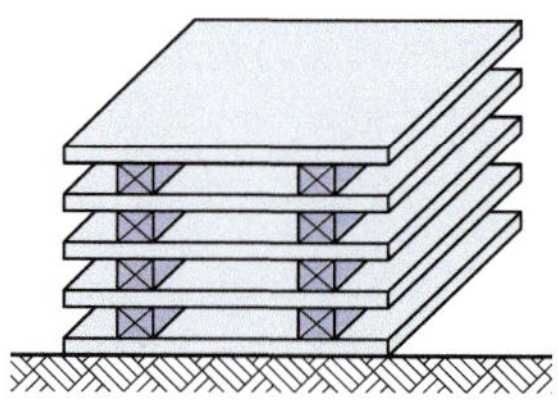

그림 7.39 피코스 합성 슬래브

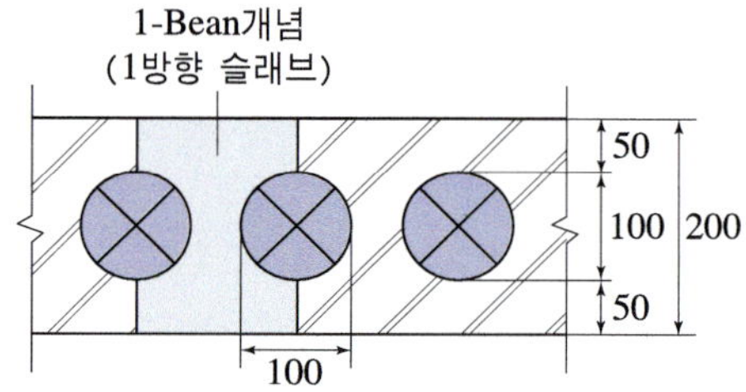

그림 7.40 Hollow Core Slab

(5) 스판크리트(Spancrete) 합성 슬래브 공법

1) 정의

- Spancrete=Hollow Core Slab=Void Slab
- 내부 Void(중공)둔 PS Concrete 판상제품+현타 콘크리트 공법

2) 특징

- 바닥밑 사용시 : 경량, 균열 없음, 장기처짐 적음, 휨강도 큼
- 차음성능, 경량화, 대경간 유리, 표면평탄 → 배근, 배관 용이
- 성력화(재래품 1/5), 공기(Schedule)단축, 안전성(Safety) 확보

(6) FC판 합성 슬래브 공법

1) 정의 : FC판(박판)을 슬래브 폼(Slab Form)으로 사용하고 그 위에 현장타설 콘크리트를 합성하는 일체화공법

2) 특징

- 작은보 없는 대형공간 구축(Non Support 공법)
- 전체공기 30% 단축 : 타공정(마감 · 실내 조기 착수)
- 전단응력 : FC판 윗면 거친면 저항
- 변형, 파손, 양중시 주의

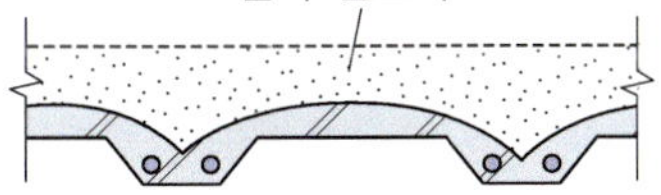

그림 7.41 FC판 슬래브 개념도

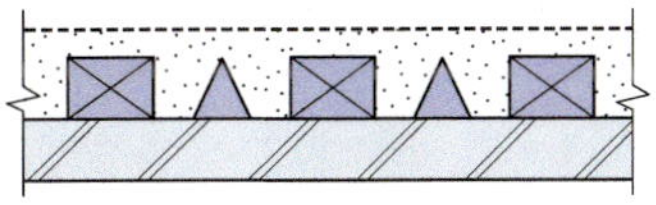

그림 7.42 Form Void Slab 개념도

(7) Form Void Slab 공법

1) 정의 : 박육 PC판+Form Void 일체 가공하여 중공 슬래브를 만드는 공법

2) 특징

- 현장 큰보위 설치 → 상부근 배근 → 현타 콘크리트 타설
- 현장 거푸집 작은보 불필요 : 공간활용
- 중공(경량), 차음성능과 강성이 크므로 장 스팬(Span) 설계 가능

(8) 원심력 성형부재 바닥 슬래브

1) 정의 : 원심력을 이용해 반원의 리브(Rib) 부재를 제작하여 사용하는 공법

2) 특징

- 호주에서 처음 시도된 공법
- 스킨(Skin) PC와 현장 조립하여 Topping Concrete 타설 일체화 구법

(9) RPC 공법(Rahman + PC)

1) 정의 : 기둥, 보 → 철골철근(SRC) 또는 RC의 PC 부재화 현장조립, 접합하는 공법

2) 시공순서

- 1층 중앙부까지 현장치기 → 1층 바닥판 PC 깔기
- 1층 보 붙임, 내진벽 설치 → 라멘 부재 세우기
- 2층 바닥판 깔기 → 2층 보 붙임, 내진벽 설치
- 2층 보의 Joint Concrete 타설 후 상층 라멘 부재 설치

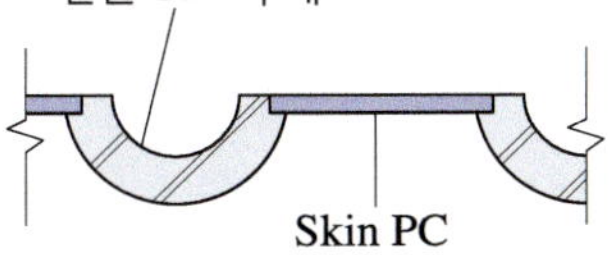

그림 7.43 원심력을 이용한 성형 부재

그림 7.44 현장 철근 Pre-fab화에 의한 골조작업 개념도

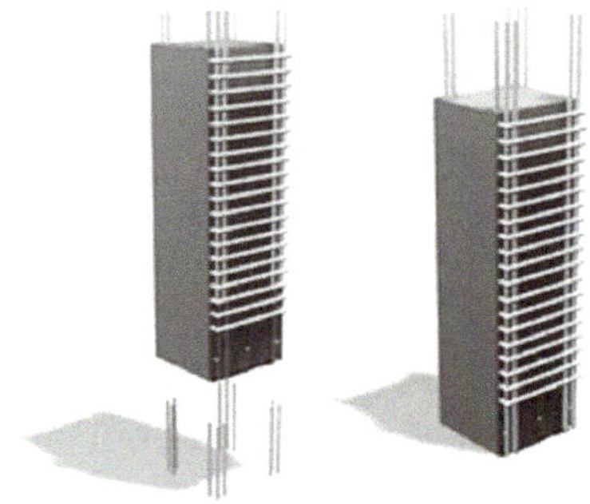

그림 7.45 RPC 공법개념도

그림 7.46 RPC 부재 모습

(10) WPC(Wall + PC)

1) 정의 : 벽식 프리캐스트 철근 콘크트조를 시공하는 공법

2) 특징

- 중층의 공동주택에 폭넓게 채용
- 벽, 바닥, 옥상의 PC판을 수평 및 연직의 조인트에 의해 접합
- PC 강봉에 의해 프리스트레스 도입도 가능

(11) HPC 공법(H형강 + PC)

1) 정의

- 보, 기둥 : H형강 사용, SRC 현장 콘크리트 타설
- 바닥판, 구조벽(Bearing Wall) : PC 부재화하여 현장조립

2) HPC 조립 순서

- 철골기둥 세우기 → 내력벽 세우기

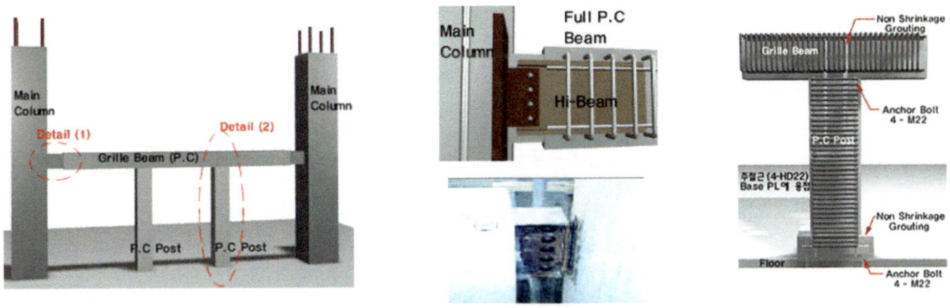

그림 7.47 HPC 공법 개념도

- 빔(Girder & Beam) 조립 → 바닥판 깔기
- 고력 볼트 조임 또는 용접

3) 특징
- 고층 공동주택 : Pre-fab에 적당
- PC 부재 조립과 콘크리트 타설작업과 동시 시공 가능
- PC 부재 대형화, 건축의 공업생산화 가능

(13) 리프트 업(Lift-Up) 공법

1) 정의 : 바닥, 지붕, 벽 등을 현장바닥에서 제작, 조립, 운반, 완성(반완성)하여 소정의 위치까지 잭(Jack)으로 들어 올리는 공법

2) 특징
- 공기단축 : 지상에서 작업량 증가, 양중, 조립능률 좋음
- 가설재의 절약 : 동바리, 비계, 지지대 대폭 감소
- 양중시 하중의 무게 편중(Un Balance)에 의한 부재 변형 검토
- 적용 : 빌딩, 아파트, 주택, 공장, 체육관, 교량 등

3) 리프트 업(Lift-Up) 공법의 분류
- 리프트 업 슬래브(Slab) 공법
  - 빌딩, 아파트, 주택의 지붕 및 바닥 콘크리트 슬래브 대상
  - 기둥 및 코어 부분을 먼저 양생한 후 지상에서 제작한 슬래브를 달아올려 고정
- 리프트 업 공법 : 지상에서 조립하고 수직으로 달아매 고정하는 공법의 총칭
- 지붕 리프트 업 공법 : 공장, 체육관 등 대지붕의 건설에 적용되는 공법

그림 7.48 Lift-Up 공법 개념도

그림 7.49
가설 와이어링 설치

그림 7.50
리프트 업 실시

그림 7.51
리프트 업 완료 및 잭 해체

8장 마감 공사 (조적, 미장, 타일, 석공사) | Finished Work

1 조적 공사(Brick, Block Work)

1.1 벽돌 공사(Brick Work)

1.1.1 재 료

(1) 벽 돌

1) 종류

- 붉은(적)벽돌(Red Brick : 약칭 R/B)
  - 1급(150 kg/cm² : 금속성 청음) 흡수율 20% 이하
  - 2급(100 kg/cm² : 탁음) 흡수율 23% 이하
- 시멘트 벽돌(Cement Brick : 약칭 C/B)
  - 제조 : 시멘트+모래+물을 혼합하여 벽돌틀로 찍어 양생
  - 성질 : 압축강도 40 kg/cm² 이상, 골재 10 mm 이하 사용

그림 8.1 적벽돌 건물의 중후감

- 내화벽돌 : 내화점토 소성(측정은 Seger Keger Con 기구 사용)
- 경량(중공)벽돌 : 톱밥 등을 섞어 비중을 최소화하고 절단, 못치기 용이

2) 접착강도

- 초기 흡수율, 모르타르 상하(수분) 작용
- 벽돌 물축임 강도 : 내부 습윤, 외부 기건 바람직

3) 벽돌규격 : 표준형 190(A)×90(B)×57(C)

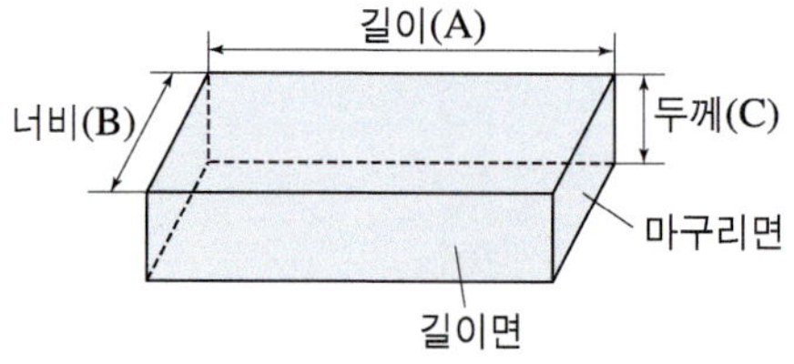

그림 8.2 벽돌 명칭

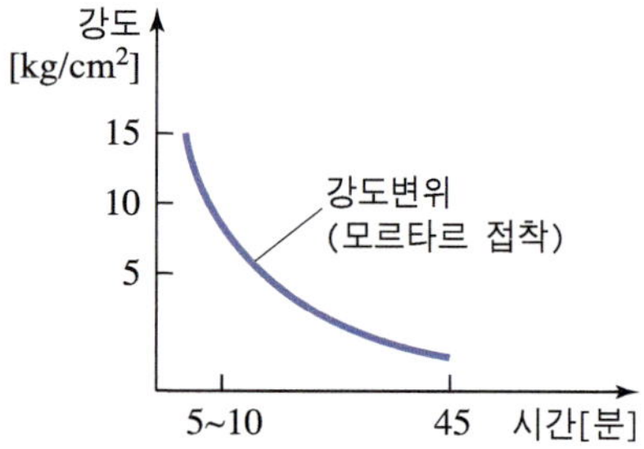

그림 8.3 오픈 타임 상관도

(2) 모르타르(Mortar) : 벽돌강도 이상일 것

1) 모래 입도 : 모래의 입도가 고루 섞인 것

2) 배합비 : 시멘트, 모래, 물의 배합 정도

3) 플로우(Flow)값 : 반죽질기의 정도

4) 보수성 : 모르타르의 수분 유지 능력

5) 오픈 타임(Open time) 준수 : 쌓기용 모르타르가 굳기까지의 시간

1.1.2 시공상 요점

(1) 재료반입

1) 검사 불합격 자재 : 장외 반출
2) 깨짐, 모퉁이 파손되지 않도록 운반 : 보통 파래트 단위로 반입
3) 종류별 · 품질별 · 규격별 저장, 지면에 직접 놓지 않고 비바람에 노출시키지 않음

그림 8.4 벽돌 현장 반입시 검사

그림 8.5 벽돌 현장 쌓기 작업

(2) 시 공

1) 준비 : 세로규준틀 설치 및 수평실치기
2) 재료 물축임 : 내부 습윤, 외부 기건 상태 유지
3) 쌓기 높이 : 일일 1.5m 이하, 보통 1.2m

그림 8.6 벽돌 시공 부위 검측 확인

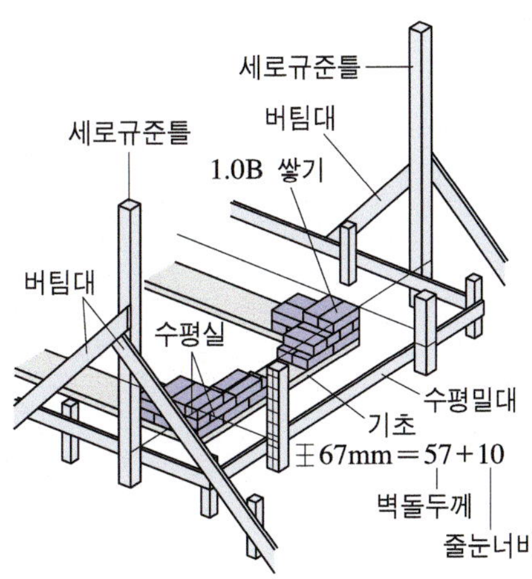

그림 8.7 벽돌 쌓기용 세로규준틀 및 수평실치기

4) 줄눈 크기 : 통상 10 mm 표준
5) 막힌 줄눈 원칙, 세로 통줄눈이 생기지 않게 함
6) 균일 높이로 쌓고 공사 당일 종료시 층단 들여쌓기
7) 벽돌 내쌓기 : 마루구조, 채양 등 필요시 채택

(3) 양생(Curing)

1) 초기에 진동, 충격 가하지 말고 오염방지
2) 급속한 건조 방지를 위해 시트(sheet), 거적 덮기 및 습윤 상태 유지

1.1.3 쌓기 방법

(1) 영식 쌓기 : 한켜 건너서 길이 마구리 쌓기 교대, 반절사용, 내력벽 쌓기용
(2) 불식 쌓기 : 같은 켜에서 길이 마구리 쌓기 교대, 이오토막 사용
(3) 화란식 쌓기 : 영식 쌓기와 같으나 끝에 칠오토막 사용
(4) 미식 쌓기 : 5개단은 길이 쌓기로 하고 그 위 1개단은 마구리 쌓기로 함

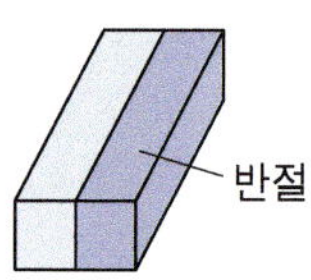

그림 8.8 반절

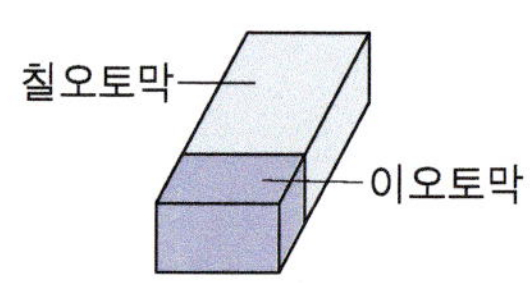

그림 8.9 이오 및 칠오토막

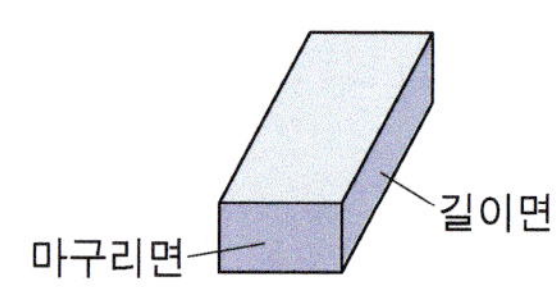

그림 8.10 길이면과 마구리면

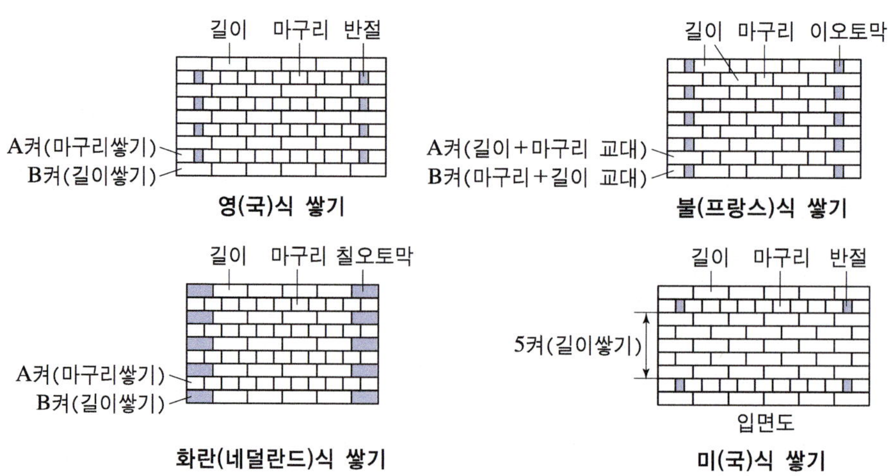

그림 8.11 벽돌 쌓기방법(입면도)

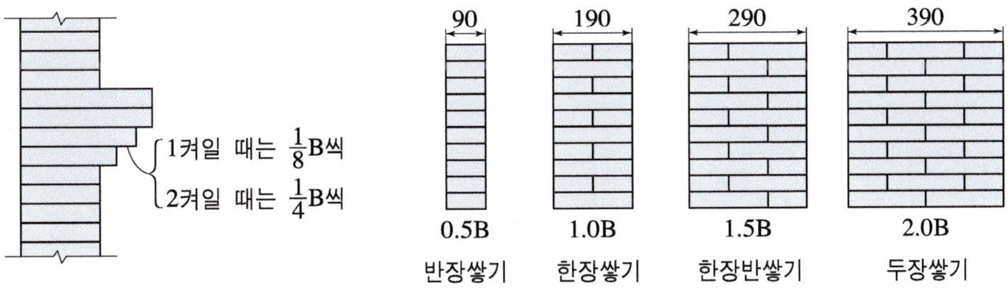

그림 8.12 벽돌 내쌓기와 벽체 두께별 표시

1.2 블록 공사(Brock Work)

1.2.1 재 료

(1) 블록의 치수

형 상	치 수			허 용 차
	높 이	길 이	두 께	
기본블록	190	390	190 150 100	±2
이형블록	높이 · 길이 및 두께의 최소치수는 90 mm 이상으로 하고 허용값은 기본 블록에 준함			

그림 8.13 블록 공사 전경

▶ *보강 블록조는 통줄눈으로 쌓고 수직 철근으로 보강함*

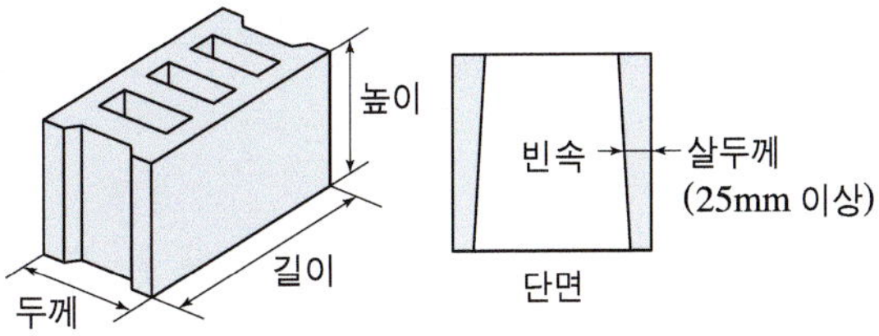

그림 8.14 블록 명칭

(2) 기본 블록의 종류

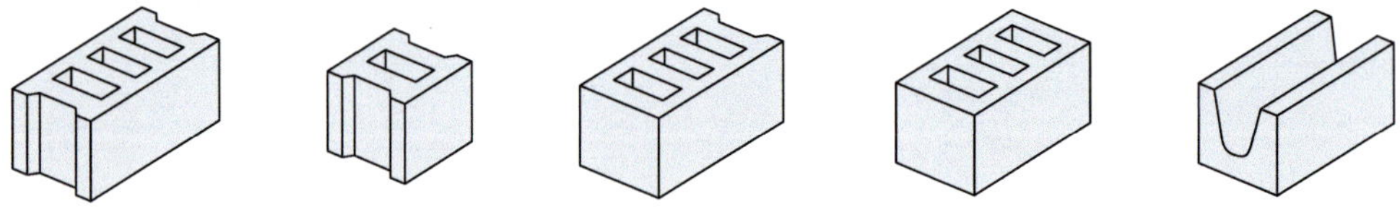

그림 8.15 블록의 종류

(3) 이형 블록의 종류

1) 인방 블록 : 창문틀의 위에 쌓는 U자형 블록
2) 창대 블록 : 창문틀의 밑에 쌓는 블록
3) 창섀 블록 : 창문틀의 옆면에 쌓는 블록

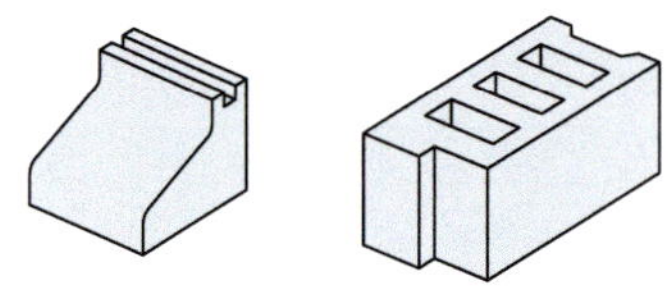

그림 8.16 이형 블록의 종류

1.2.2 블록 구조(Block Structure)

(1) 단순조적 블록조

1) 정의 : 보통 일반 블록을 사용하여 막힌줄눈으로 쌓는 방식
2) 분류
- 내력벽(Bearing Wall) : 구조적으로 힘을 받아 주는 벽체
- 비내력벽(Non-Bearing Wall) : 힘을 받지 않는 일명 장막벽(Curtain Wall)

3) 쌓기방법
- 블록 나누기도에 의한 세로 규준틀 설치
- 모재가 되는 바탕면 청소 및 쌓기 전에 충분히 물축이기 실시
- 블록의 물축임은 모르타르 접촉면만 실시
- 블록 살(셸 : Shell) 두께가 두꺼운 쪽이 위로 향하게 쌓음 : 접착면 커져 유리함
- 막힌줄눈 쌓기가 원칙, 보강 블록조에서는 통줄눈으로 보통 쌓음
- 일일 쌓기 높이는 1.2m(6켜)가 표준, 최대 1.5m(7켜) 이하로 함

(2) 보강 블록조

1) 정의 : 블록 줄눈 가로 세로에 철근 배근, 철근 공간에 사춤 다져 넣는 블록 형식
2) 시공방법
- 보통 세로 통줄눈으로 시공하고 사춤은 보통 모르타르 또는 콘크리트를 사용

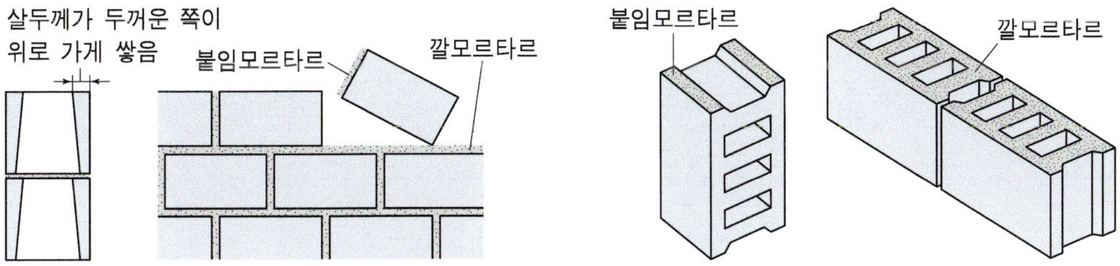

그림 8.17 블록 쌓기 개념도

- 사춤 높이는 3켜 이내, 사춤이 이어지는 위치는 블록 윗면에서 5 cm 밑에 둠
- 보강철근 피복두께는 2 cm 이상으로 함
- 철근이음 없이 시공하는 것이 원칙, 기초보, 테두리보 배근위치를 정확하게 함 (40d 이상 정착)
- 가로근은 60 cm, 80 cm 간격으로 세로근과 25d 이상 결속함
- 사춤 부위 : 모서리, 벽끝, 교차부분, 개구부 문꼴 주위

3) 현장 시공 순서

그림 8.18
① 수직철근 설치 및 수평보기

그림 8.19
② 수직철근 속 사춤 철저

그림 8.20
③ 보강 블록조 쌓기 전체 전경

(3) 거푸집 블록조

1) 정의 : 블록의 형태가 거푸집 대용으로 쓰이고 철근 배근 후 콘크리트를 타설하는 철근 콘크리트 구조 형식의 블록 시스템

2) 쌓기방법

- 거푸집 블록 살의 최소두께는 25 mm 이상을 사용

그림 8.21 거푸집 블록조 설치 전경

- 1일 쌓기 높이는 콘크리트 측압을 고려하여 1 m 정도로 함
- 콘크리트 이음부위는 수평줄눈과 일치되지 않도록 5 cm 밑에 둠
- 줄눈이 많아 강도 부족, 충분한 다짐이 곤란

1.3 균열원인과 방지대책

1.3.1 발생원인

(1) 구조설계상의 문제

1) 내력벽(Bearing Wall)의 응력(Stress)부족 : 수직, 수평하중을 부담
2) 벽의 배치 불균형 또는 벽량 부족
3) 벽돌 자체의 균열(Crack) 발생
   - 줄눈을 통해 발생하는 경우
   - 벽돌과 이음(Joint)에 동시 발생 경우

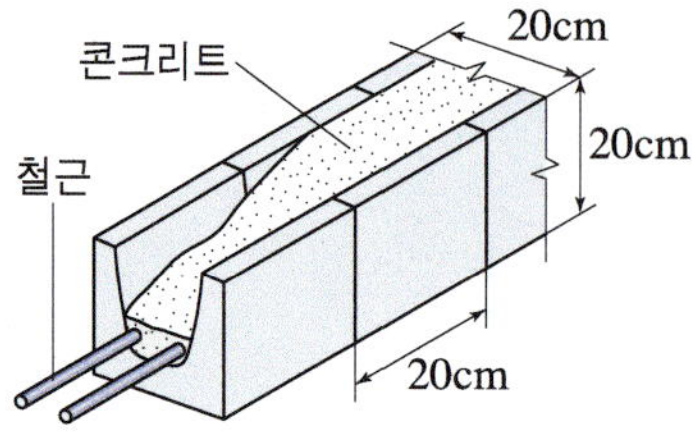

그림 8.22 인방보(인방블록)

그림 8.23 콘크리트 인방보 설치 모습

4) 국부보강의 결여 또는 미흡

5) 이질재와의 접합부

(2) 재료상의 문제

1) 온도변화에 의한 열영향으로 재료의 건조, 수축 팽창 현상

2) 건 · 습에 의한 재료의 수축현상

3) 벽돌 자체의 강도 부족

4) 모르타르의 강도 부족

(3) 시공상의 문제

1) 기초의 부동침하(Unequal Settlement) 및 동결작용

2) 인방보(Lintel) 및 Wall Girder(테두리보)의 부실시공

3) 조적조 줄눈시공 부실

4) 기능공 노령화로 인한 기능도 하락

1.3.2 방지대책

(1) 벽돌선택 엄선

1) 압축강도 큰 것

2) 규격이 표준인 것

3) 건조수축과 흡수율이 적은 것

(2) 조절줄눈(Control Joint) 시공 철저

1) 벽두께 높이가 변하는 곳

그림 8.24 조적 1단 쌓기와 수직실 모습

그림 8.25 목문틀 설치와 벽돌 쌓기 전경

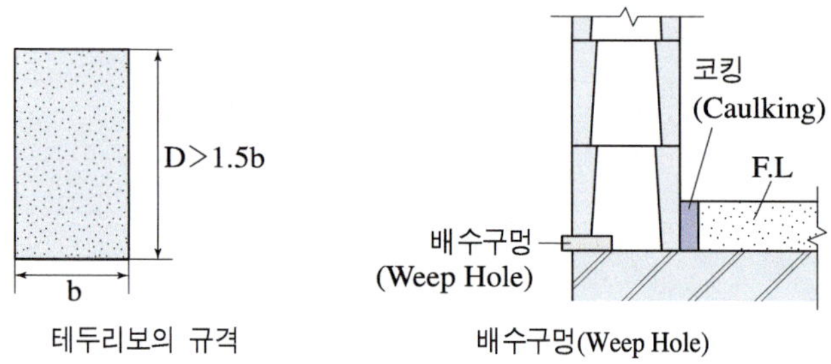

그림 8.26 테두리보와 배수구멍

2) 기둥과 벽돌벽의 접합부위
3) 내력벽과 비내력벽(Non-bearing Wall) 접합 부위
4) 건물 벽체의 교차부
5) 창, 출입구, 개구부의 양측

(3) 보강철근의 배근시공

1) 집중하중 작용하는 곳 : 종보강근 배치
2) 집중하중 분산을 요하는 곳 : 휨보강근 배치
3) 건물 모서리 또는 벽체의 교차부
4) 창, 출입구, 개구부 양측
5) 조절줄눈(Control Joint) 있는 양측

(4) Wall Girder(테두리보 : Bond Beam) 설치

1) 월 가더는 벽체 상부에 일체식 개념으로 설치
2) 철근 콘크리트로서 벽두께의 1.5배(높이) 이상

(5) 줄눈 및 콘크리트 강도증대의 정밀시공

1) 시멘트 흡수작용 감소 및 방지
2) 배수시설(Weep Hole) 고려

1.4 누수원인과 방지대책

(1) 개 요

1) 주로 외벽 누수에서 문제 발생

2) 설계시 주안점

- 표면에서 빗물 저지 : 벽체 내부로 침투시키지 말 것
- 건물의 외표면에서 빗물이 빨리 유출되어 고이지 않는 구조일 것

(2) 누수현상으로 인한 영향

1) 실내 습기 증가로 인한 곰팡이 발생과 부식 : 불쾌감 유발
2) 동계의 냉기와 하계의 온기상승
3) 풍화현상 및 동해의 가속화
4) 벽체 내 철근부식으로 인한 강도 저하
5) 백화현상(Efflorescence) 발생 및 단열성능 저하

(3) 누수의 원인과 대책

1) 개체의 공극률 투과 일체의 투수

- 원인 : 벽돌이나 블록 자체의 공극을 투과하는 것
- 대책
  - 표면에 모르타르 또는 Cement Paste 등 도포
  - 실리콘계 방수제를 도포하여 방수처리
  - 투수 및 흡수방지를 위해 Cement Paste 도장(Cement Water Paint)

2) 줄눈의 균열, 블록의 균열, 틈(사이)

- 원인
  - 블록의 건조수축에 의한 줄눈균열
  - 블록의 자체 발생 균열
  - 블록과 콘크리트 사이에 생긴 틈

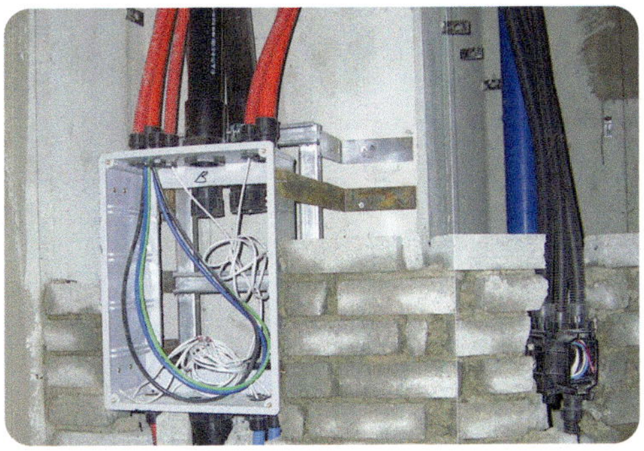

그림 8.27 전선관 주위 벽돌 쌓기

그림 8.28 보강블록조 통줄눈 칸막이 쌓기

- 대책
  - 잔여줄눈을 만들어 코킹(Caulking)재 충전
  - 신축에 유효한 철근배근
  - 기초 지정 부분을 검토하여 지진, 진동 등 외력에 의한 부동침하 방지
  - 모르타르를 바를 때 메탈 라스(Metal Lath) 설치 및 콘크리트 접촉부에 보강철물 설치

3) 줄눈 시공

- 원인 : 줄눈의 시공 불량부를 관통
- 대책 : 줄눈 자체의 접합강도 이상
  - 줄눈 모르타르의 사춤을 충분히 다짐
  - 강도는 모재강도와 같거나 그 이상되게 사용

4) 타재와의 접합부

- 원인 : 접합부에서는 재료의 신축이 다르므로 크랙(Crack) 발생
- 대책
  - 창대둘레는 코킹(Caulking)재 충전
  - 요소에 물끊기 설치 : 물흐름 방지

5) 설계불량

- 원인 : 물끊기 물돌림 등의 설계불량
- 대책
  - 물흘림경사, 물끊기 홈 설치 : 빗물 흐름 방지 및 들여치지 않도록 함
  - 블록 내부에 투수된 물이 건물 내부에 들어가지 않도록 안들여쌓기 고려
  - 배수구멍(Weep Hole) 및 방수턱 설치

1.5 용어해설

(1) 공간쌓기(Cavity Wall : 공간벽, 이중쌓기)

1) 정의 : 벽돌조에서 외부 벽체를 이중벽 또는 공간벽(중공벽)으로 쌓는 공법

2) 목적

- 단열(Insulation), 방습, 방음
- 결로(結露 : Condensation) 방지

3) 특징

- 하부, 하부 운반 타설
- 벽돌과 벽돌 이음은 #9 철선 또는 연결 철물을 사용
- 1일 쌓기표준 : 1.2 m, 공간폭 : 60 m

그림 8.29 적벽돌 공간쌓기
▶ *벽돌 벽체 사이에 단열재(스티로폼)를 사용함*

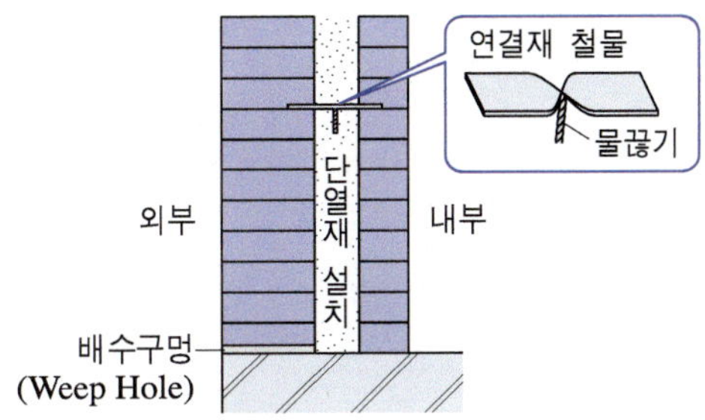

그림 8.30 공간쌓기

(2) 벽돌줄눈

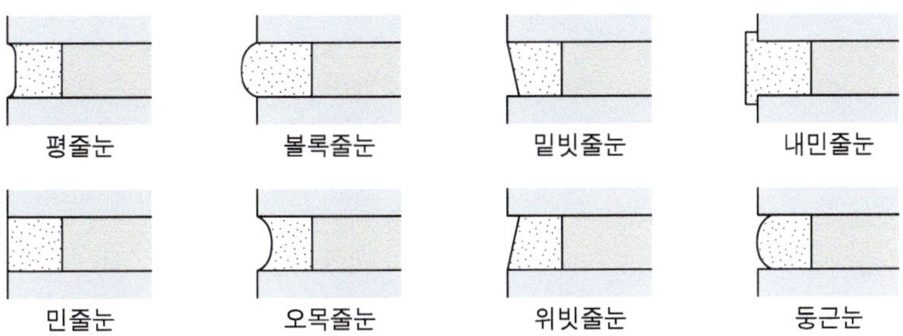

그림 8.31 벽돌줄눈의 종류

(3) SK(Seger Keger Cone)

1) 정의 : 내화벽돌의 소성온도 및 정도를 측정하기 위한 삼각뿔(Cone)의 기구
2) 사용 예 : SK 24(내화벽돌), 독일 Seger Keger가 고안

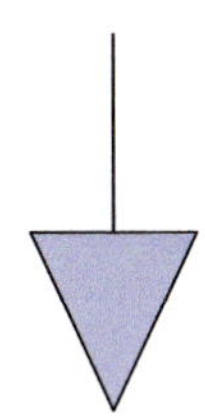

그림 8.32 삼각뿔(Cone) 추

(4) 본드 빔(Bond Beam)

1) 정의 : 거동응력의 집중화 방지를 위해 조적조 상부에 캡(Cap) 형태의 보(Beam)
2) 특징
- 일체성 확보와 하중의 균등배분
- 모서리 철근은 직각으로 구부려 겹치거나 40d 이상 정착
- 보춤은 두께의 1.5배 이상(D=1.5B 이상)

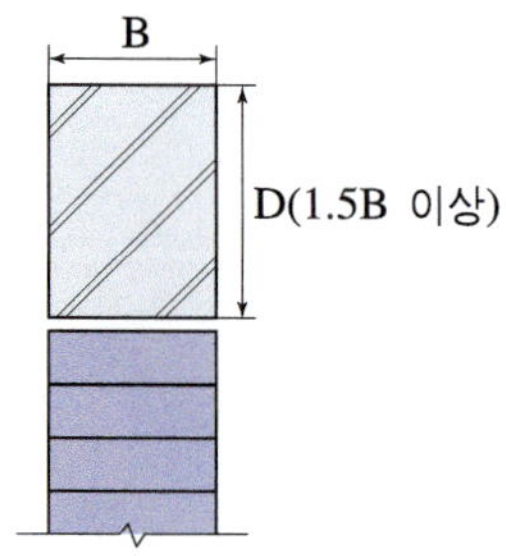

그림 8.33 본드 빔(Bond Beam)

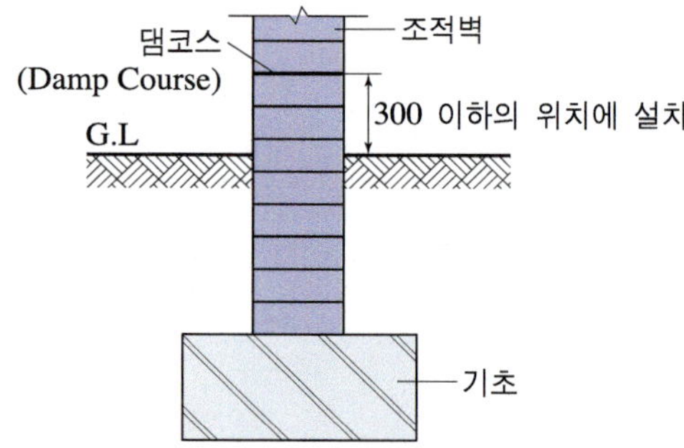

그림 8.34 방습켜(Damp Course)

(5) 방습켜(Damp Course)

1) 정의 : 습기의 상승작용 방지를 위해 벽돌벽 속에 방습재로 설치하는 방습켜

2) 설치 : GL+300 위치에 일반적으로 설치

(6) 벽 량

1) 정의 : 구조 내력벽의 안전 여부를 판단하는 기준

$$벽량 = \frac{내력벽으로\ 둘러싸인\ 벽체의\ 길이}{바닥면적} [m/m^2]$$

2) 특징

- 단위면적에 대한 내력벽의 길이(l)의 비
- 벽량이 클수록 횡력(지진력, 풍력)에 대한 저항이 크고 균열이 작다.

2 미장 공사(Plaster Work)

2.1 미장 공사 일반

(1) 특 징

1) 정의 : 가형성 있는 재료를 현장에 사용하여 일정두께로 건물 내외부를 바르는 공법

2) 내화, 방수, 흡음, 단열 등의 성질 구비 가능

3) 선택의 폭이 넓음

4) 최대장점

- 어떤 형태로도 성형 가능
- 어떤 면적 이음(Joint) 없이 시공 가능

5) 인력 의존도가 크므로 불리한 공법

6) 습식공법의 특징상 물공사, 공기 지연, 동절기 공사중단이 불가피함

(2) 공법 분류

1) 수경성 : 시멘트 모르타르, 석고 Plaster, 소석고

2) 기경성 : 회반죽, 돌로마이터 Plaster, 소석회, 흙벽(흙바름)

3) 기타 : 인조석 갈기, 현장 테라조 바름, 인조석 씻어내기

(3) 시공상 유의사항

1) 바르기

- 초벌(1:2 부배합) : 완전건조, 크랙(Crack) 유도
- 재벌(1:3 빈배합) : 물빠진 상태에서 정벌처리
- 정벌(1:3 빈배합) : 마감 표면 평활도 유리

2) 층의 강도와 두께 : 천장(15 m/m), 벽(18 m/m), 바닥 (24 m/m, 30m/m), 외벽 (24 m/m)

3) 시공상의 문제

- 양질의 재료 : 배합, 이겨두는 시간(Open Time)에 특히 주의
- 바탕면 처리 : 물축임, 청소, 거칠게 처리
- 바름 두께 : 가능하면 얇게 여러번 시행

그림 8.35 미장공사 사용도구

그림 8.36 미장 초벌 전경

그림 8.37 미장정벌 작업 전경
▶ *현장 조기대(수평 막대기)를 이용해 벽체 평면을 확인*

그림 8.38 미장정벌 작업 모습

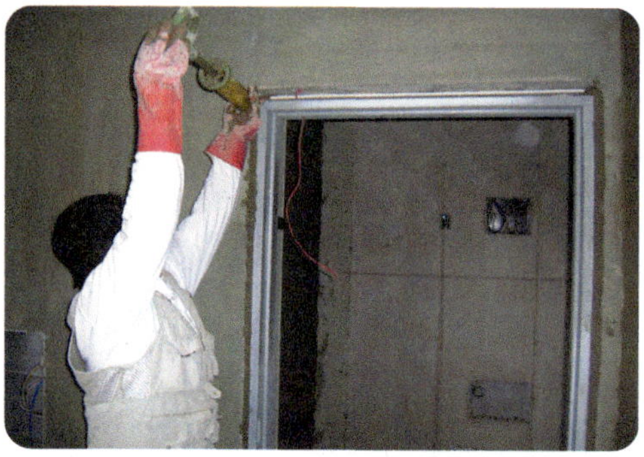

그림 8.39 문틀주위 모르타르 사춤 모습

그림 8.40 문틀 주위 사춤 후 미장

- 양생 : 급속 건조, 충격 · 진동방지
- 기타 : 타공정에 손상이 가지 않게 주의, 건조 백화방지, 물리적 손상(파손)방지

4) 양부 판정의 기준
- 마무리면 평활
- 마무리면 상태(색조, 조건도 등) 전벽면 일정
- 소요 두께 유지
- 필요한 강도와 적당한 표면강도 유지
- 내화, 방수, 흡음, 단열 등 성질 구비
- 균열, 탈락, 변형, 변색 등의 결점이 생기지 않도록 주의

2.2 결함과 대책

(1) 결함의 원인

1) 구조체 변형 : 모재 자체의 균열, 변형 등

2) 바름면 기인(바탕) : 바탕 바름면의 종류에 따라 결함 발생

3) 시공 부주의 : 기능도의 저하와 노령화 추세

(2) 미장 공사 결함

1) 균열(Crack) : 가장 큰 결함으로서 균열과 박락
- 지도상균열 : 지도상 하천 같은 균열
- 망상균열 : 망상균열 발생으로 지도상균열 발생 억제 가능
- 모상균열 : 바탕면의 흡수성이 클 때 발생
- 구조균열 : 미장 바름 이전의 모체의 불비에 기인하는 균열

2) 박락
- 바탕면과 함께 박락되는 경우(구조적 결함)
- 미장면 박락(미장공사 불비)

3) 색반

4) 흙손 반점

5) 곰팡이 반점

6) 오염(Contamination)

7) 백화(Efflorescence)

8) 변화(Movement)

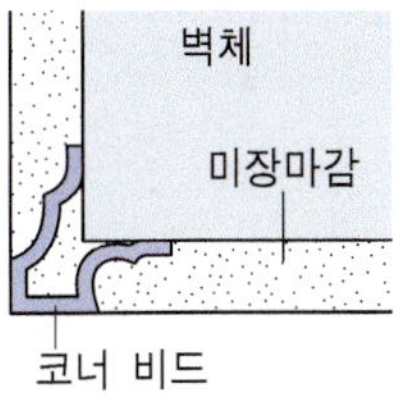

그림 8.41 코너 비드 단면

그림 8.42 이질 재료 접합 부위
▶ *콘크리트면과 벽돌면의 경계*

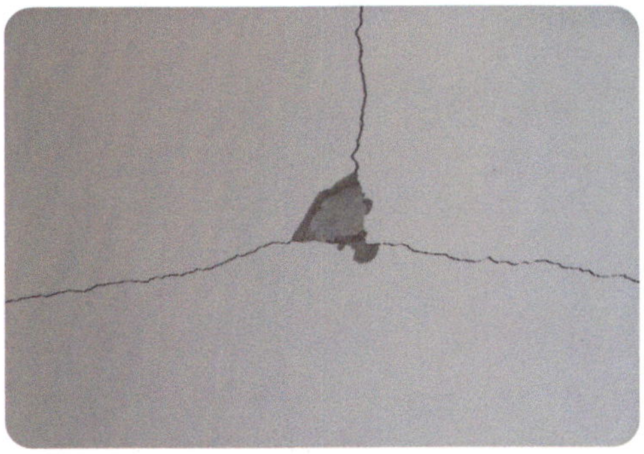

그림 8.43 벽체 미장균열
▶ *모체와의 들뜸 현상으로 인함*

9) 불경화(Non-Hardening)

10) 초화

11) 동결, 동해(Freezing, Thawing)

2.3 품질개선 방안

2.3.1 개 요

1) 시멘트 모르타르는 시멘트, 모래, 물, 기타 혼화재 등을 혼합한 것

2) 콘크리트, 벽돌, 목조, 라스바탕, 시멘트판 등 바탕이 되어 자체가 마무리 됨

3) 판 재료 마감의 바탕재가 되는 경우가 있음

4) 내장 마감의 품질은 미장공사의 질에 좌우하므로 품질개선에 특히 유의

그림 8.44 벽체 비드 설치와 초벌미장

그림 8.45 바닥 미장 수평 확인

그림 8.46 계단실 인조석 바르기 전 논스립 설치

그림 8.47 계단실 인조석 바르기 작업

그림 8.48 복도 황동줄눈대 설치 후 바탕 초벌 바르기

2.3.2 재 료

(1) 바탕 재료

1) 라멘(Rahman) 구조에 조적벽
   - 신축이 다른 이질재의 접합부에 균열 발생
   - 건조수축이 끝난 후 줄눈파기
   - 양질의 모르타르 충전(덧바름)
   - 경화된 후 벽 바름 실시
   - 콘크리트 비드(Bid), 코너 비드(Corner Bid) 설치
2) 콘크리트면이 매끈한 경우는 표면거칠게 조치(정다듬, Wire Brush 처리)
3) 충분한 물축임을 하여 급격한 건조(수분) 방지

(2) 붙임재료

1) 시멘트 : 보통 포틀랜드 시멘트 또는 백시멘트를 사용
2) 모래
   - 깨끗한 유기질물, 오염물질이 없는 모래 사용, 해사 사용금지
   - 미장용 체에 걸러서 사용
3) 혼화재 : AE제, 포졸란(Pozzolan), 소석회 사용
4) 바탕
   - 외벽 초벌재료 : 부배합(1 : 2), 강한 재료 사용
   - 재벌, 정벌재료 : 빈배합(1 : 3), 초벌보다 다소 약한 재료 사용

그림 8.49 계단 갈메기턱 바르기
▶ *계단 난간대 설치 후 물흐름 방지턱인 갈메기턱을 바른 후 인조석 깔기 작업*

2.3.3 시공상 요점

(1) 바 르 기

1) 초벌 후 완전 경화 : 균열 발생 시킴
2) 균열, 들뜸 확인 : 부분 보수 완전 건조
3) 재벌바름 물빠짐 상태에서 정벌마감

(2) 바름두께 및 강도

1) 표면건조, 수축에 의한 초벌들뜸 방지
   - 바탕에 가까운 재료 : 강한 재료(부배합)
   - 마감에 가까운 재료 : 약한재료(빈배합)
2) 두께는 가급적 얇게 여러번 시도
3) 접착불량 발생하지 않도록 청소를 철저히 한다.
4) 모르타르 배합시 지나친 물 사용 금지(접착면의 인성이 약해지고 건조수축 커짐)
5) 재료에 충격, 진동이 가해지면 전단력 발생 : 파괴
6) 개구부, 창호 주위 등 응력집중부분, 충격 가해지는 부분은 바탕에 라스(Metal Lath)처리, 코킹(Caulking) 처리
7) 상당히 긴 벽면의 미장면에는 Concrete Joint, 신축줄눈 고려

(3) 양생(Curing)

1) 타공사의 마감면에 오염 피함

2) 급속건조, 습기흡수 방지를 위해 시트, 보양지 등 습윤(Swelling) 상태 유지

3) 물리적 손상(충격) 방지

2.3.4 미장 하자 사례

(1) 콘크리트면 미장 바름시 들뜸(Crack)현상

1) 원인
- 재료 : 바탕면, 모래, 수입산(중국산 등) 시멘트 사용
- 시공 : 바탕처리, 불비, 물축임, 청소

2) 대책
- 바탕면 치핑(Chipping)
- 접착제 바름
- 바탕 물청소
- 청소 : 시멘트 페이스트(Cement Paste) 1회 도포 후 초벌사용

(2) 이질재(콘크리트와 조적) 접합부위 들뜸 현상

1) 원인
- 타재간 신축률, 조적부분 침하
- 온도변화에 따른 변형

2) 대책
- 줄눈시공 및 시공줄눈 설치
- 메탈 라스(Metal-lath) 처리, 사춤철저

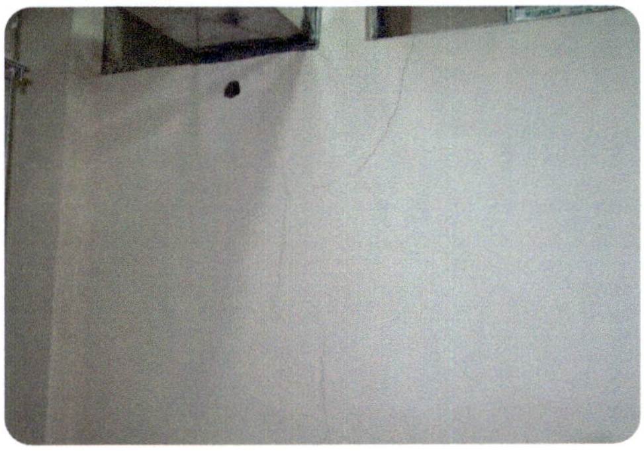

그림 8.50 미장면 벽체 들뜸으로 균열발생

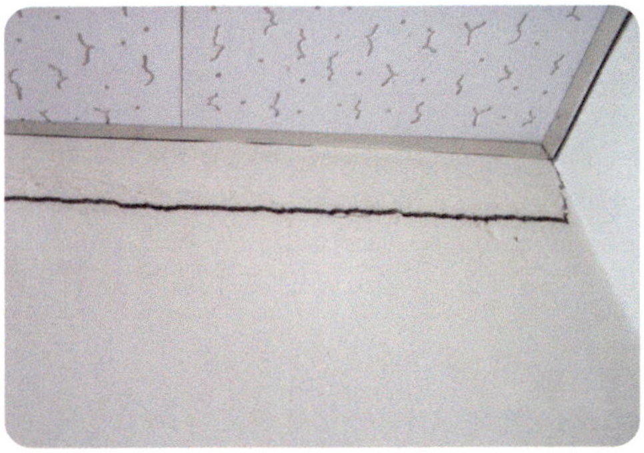

그림 8.51 이질재료와의 접합면 균열

▶ *콘크리트보 하부와 벽돌벽 상부 사이에 균열이 발생됨 (미장시 메탈 라스로 보강 필요)*

2.4 용어해설

(1) 셀프 레벨링 공법(SL 공법 : Self Levelling)

1) 정의 : 석고를 주성분으로 한 재료를 바닥면에 흘리면서 자연유동에 의해 수평 바닥면 을 형성하는 공법

2) 종류

- 시멘트계 : 응결(Setting)시간 지연, 강도 발현 늦고, 수축 균열
- 석고계 : 많이 사용, 이상팽창, 내구성(Durability)에 결점

3) 장 · 단점

- 장점 : 숙련 미장공이 필요없음, 공사기간 단축, 균열이 생기지 않음
- 단점 : 내화성이 없고, 재질관리에 주의 필요, 고가(Cost Up : 비경제적)

(2) 플로(Flow)값

1) 정의 : 배합 반죽시 묽기를 나타내는 수치로 퍼지는 정도를 나타내는 기준

2) 영향

- 플로값의 대소에 따른 강도, 시공성에 영향
- 혼화제의 개발로 플로(Flow) 수치 조정 가능(경제성 고려)

그림 8.52 바닥 미장 셀프 레벨링 시공 후 전경

그림 8.53 바닥 콘크리트 위 하드너 마감 전경

(3) 바닥마감공법

1) 바닥재 요구 재질 성능

- 내마모성, 내하중성, 탄력성, 내알칼리성, 내유성, 내열성, 내한성

- 논 슬립(Non Slip) : 보행방향, 보행 속도차 바뀌는 부분
- 안전성(Safety), 환경 보존성

2) 마감재(내장공사) 요구 성능
- 불연화, 경량화(Light Weight), 시공성
- 프리 패브(Pre-fab)화 : 시공의 합리화
- 내진성 : 층간 변위(Side-Sway)에 대한 추종성

3) 바닥 마감공법
- 바닥 타설시 적용공법(직압공법)
- 구체 완료 후 마감 공법
  - 모르타르 쇠흙손 마감공법
  - SL(Self levelling) 공법 : 석고계, 시멘트계

3 타일 공사(Tile Work)

3.1 타일 공사 일반

(1) 재 료

1) 성능 : 강도, 흡수율, 소성온도, 선팽창계수

2) 종류

종 류	흡수율[%]	소성온도[℃]	시 유	용 도
자기질 타일	0～1	1,300 이상	유 · 무	외장 타일
석기질 타일	1～10	1,200	유 · 무	장식용, 내외장용
도기질 타일	10 이상	1,000 이상	유	내장용
토기질 타일	–	800 이상	–	기와, 벽돌, 토관

(2) 붙임공법 분류

- 1) 직접붙임
  - 떠붙임/개량 떠붙임
  - 압착붙임/개량 압착붙임
  - 모자이크(Unit) : Unit tile 붙임
  - 동시 줄눈 공법 : 신공법(진동기 사용)
- 2) 선 붙임
  - 타일 거푸집 선부착
  - 타일 부착 PC 패널(TPC : Tile PC)

(3) 시공상 요점

1) 재료 반입
- 규격, 형상, 흡수율, 소성온도
- 사용시점별, 규격별 보관하고 우수 노출, 오염 방지

2) 시공
- 바탕면 처리
- 줄눈 모르타르 시공

그림 8.54 타일 부착 TPC 공법으로 시공된 전경

그림 8.55 벽타일 시공 전경

그림 8.56
거실 바닥 대형 타일 시공 모습

그림 8.57 타일 시멘트

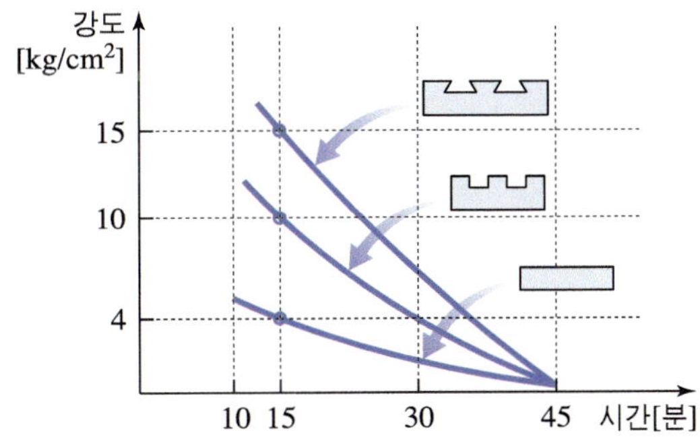

그림 8.58 이겨두는 시간과 타일 형태별 상관도

- 타일 시멘트 이겨두는 시간(Open Time) 절대 준수
- 수평, 수직실 치기
- 줄눈 시공 : 밀실 충전, 치장줄눈(6시간 후) 파기

3) 보양(Curing)

- 시공 직후 : 청소 및 신문지, 하드롱지 보양, 톱밥 (육송) 깔기
- 충격, 진동, 우수 노출, 직사광선에 의한 급격 건조 방지

3.2 타일 문제점 및 대책

3.2.1 타일 박락 사고

(1) 개 요

외벽 타일 탈락사고가 주류를 이루며, 인명 피해로 인해 사회적 문제로 대두되어 이에 따른 현상에 대한 분석 및 대책 필요성 절실함

(2) 타일 사고분석

1) 사고의 종류 : 탈락, 들뜸, 동해, 백화

2) 공법별 사고

- 압착(75%) 〉 떠붙이기(13%) 〉 모자이크(10%) 〉 TPC(2%)

3) 방위별 사고

- 남 〉 서 〉 동 〉 북
- 남쪽이 가장 많은 27% 차지

그림 8.59 외벽 타일 탈락 전경

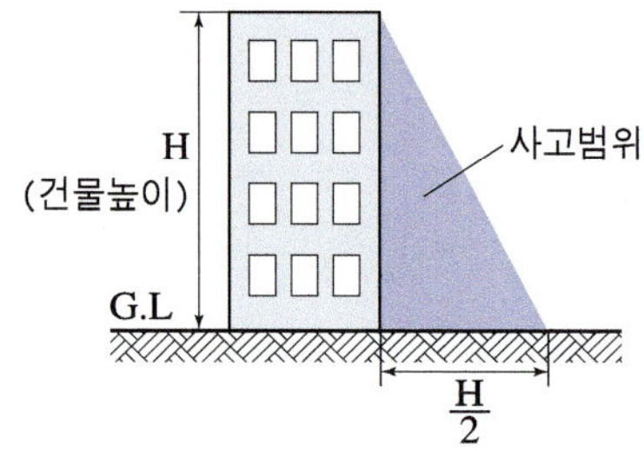

그림 8.60 바닥 타일 피해 범위

4) 사고 발생부위
- 개구부 구석, 모퉁이
- 콘크리트 이음, 파라펫 상부

(3) 원 인

1) 구체의 수축, 팽창응력
- 구체 콘크리트의 건조 수축, 균열(Crack)
- 구체 열팽창, 건물 부동침하, 건물에 미치는 진동충격

2) 약한 접착력
- 타일 재질 불량, 접착제 불량
- 불량시공 원인, 현장조건 미흡

3) 원인별 분석 : 시공결함(50%), 설계상(30%), 타일 품질상 결함(20%)

그림 8.61 바닥 타일 줄눈작업

그림 8.62 타일 공사와 타내장재료의 경계처리

(4) 방지대책

1) 구조거동응력의 최소화
   - 수축 적은 재료 사용, 신축 줄눈(Exp. Joint) 설치
   - 충분한 양생 및 보양

2) 타일 접착력 향상
   - 타일 재질 개선, 확실한 재료 선정 주의
   - 우수한 접착제 선정 주의
   - 현장 조건 개선

3.2.2 타일 하자사항

그림 8.63 현장 타일 시공 실명제

(1) 노무관리적인 측면

1) 노임 인상에 따른 품질저하, 고령화 현상

2) 숙련공의 부족현상
   - 기능도 하락(3개월 이후 기능공 행세)
   - 하자발생 요인 증가

(2) 시공기술적인 측면

1) 외장 타일 부착
   - 붙임 타일 이겨두는 시간(Open Time) 준수
   - 바탕재의 이물질 제거(청소 및 브러시로 깨끗하게 처리)
   - 당일 기상조건을 고려한 작업배치

2) 실내 타일 부착
   - 벽 타일 시공
     - 배면공간이 생기지 않게 밀실 채움
     - 벽 타일 나누기도 검토
     - 입면상 천장판에 의한 최상부 타일이 잘리지 않게 특별히 주의함
     - 설비 배관 주위 타일 마감
   - 바닥 타일
     - 바닥 물구배 불량으로 물고임 하자 발생
     - 바닥 드레인(Drain) 위치 조정을 사전 고려하여 바닥타일 등분
     - 타일 줄눈 크기(Size)를 조정하여 타일 수량 절감 가능

그림 8.64 주방 벽체 모자이크 타일 전경

3.3 용어 해설

(1) 오픈 타임(Open Time)

1) 정의 : 타일을 붙이기 전 타일 붙임 시멘트의 이겨두는 시간(Open Time)을 말함

2) 특징

- 붙임 모르타르를 바탕면에 바른 후 타일 붙임 시작
- 시간경과에 따라 붙임 모르타르 경화(Setting) 진행
- 타일 기준부착강도 최대한계시간(KASS) : 내장(10분), 외장(20분)

(2) 직접 붙이기공법

1) 바탕처리

- 경질타일 : 1 : 2
- 연질타일 : 1 : 1.5~2.5~3

2) 부위별 붙임

- 벽 타일 : 내부는 보통 떠붙임공법(줄눈 6 m/m)
- 바닥 타일 : 바탕 모르타르 깔고 타일 붙임
- 모자이크 타일 : 바닥 또는 벽체 적용

(3) 외장 타일 압착공법

1) 정의 : 건물 외벽에 미장 초벌바름으로 평활을 유지한 후 압착 시멘트를 접착제로 하여 타일을 붙여나가는 공법

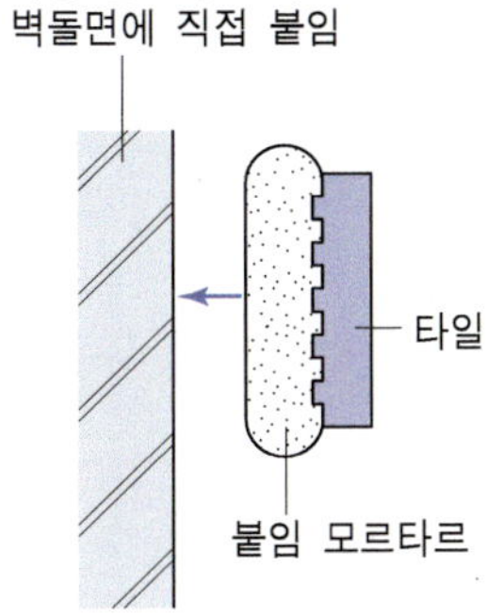

그림 8.65 떠붙임공법

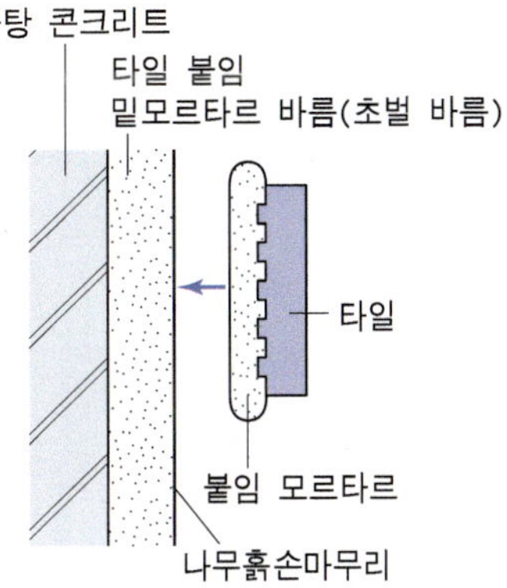

그림 8.66 개량 떠붙임공법

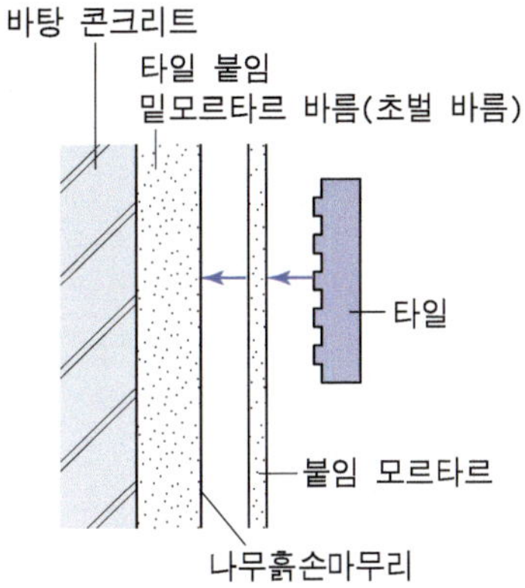

그림 8.67 압착공법

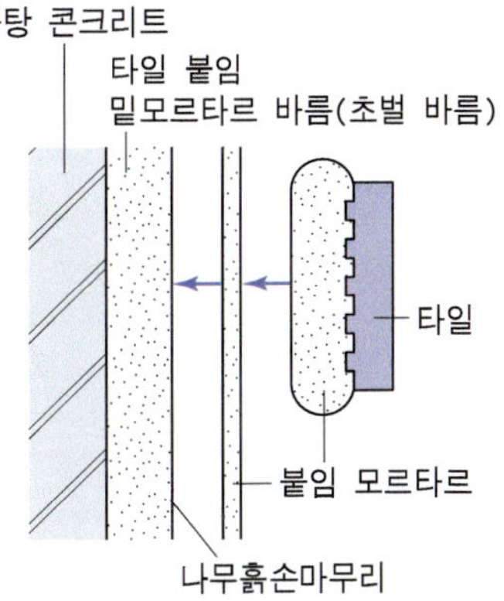

그림 8.68 개량압착공법

2) 시공법

- 타일 나누기도 작성
- 1일 시공 높이는 1.2~1.5 m 시공(줄눈 3시간 후, 치장 6시간 후)
- 수평실을 설치하고 아래에서 위로 타일을 붙여 나감
- 벽, 코너 창틀 등 규준 타일 부착, 평활, 청소, 물구배

(4) 모자이크(Unit) 공법

1) 정의 : 평탄하게 고름질한 모르타르면에 붙임 시멘트 페이스트(붙임 모르타르)를 바르고 그 위에 표지붙임을 한 타일을 붙이는 공법

2) 시공방법

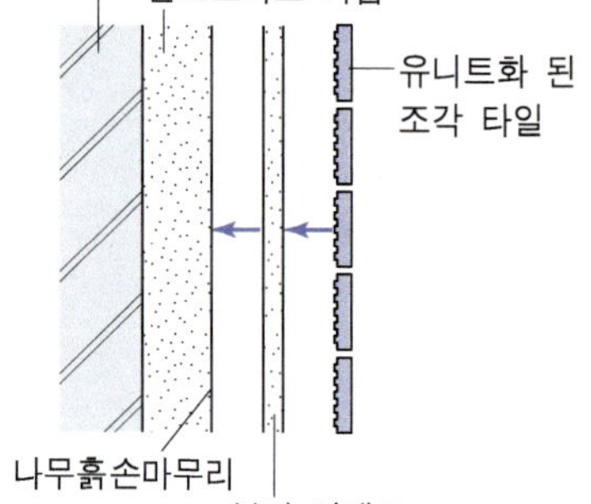

그림 8.69 ① 붙임 모르타르 바르기

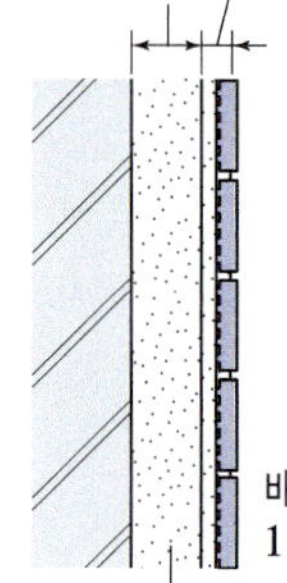

그림 8.70 ② 모자이크 타일 붙임 완료

그림 8.71
벽체 장식용 모자이크 타일 시공

(5) 동시줄눈공법

1) 정의 : 일반 압착공법의 개량으로 바이브레이터(Vibrator)로 타일면을 진동압착시켜 줄눈부위로 올라온 모르타르를 그대로 줄눈으로 일체화 마무리하는 공법

2) 공법의 특징
- 접착력 가장 우수, 접착력의 편차 적음
- 부착상태를 시공 즉시 측정 가능
- 타일 입체감 100% 발휘, 시공이 번거로움이 단점

3) 시공방법
- 바탕면을 최대한 바로 잡고 모르타르를 충분히 양생(2주 이상)

- 물 충분히, 포틀랜드 시멘트 동시 줄눈에 사용
- 바름 : 초벌(1~2 m/m 요철 흙손 바탕면), 재벌(4~5 m/m)
- 타일 1/2 묻히도록 진동공구 3초간 진동하고 줄눈사이로 모르타르가 충분히 올라오도록 함
- 줄눈 위로 올라온 모르타르가 다소 굳어졌을 때 줄눈을 그대로 마감 지움
- 타일면 청소 및 보양

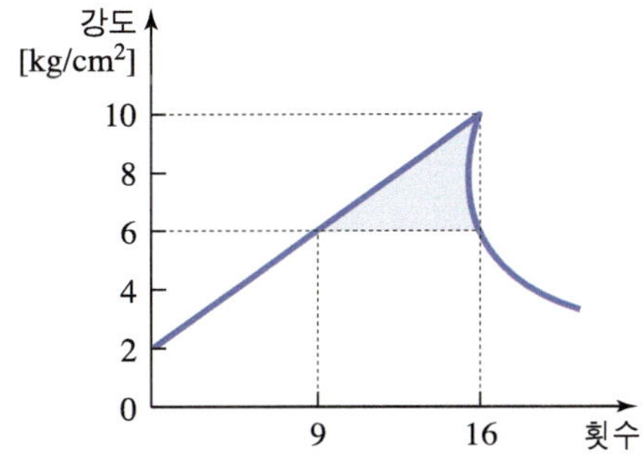

그림 8.72 두들김 횟수와 강도의 관계

4 석공사(Stone Work)

4.1 석공사 일반

(1) 재 료

1) 화성암계 : 화강암(Granite), 안산암
2) 수성암계 : 점판암, 사암
3) 변성암계 : 대리석(Marble) 등

(2) 특 징

1) 천연자원으로 내구성, 강도(화강암 : 1,600kg/cm^2)가 좋고 내외장재 장식재 사용
2) 손쉽게 얻을 수 있음(산지의 70%가 화강암으로 구성)

(3) 선 택

1) 강도, 균질, 색상, 평활, 수평 · 수직이고 모서리 흠 없는 것
2) 생산공정 검토하여 절단시 철분 유무 확인(Diamond Blade Saw, Gang Saw)
3) 외부 줄눈(Caulking)재 선택 신중
   - 재질의 선택 : 변성 실리콘계, Poly Sulfide계 실리콘계 사용
   - 타재 사용시 : 석재의 오염, 줄눈부위의 흘러내림 현상 등 하자 발생

그림 8.73 석재 화석 – 울진 경보 박물관

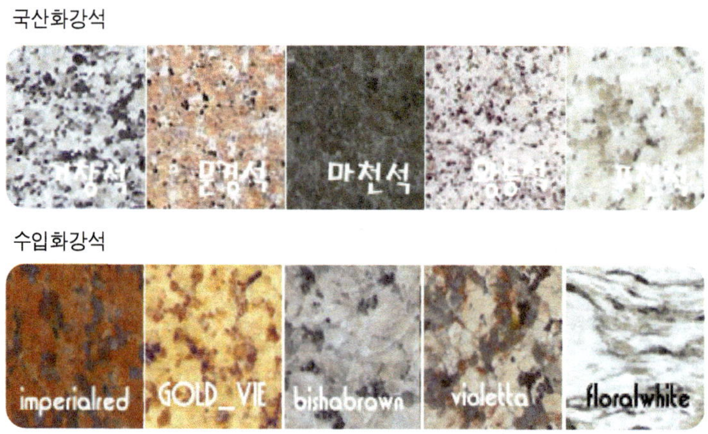

그림 8.74 국산화강석과 수입화강석

그림 8.75
① 석산 방문 석질 확인

그림 8.76
② 석재공장 가공작업 확인

그림 8.77
③ 가공석재 현장 반입 및 검수

(4) 가공준비 및 석재검수 과정

1) 가공준비 : 돌 나누기도 및 현척도(현치도) 작성
2) 석재검수 과정

(5) 가공 및 표면마감

1) 혹두기 - 쇠메로 큰 요철 없애는 거친면 마무리
2) 정다듬 - 정으로 쪼아 평평하게 마감
3) 도두락 마감 - 도두락 망치로 다듬는 과정
4) 잔다듬 - 날망치로 다듬어 마감
5) 물갈기(Polished) 표면에 철사, 금강사로 물을 주면서 갈고 광택 마감

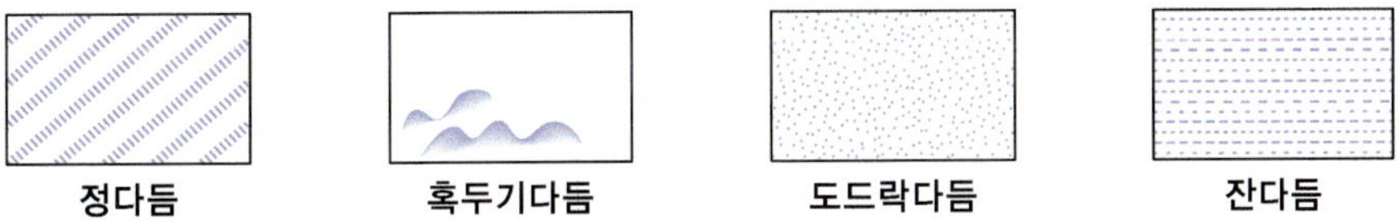

그림 8.78 석재표면 가공형태

6) 버너 마감(Flamed)
- 돌표면에 원을 그리면서 화염을 가해 구어냄
- 표면박락에 따라 요철면이 나타남
- 열가열에 따른 강도 및 변형문제 고려

그림 8.79 버너마감(Flamed)

4.2 석재 설치공법(습식 · 건식 · GPC 공법)

4.2.1 개 요

소득 수준의 향상으로 건축물의 내외장 마감재로서 석재 사용이 최근 급증하고 있으며, 건축공사의 고층화, 대형화, 시공속도의 가속화에 따라 기존 석재 마감공법에 여러 문제점이 발생되고 있음

그림 8.80 외벽 석재 부착전 바탕 작업 전경

그림 8.81 외장 석재 하부에서 상부로 부착 중인 전경

4.2.2 설치공법 분류

- 습식공법
  - 전체 모르타르 주입방법
  - 부분 모르타르 주입방법
  - 절충공법
- 건식공법
  - 앵커 긴결(Conventional System) 공법
  - 강재 트러스(Paneling System)지지 공법
  - 기타
    - 층별 설치 공법
    - 강재틀 지지 공법
    - C형강 이용 조립식 긴결 공법
    - 수직형 철판부재 조립식 공법
    - 지지 앵커 조립 공법
- GPC(Granite veneer Precast Concrete) 공법

4.2.3 공법 세부사항

(1) 습식공법(Wet Support System)

1) 특징

- 가장 오래된 공법으로 예전부터 시행해온 경험이 많은 공법
- 석재의 고정방법은 긴결철물과 뒷면 모르타르로 구조체와 일체화
- 장점 : 시공에 따라 신뢰성 높다
- 단점
  - 부실시공으로 빗물 침투하여 백화, 줄눈 균열(Crack)의 원인

그림 8.82 중국 상해 국제회의센터 석공사 진수

▶ *저자가 서 있는 바닥 원형 석재 부분이 중국 최고 중심의 자리(세계 최고의 방음 및 공명기술의 극치를 이 자리에서 체감할 수 있었다.)*

그림 8.83 석재 현장 가공 전경

그림 8.84 석재 바닥 습식공법 부착 전경

– 구조체의 균열 변형 그대로 전달되어 석재판 균열(Crack) 발생

2) 사용재료

- 사춤 모르타르 배합 : 1 : 3 또는 1 : 2
- 연결철물 : 촉(Stainless Steel, 구리), 고정(황, 납, 모르타르 등)
- 줄눈 : 1:1~1 : 2 모르타르 수밀처리

3) 시공상 요점

- 앵커 볼트 매입, 긴결철물으로 SUS D3m/m, 상하촉 사용
- 뒷면 공간 치수는 30~50 m/m 공간 확보
- 모체의 거동(Behavior) 응력으로 벽돌, Block조에는 시공 불가
- 모르타르 충전, 외벽은 침입수, 결로(Condensation) 대비

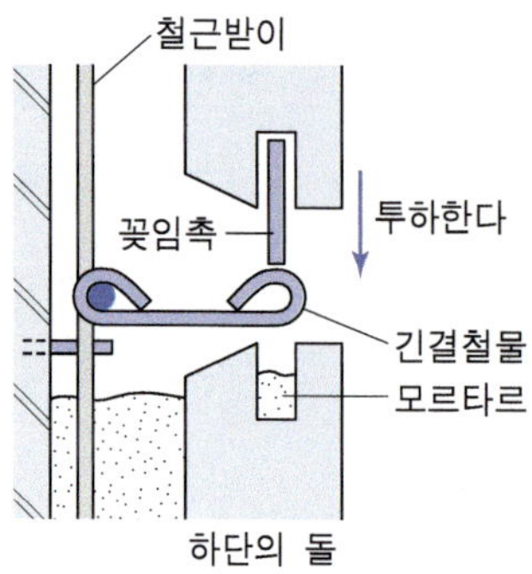

그림 8.85 ① 습식설치 과정

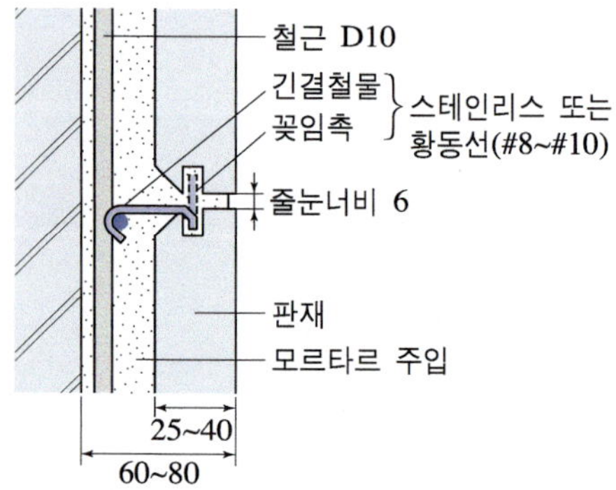

그림 8.86 ② 습식공법 완성

- 하단석 경화 후 상단석 설치(하부에서 상부로 붙여 올라감)
- 줄눈 설치에는 백업(Back up)재 매입, 줄눈폭(통상 6~9 m/m), 신축줄눈 설치 필요

4) 문제점

- 구체의 거동응력 직접 전달
  - 지지내력 계산 난이, 구체 + 긴결철물 + 모르타르 의존
  - 콘크리트와 모르타르 건조수축 다름
- 사춤 모르타르
  - 목적 : 우수, 동해, 녹, 이동 방지
  - 부착력 기대 어렵고, 부실시(충전 확인 안됨) 결로, 백화, 석재 얼룩(오염) 등
- 부정확한 시공, 습식의 단점으로 공기 등 지연
- 양의 대소 차이는 있으나 전반적으로 하자가 발생하고 있음

(2) 건식공법(Dry Support System)

1) 정의 : 석재(Pre-fab Panel)를 파스너(Fastener : 긴결철물)를 매체로 하여 구조체에 직접 설치하는 공법의 총칭

2) 공법의 특징

- 패널 개개의 자중을 파스너가 지지 : 하부 고정 파스너(자중), 상부 Sliding(응력, 지진력)
- 파스너(고정철물) : 성능 재료 교려
- 구조체와 판재가 일체가 아니므로 구조체, 변형과 영향 없음
- 빗물 침투시 뒷면으로 배수 가능

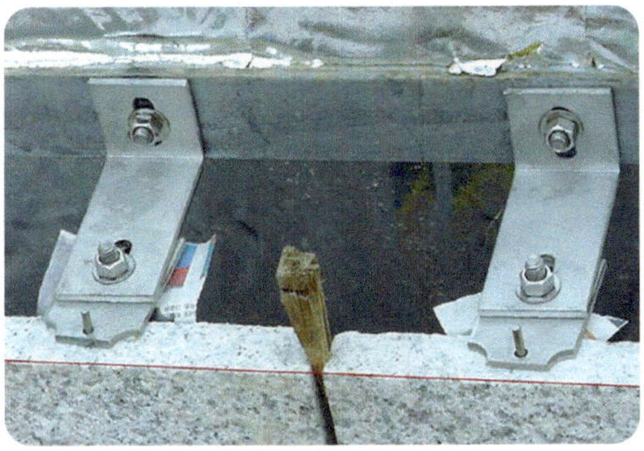

그림 8.87 건식공법과 파스너 설치 모습

그림 8.88 석재와 파스너 고정용 에폭시 접착제

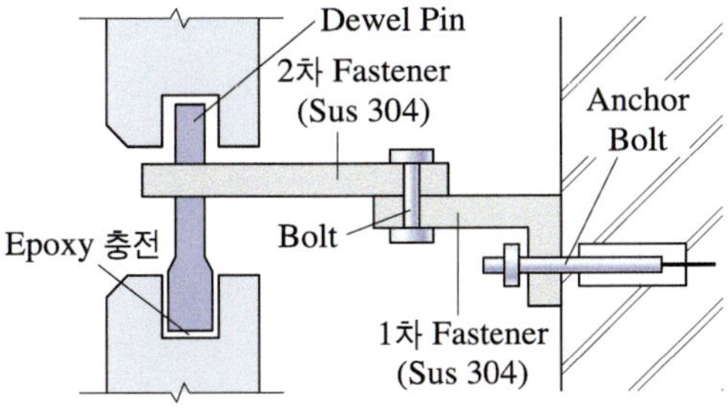

그림 8.89 건식공법(앵커 긴결 공법)

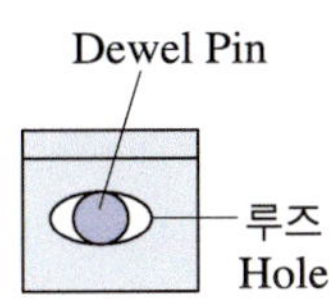

그림 8.90 파스너 평면

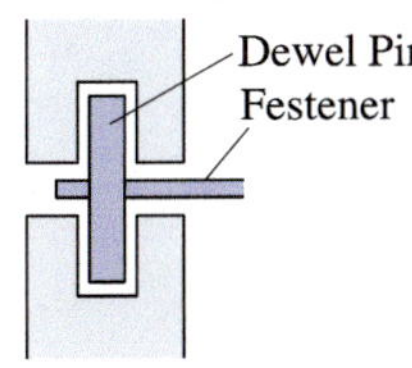

그림 8.91 파스너 설치

- 시공오차, 부재오차 흡수
- 부분 모르타르 주입공법(파스너 설치)
- 듀월핀(Dowel Hole)의 가공정도와 관리로서 Hole 내부청소 및 석재단면에 균열(Crack) 발생 검토

3) 시공상 요점

- 석종의 특성 확인과 석재, 파스너의 강도 계산 필요
- 구체공사, 앵커 매입의 정확도 유지
- 개체 취설 방법 : 4점 2법(4占 2法)
- 볼트, 너트 및 용접 연결
- 오픈 조인트(Open Joint), 치장줄눈에는 탄성 실란트 충전, 상하단의 통기 및 위프 홀(Weep Hole) 설치
- 듀월핀(Dowel Hole) 가공 정도 중요하며 촉(Dowel) 주위 석재 강도 확보
- 각 단계별 취설 중간검사 실시

그림 8.92 특허로 신청된 파스너(Fastener)

▶ *이 파스너로 시공된 석재는 자유로운 보수(탈락·재붙임)가 가능한 획기적인 자재임*

4) 문제점

- 고층 외벽 : 구조계산, 시공 등 정확성 요구
- 석판의 크기 제약 : 석종, 두께, 크기(Size), 제성질 고려
- Fastener(긴결철물)의 정도와 품질 확보 : SUS 303 이상의 재질
  - 판재별 개별 지지 : 상부하중 하부에 전달금지
  - 단순 긴결철물(Fastener)에 전부 의지
- 석재 뒷면 공간이 있어 충격에 약하고 습식 대비 공사비의 증가

(3) 공법 세부사항

1) 앵커 긴결 공법(Conventional System)

① 정의 : 건물 벽체에 단위재를 독립적인 긴결방식으로 설치해 나가는 공법으로 단위재와 바탕 구조체를 각종 앵커(Anchor)류로 긴결하는 공법

② 특징 : 지지철물을 이용하여 구조체에 지지시킴

③ 장점

- 모르타르 사용하지 않음, 동계공사 가능, 공기단축, 단열효과, 결로방지(뒷면 공간 확보)
- 단위재 지지공법 : 상부하중이 하부로 전달되지 않음

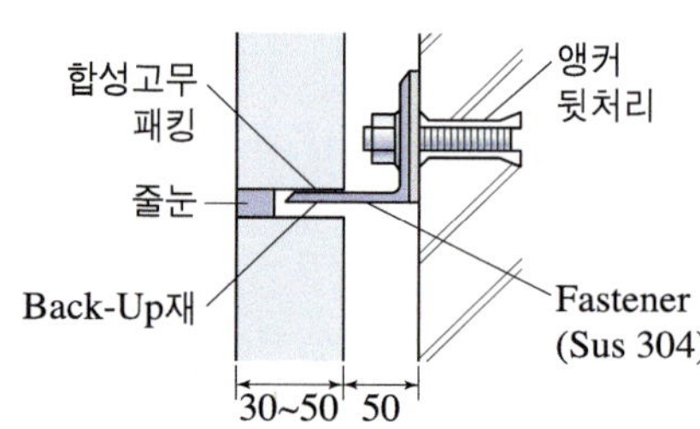

그림 8.93 앵커(Anchor) 공법

그림 8.94 철재 프레임 위 파스너 고정 모습

그림 8.95 철재 프레임 위 석재판 고정 모습

④ 단점

- 판재 두께 제한(보통 30 mm 이상), 석재의 종류에 전리나 강도가 없으면 사용할 수 없음
- 구조체 바탕의 표면평활도 유지, 긴결철물의 재질고려(녹발생 우려)

⑤ 건식용 앵커(Anchor)의 특성

- 앵커의 종류 : 철재 앵커(Metal Anchor), 캐미컬 앵커(Chemical Anchor)
- 앵커의 지지 부착력 : 마찰력, 걸림벽, 마찰력 + 걸림벽에 의한 지지
- 캐미컬 앵커(Chemical Anchor)
  - 정의 : Chemical Anchor는 일반 메탈 앵커와는 달리 모재와 볼트 사이를 특수한 강력 화학제로 접착시켜 부착력을 얻는 방법
  - 특징 : 볼트 절단(Cutting) 각도는 45도가 확실, 철근사용 가능, 단가 문제, 열에 약함

2) 강제 트러스 지지공법(Paneling System)

① 정의 : 미리 조립된 트러스에 여러매의 석재를 지상에서 짜 맞춘 후 이를 현장에서 조립식으로 설치해 나가는 공법

② 장점

- 지상작업으로 조립화 시공접합, 기계화 설치
- 건식공법 : 동절기 작업 가능, 품질관리 용이
- 패널 크기(9~14 m, 1.5~1.8 m)가 크므로 균질한 외관 시공속도가 빠름
- 석재 지지 철물이 알루미늄제 연결철물 볼트와 연결 철물을 확실히 긴결시킴

③ 단점

- 설치용 장비(Tower Crane) 필요
- 강제 트러스(Metal Truss) 사이에 설치되는 창문틀의 하중도 트러스 부분이 받게 되므로 면밀한 검토 필요
- 화강석과 화강석 사이 줄눈설계, 강제 트러스 상호간의 줄눈설계에 대한 체계화 미흡으로 향후 연구가 필요

3) GPC 공법(Granite veneer Precast Concrete)

① 정의 : 커튼 월 공법의 일종으로 PC의 표면에 석재 (마감재)를 붙여 제작하고 운반하여 현장에서 취설하는 공법

② 특징

- PC재와 석재의 일체화
- 공장 생산 PC재와 의장 구조면, 기능면에서 석재와 합한 것

③ 정착 철물

- 종류 : 시어 커넥터(전단 연결철물), 기타 정착(꺽쇠, 수염 방식)
- 배치 및 수량 : 각 변당 2개, 층당 8개 통상이며 내부 시어 커넥터를 분담
- 파스너(Fastener) : 구조적으로 가장 필요, 단열 고려
- 석재 표면처리 : 대부분 부착력 증가, 백화 방지(방수)를 위해 에폭시 또는 수지계 도포 위 규사를 산포함

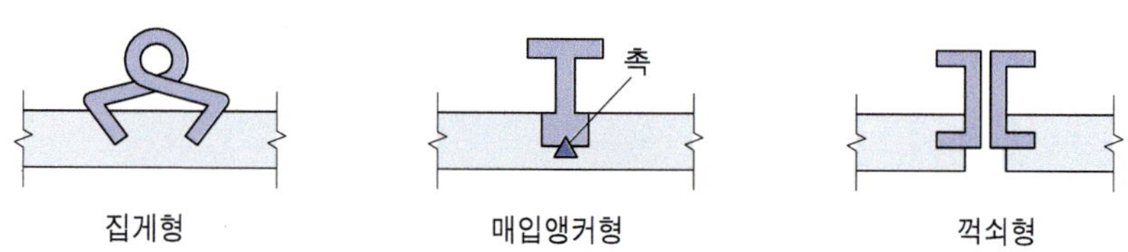

그림 8.96 정착 철물의 종류

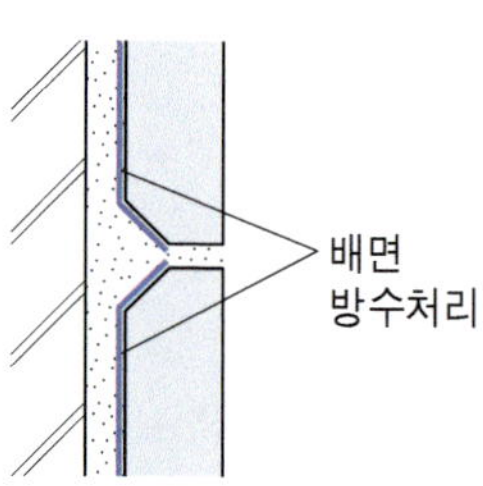

그림 8.97 석재 배면 방수처리

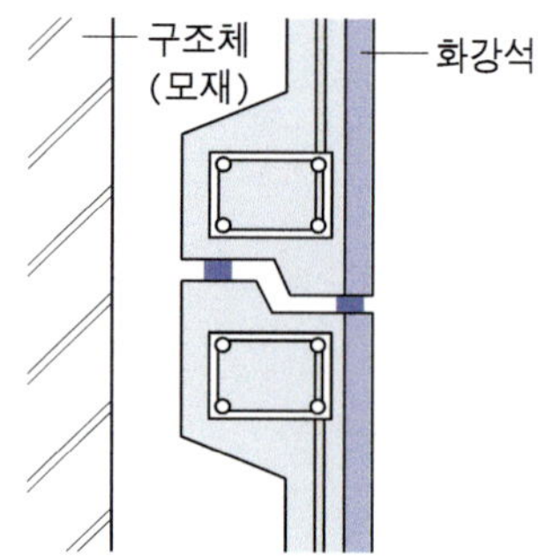

그림 8.98 GPC

• 줄눈 : 오픈 실란트(Open Sealant)재

• 설치방식 : 수평이동, 회전방식

④ 생산과정

• 석재선택, 가공

• 연결철물 설치

• 석재 배면 방수처리

• 형틀 조립 및 석재판 설치

• 매입철물

⑤ 운반 및 현장 설치

그림 8.99
① 현장 운반 전경

그림 8.100
② 현장 양중 전경

그림 8.101
③ 현장 설치 전경

c·h·a·p·t·e·r·0·9·FUNCTION WORK

9장

기능 공사 | Function Work

1 방수 공사

1.1 방수 공사 일반

1.1.1 일반사항

(1) 정 의

각종 방수재료를 써서 외벽, 지붕, 실내, 지하실 등에 우수 등의 물을 배제 또는 막는 일

그림 9.1 우수 발생 원리 개념도

(2) 물의 침입조건과 방수대응

침입조건	방수대응
물(Water)	• 처마, 물끊기
간극(틈 : Gap)	• 실링(Sealing) 방수 • 멘브레인(Membrane) 방수 • 주입방수공법
물의 유동성 (Energy)	• 오픈 조인트(Open Jont) • 이중벽(Cavity Wall)

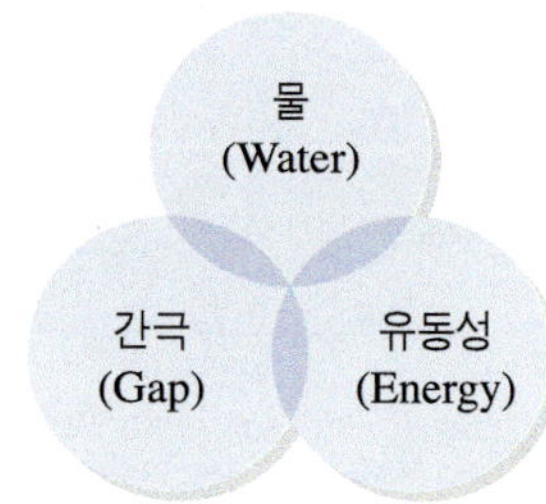

그림 9.2 누수의 3요소

1.1.2 재 료

(1) 종 류

- 1) 시멘트 모르타르 방수
  - 무기질계
    - 염화칼슘
    - 규산소다
    - 규산질 분말
  - 유기질계
    - Asp 에멀션
    - 수지 에멀션
    - 고무 라텍스
- 2) 아스팔트(Asphalt) 방수
  - 아스팔트(Asp)계
    - 1종 : 스트레이트(Straight Asp)
    - 2종 : 브라운(Blown) Asp
    - 3종 : 아스팔트 컴파운드 (Asp Compound)
    - 4종 : 특수 컴파운드(Compound)
  - 루핑(Roofing)계
    - 아스팔트 펠트(Asp Felt)
    - 아스팔트 루핑(Asp Roofing)
    - 스트레치 루핑(Stretch Roofing)
  - 프라이머(Primer)계 – 바탕면 도포, 접착, 공극 충전
- 3) 시트(Sheet) 방수
  - 합성고무계
    - 가황 고무계
    - 비가황 고무계
  - 합성수지계
    - 염화비닐 수지계
    - 폴리에틸렌(PE) 수지계
  - 아스팔트 시트(Asphalt Sheet)계

그림 9.3 아스팔트 방수도포 작업

그림 9.4 아스팔트 루핑재

4) 도막 방수
- 합성고무계
  - 네오프렌 고무
  - 클로로프렌
  - 아크릴 고무계
- 합성수지계
  - 에폭시(Epoxy)
  - 폴리우레탄(Poly Urethane)
  - 에멀션

5) 침투성 방수
- 침투성 방수제
  - 제물치장 콘크리트용
  - 석조재용 : 대리석, 테라조
- 침투형 흡수방수제
  - 톱 코트(Top-Coat)용
  - 프라이머(Primer)용

(2) 구비 조건

1) 성능 : 내(耐)
- 후(候) : 기후의 변화에 대응하는 재료일 것
- 수(水) : 물에 노출되었을 때 변화가 적을 것
- 유(柔) : 재료 자체의 부드러움을 유지할 것
- 알칼리(Alkali) : 알카리 성질에 강할 것
- 마모(Tight) : 마모되지 않는 재질일 것

(3) 바탕의 거동응력(Behavior Stress)에 대응

1) 신장(Extension)능력

2) 접착성(Adhesion)

3) 경제성(Cost)

4) 시공성(Constructivility)

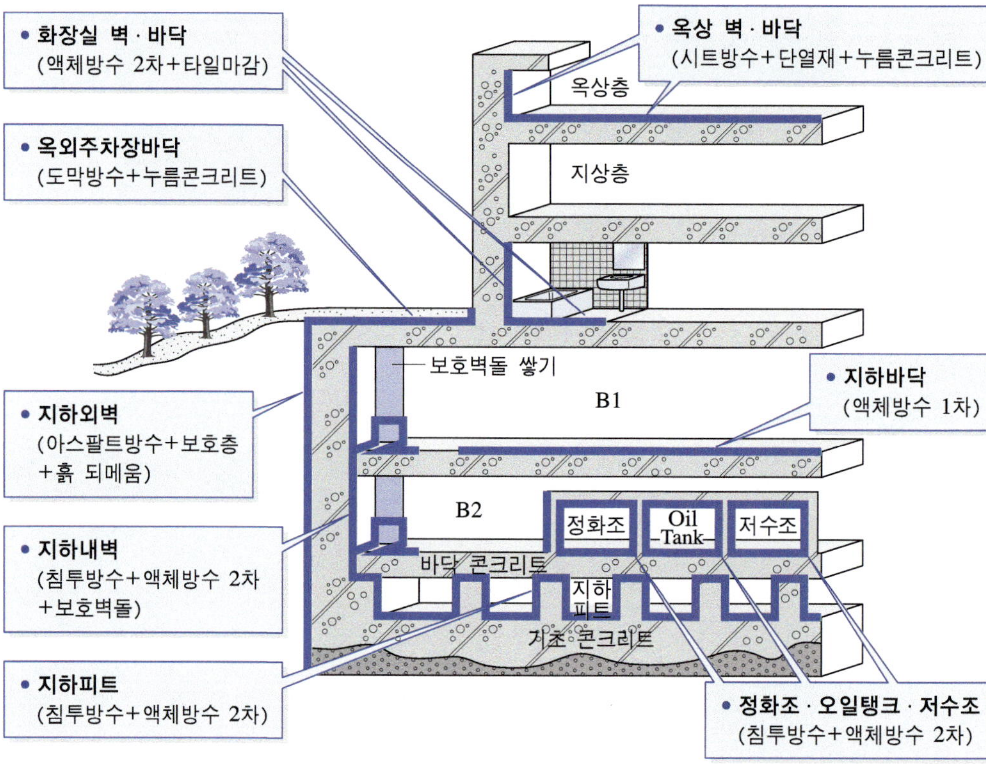

그림 9.5 부위별 방수적용 개념도

그림 9.6 내부 타르 우레탄 방수시공 전경

그림 9.7 우레탄 방수 위 PE 깔기

1.1.3 공법 분류

(1) 시공 개소별

외벽, 지붕, 실내, 지하실 방수

(2) 재료 및 공법별

1) 시멘트 모르타르(액체) 방수
2) 멘브레인(Membrane) 방수(피막)
   - 아스팔트(Asphalt) 방수
   - 합성 고분자 방수
     - 시트(Sheet) 방수
     - 도막 방수
3) 침투성 방수(Penetration Proofing)
4) 구체 방수(Stem Proofing)
5) 줄눈(Sealing) 방수
6) 기타
   - 방습(Damp Proofing) 공법
   - 단열 방수(Insulation Proofing)
   - 토치 방수(Torch Proofing)
   - 벤토나이트(Bentonite) 방수
   - 발수제(Water Repellent) 방수
   - 지수판(Water Stop), 그라우팅(Grouting), 플래싱(Flashing) 등

1.1.4 현 상

1) 다양한 방수법과 방수재
2) 건축물 결함의 대부분을 차지하며 치명적인 손상
3) 보수 비용(Repair Cost)
   - 정밀한 시공
   - 내구연한이 긴 재료 선택
4) 신뢰성(Reliability) 순서
   - 아스팔트 방수 〉합성고무 시트 〉시트 방수 〉도막 방수

1.2 공법 세부사항

1.2.1 지하실 방수공법

(1) 개 요

1) 지하 방수 목적 : 건물 외부의 지하수가 외벽 및 바닥 슬래브를 통해 건물 내부로 침투하는 것 방지

2) 시공 위치에 따른 분류

- 외부(외벽) 방수 : 아스팔트 방수
- 내부 방수 : 시멘트 모르타르 방수(액체 방수), 침투성 방수
- 구체 방수(Stem Proofing) : 구조체 콘크리트 자체에 방수액을 투입하여 타설

(2) 방수설계시 검토사항

1) 수로 및 지하수의 확인

2) 방수공사와 구체 공사와 관련

3) 기초부분의 방어 용도 및 마감작업과의 관계

4) 결로, 보수에 대한 검토

그림 9.8 지하 외벽 방수 공사 전경

(3) 공법의 비교

구 분	안쪽 방수 공법	바깥쪽 방수 공법
수 압	수압처리 곤란	간단히 처리가능
시 공 성	시공 쉬움	시공이 상당히 어려움

구 분	안쪽 방수 공법	바깥쪽 방수 공법
적용대상	수압이 작고 얕은 지하실	수압이 크고 깊은 지하실
방수방법	시멘트 방수	아스팔트 방수
시공시기	구체 완료 후 언제든 가능	되메우기 전까지 반드시 시공
공 사 비	저 렴	공사비 증대
하자보수	쉬 움	거의 불가능

1.2.2 시멘트 액체방수공법

(1) 개 요

1) 시멘트, 모래, 방수제를 혼입해 사용하고 모체(바탕재)에 영향이 큼
2) 시멘트 방수와 모르타르 방수가 있고, 수경성이므로 영구적이지 못함

(2) 바탕처리

1) 레이턴스(Laitance) 제거
2) 바탕 파취, 청소 및 물 씻기
3) 이음 균열 부위 V 커팅 후 건조 → 실링재 2/3 충전 → 방수 모르타르 충전
4) 거칠게 방수 모르타르 시공
5) 물흘림 경사 1/100~1/200 배수구쪽으로 기울기

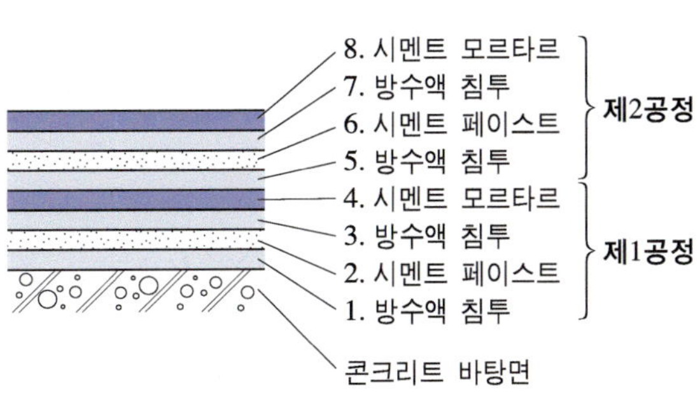

그림 9.9 시멘트 액체방수 공정

그림 9.10 액체방수 완료 후 전경

그림 9.11 액체방수 후 담수시험

(3) 시공법

1) 방수 원액을 5~10배로 희석하여 1~3회 도포
2) 시멘트 페이스트 바르기
3) 경화 후 방수 원액 침투
4) 시멘트 모르타르 평활시공

(4) 신축 줄눈(Joint)

1) 줄눈간격(3~4 m), 폭(줄눈)(12~20 m/m)
2) 2/3 실링재 시공, 잔여 코킹(Caulking)재 채움
   - 실링(Sealing) : 경화 후 고무 탄성체로 됨
   - 코킹(Caulking) : 경화 후 유성 코킹과 같이 고무 탄성체화 되지 않는 것

(5) 보양(Curing)

1) 거적이나 시트를 덮어 급격한 건조방지
2) 동해, 동결(Freezing)을 피하고 충격을 주지 않도록 함

1.2.3 도막방수공법

(1) 개 요

1) 도막방수는 고분자계 방수공법의 일종으로 방수바탕에 합성고무나 합성수지의 용제 또는 유제를 도포하여 소요두께의 방수피복 형성
2) 바탕면에 대한 접착피막의 연속성형, 피막두께 균일한 것 등이 방수효과 좌우

(2) 재 료

1) 재료의 구비요건

- 내후, 내수, 내알칼리, 내유, 내마모, 난연성 등 구비
- 바탕의 신축에 대응할 수 있는 신장능력, 접착성, 경비

2) 재료의 구분

- 용제형 : 합성고무를 주제로 한 네오플렌 고무계
- 반응형 : 주제와 경화제가 따로 용액으로 있어서 사용시 혼합 반응시킨다.

(3) 시 공

1) 바탕면 : 쇠흙손 평활, 균열 등 보수 완전 건조

2) 도막재에 적당한 프라이머(Primer) 도포

3) 프라이머 건조 후 접착 Pin Hole에 주의 → 수회 도포(0.5~1.2mm)

4) 도막 경화 후 도막재에 맞는 정벌 바름 재료 도포

5) 방수 두께 확보에 유의

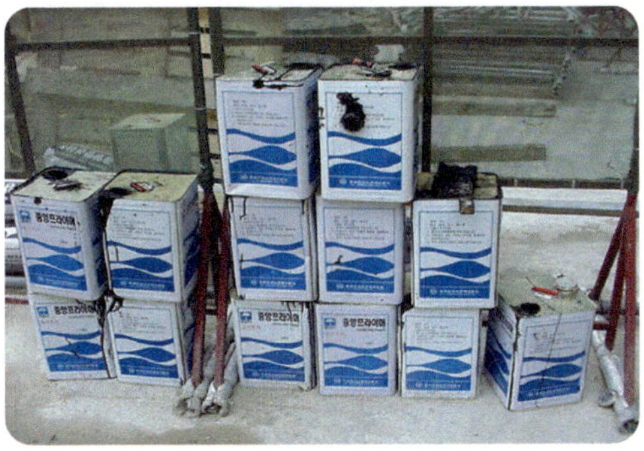

그림 9.12 바탕용 프라이머 자재 확인

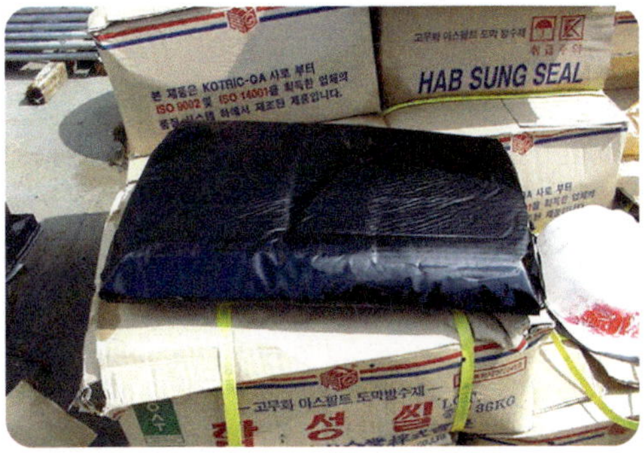

그림 9.13 접착용 아스팔트 자재 확인

그림 9.14 현장 아스팔트 끓임 작업 전경

그림 9.15 아스팔트 끓임 온도(200℃ 이하) 확인

(4) 보호층

1) 사람이 통행하지 않을 때는 필요 없음

2) 보행 지붕의 경우 보호 모르타르 혹은 누름 콘크리트 시공

(5) 시공상 주의사항

1) 용제형의 경우

- 바탕을 충분히 건조시키기 위한 화기와 환기에 주의

2) 에멀션형(반응형)

- 핀 홀(Pin Hole) 발생 주의
- 강우에 대한 보양과 동절기에는 동결에 유의

그림 9.16 ① 바탕 고르기 작업(파취 등)

그림 9.17 ② 프라이머칠 위 아스팔트 도포

그림 9.18 ③ 부직포 깔기 작업

그림 9.19 ④ 부직포 위 아스팔트 도포

그림 9.20 ⑤ 아스팔트 도포 위 폴리에틸렌 필름 깔기

그림 9.21 ⑥ 도막방수 완료 전경

그림 9.22 ⑦ 방수 완료 후 담수 전경

그림 9.23 ⑧ 누수 여부 확인 후 보호 모르타르 타설 완료 전경

그림 9.24 ⑨ 바닥 누름 콘크리트 타설 전 전경
▶ *와이어 매시 깔기 → 콘크리트 타설*

그림 9.25 ⑩ 벽체 도막 방수 두께 확인
▶ *함께 방수 두께(3mm)를 확인하고 있는 저자(좌측)와 직원들*

(6) 경험을 통한 하자사항

1) 바탕재 균열방지 추종성 없음

2) 핀 홀(Pin Hole) 발생(균질 도포로 방지 가능)

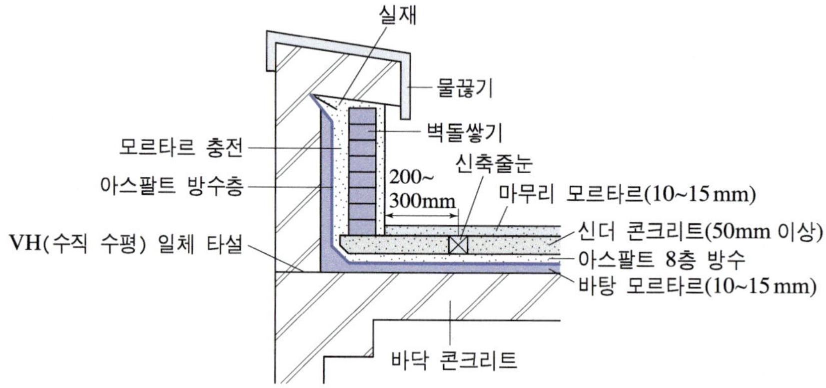

그림 9.26 옥상 아스팔트 방수 단면도

3) 보호층이 없을 때는 낱장 방수 파손될 우려가 있음

4) 물탱크 속 방수시에는 환기 등 신경(최면, 중독, 안전사고 우려)

1.2.4 아스팔트 방수(Asphalt Water Proofing)

(1) 개 요

1) 바탕면에 아스팔트 펠트, 루핑류와 용해한 아스팔트를 여러층으로 겹쳐 방수층을 형성

2) 펠트(Felt), 루핑(Roofing)을 조합하는 맴브레인 방수의 일종

(2) 바탕처리

1) 바탕 보수 청소, 평탄

2) 물흘림 경사, 코너면 잡기

3) 모르타르 경화 후 시공

4) 루프 드레인(Roof Drain) 매입시 배수를 위해 낮게 설치

(3) 방수층

1) 경화점 : 140~200℃

2) 아스팔트 8층(3겹) 방수 순서

- 1층 : 아스팔트 프라이머
- 2층 : 아스팔트
- 3층 : 아스팔트 펠트
- 4층 : 아스팔트

→ 1겹

- 5층 : 아스팔트 루핑
- 6층 : 아스팔트

→ 2겹

- 7층 : 아스팔트 루핑
- 8층 : 아스팔트

→ 3겹

(4) 방수층 누름

1) 누름의 종류(재료적)
- 모르타르 누름
- 콘크리트 혹은 경량 콘크리트
- 보도 블록, 자갈깔기

2) 자갈깔기시 주의사항
- 최후 아스팔트는 두껍게 시공
- 15~20 m/m 자갈 세정 아스팔트 도포와 동시 시공 또는 자갈을 가열해 누름

3) 수직부
- 방수층 보호 벽돌 0.5B 쌓기
- 방수 모르타르 바르기

그림 9.27 아스팔트 프라이머 도포 전경

그림 9.28 아스팔트 방수 루핑이 시공된 전경

(5) 신축줄눈(Expansion Joint)

1) 마무리면 팽창, 수축에 의한 균열 방지 목적

2) 2~4 m 간격으로 설치

3) 충전제
- 아스팔트 콤파운드
- Caulking재 또는 모래(Sand) 충전

그림 9.29 옥상 방수 후 신축줄눈 설치 전경

▶ *방수 누름콘크리트 타설 전 신축줄눈과 단열재 위에 와이어 매쉬가 설치된 모습*

(6) 시공시 주의사항

1) 시공과정 신장 주지 말 것

2) 기포, 공극 남지 않도록 시공시 방수면 손상 주의

3) 용융 아스팔트 취급

• 온도에 민감하므로 수작업으로 균일한 도포

4) 끓임용 용기 속에 고압온도계 설치(온도 200℃ 이하)

(7) 옥상 아스팔트 방수 하자 사례

1) 현상

• 시공 완료 후 바탕재와의 들뜸으로 인한 하자 발생

• 하절기 방수층 부풀음(배부름) 현상 초래

2) 대책

• 하절기 장시간 태양열 노출 금지

• 옥상 담수시험 후 짧은 시간안에 보호층 타설

1.2.5 시트(Sheet) 방수공법

(1) 개 요

1) 최근 액체 방수의 신뢰성 저하로 기피현상과 함께 낱장 방수(Membraine) 재료의 급속한 발전으로 사용 증가

2) 고분자재료로 만든 0.8~3.0mm의 시트를 접착제로 붙여 방수층을 형성 하는 공법

(2) 공법의 특징

1) 고분자 시트의 신장성, 내후성 우수

2) 복잡한 장소에도 사용이 용이한 1층 낱장 붙이기 공법

3) 바탕과 시트 사이의 접착 불완전에 따른 균열 박리가 생김

4) 시트의 두께가 얇은데 따른 파손 우려

5) 가격 고가(Cost Up)

그림 9.30 시트 방수 시작 전 프라이머 도포 완료

(3) 시 공

1) 바탕면

• 요철, 돌기가 없도록 쇠흙손마무리하고 충분히 건조

• 접착제와 동일한 것을 용제로 녹여 사용

그림 9.31 시트 방수 시공 전경

그림 9.32 시트 방수 완료 후 비닐(PE) 깔기

그림 9.33 방수 완료 후 누름 콘크리트 타설 전

그림 9.34 시트 방수 후 누름 콘크리트 타설 전경

2) 청소 후 프라이머(Primer) 도포

3) 접착제로 시트를 정착(접착)

4) 접착방법
- 전면 접착 붙이기
- 점 붙이기(떼어 붙이기)

5) 보호층
- 콘크리트 또는 모르타르로 보호층 형성
- 노출일 경우 내후성이 큰 하이페롤계 도포를 칠함

(4) 시공시 주의사항

1) 시공과정에서 신장을 주지 말 것

2) 기포, 공극이 남지 않도록 한쪽에서 눌러가며 시공

3) 한장(낱장) 방수층이므로 시공시 손상주의

4) 용제형 접착제 사용이므로 최면, 중독주의

1.2.6 방습공법(Damp Proofing)

(1) 개 요

1) 건축물 방습(Damp Proofing) 목적
- 단열재의 성능저하 방지
- 흡습 · 흡수에 의한 재료 부식 방지
- 내구성(Durability)을 높여 주기 위함

2) 방습공법은 건물구조, 용도에 따라 서로 다른 시공 방법을 적용함

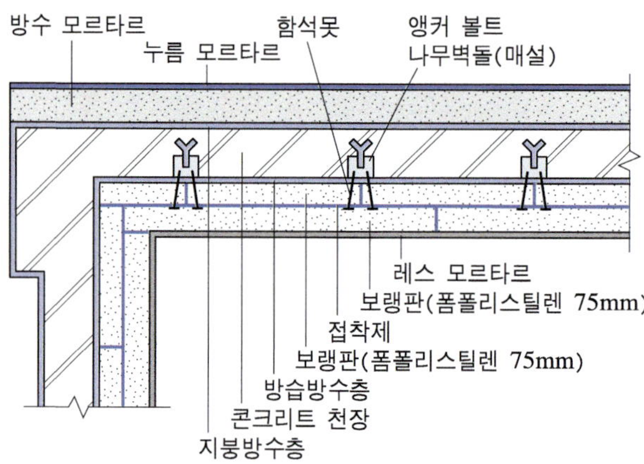

그림 9.35 콘크리트 천장 방습공법의 예

(2) 부위별 방습공법(예 : 냉동고)

1) 지붕(Roof), 천장(Ceiling)
- 벽, 천장 이음에 주의하고 정밀시공
- 수증기압이 높은쪽 설치 원칙

그림 9.36
드레인 주위 방수 처리

2) 벽(Wall)

- 방습층(Damp Proofing) 재료는 지붕과 동일한 것 사용
- 보랭판 설치용 인서트(Insert) 먼저 매입
- 보랭판 보호용 내수합판 설치

3) 바닥(Floor)

- 측벽과 동일 재료를 사용, 이음매 겹침에 주의
- 바닥 보랭재는 내압하중에 견딜 수 있도록 시공

(3) 재 료

1) 방수층

- 아스팔트 루핑(Asphalt Roofing), 알루미늄 박(Foil)
- 투수 저항이 높은 폴리에틸렌 필름(PE Film) 재료 사용

2) 보랭판(폼 폴리스틸렌판)

- 재료 : 폼 폴리스틸렌판, 그라스 울(Glass Wool)재
- 접착제 : 플라스틱 못, 대못 등, 반자틀 형식으로 부착

1.2.7 단열방수(Insulation Proofing)

(1) 단열방수

1) 공법분류

- 하부 설치공법 : 단열층을 방수층 하부에 설치하는 공법
- 상부 설치공법 : 단열층을 방수층 상부에 설치하는 공법
- 재래형 : 단열층 슬래브 하부에 설치

※ 본공법은 반드시 거푸집공사때 단열재를 함께 시공하여 결로를 방지해야 함

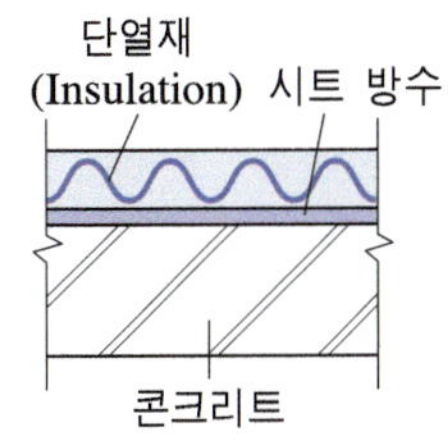

그림 9.37 단열공법 개념

(2) 공법(Sheet)

1) 노출공법

- 가황 및 비가황고무는 밀착붙임
- 염화비닐 수지계는 밀착붙임과 강판을 사용하며 부분적으로 바탕에 고정하는 절연붙임공법

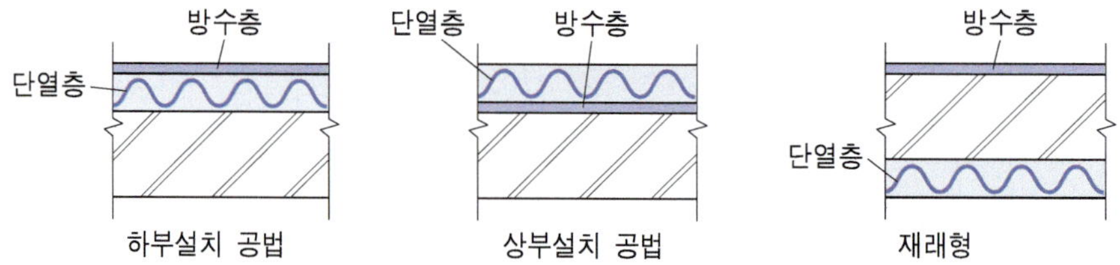

그림 9.38 단열방수공법 분류

2) 보호 누름 : 가황 또는 비가황 고무를 한겹 또는 두겹 붙임

3) 단열공법

- 노화 줄임 : 단열재(Insulation)
- 손상 적음 : 시트(Sheet)
- 열적 안정 : 콘크리트(Concrete)

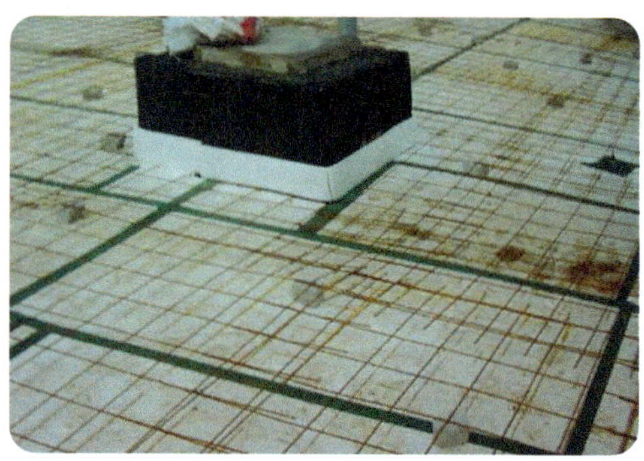

그림 9.39 방수층 상부에 단열재 설치 중인 전경

2 백 화(Effloresence)

2.1 백화 현상의 원인

1) 정의 : 외벽면 공사 완료 후 때때로 흰가루가 돋는 현상으로 주로 외기에 접하는 외벽면에 많이 발생하는 현상

2) 현상

- 온도가 낮을수록, 습도가 높을수록, 장마철, 북쪽 음지에 많이 발생

그림 9.40 콘크리트에서 백화물질이 낙하하는 모습

그림 9.41 백화물질이 바닥에 쌓인 모습

• 탄산소다 또는 황산고토류로서 수분이 시멘트 중의 알칼리성과 결합하여 생기는 것으로 외관을 더럽히고 표면이 벗겨지는 수가 있다(탄산소다, 황산고토+시멘트 중 알칼리성).

2.2 발생하기 쉬운 곳

1) 기온이 낮을 때, 특히 겨울철에 많이 발생
2) 우기 등 습도가 비교적 높을 때
3) 적당한 바람이 불어오는 면, 그늘면, 북쪽면에서 자주 발생됨
4) 시멘트 제품의 재령이 짧을 때

2.3 분 류

1) 1차 백화 : 혼연수 중의 물, 혼연수에서 발생
2) 2차 백화 : 2차수(우수, 지하수, 양생수)에 의해 발생

2.4 방지대책

(1) 공종별 방지대책

1) 벽돌벽
• 줄눈 모르타르를 밀실하게 채움 : 소성온도, 흡수성 작고, 경도가 큰 재료 사용

- 치장 쌓기의 벽돌면 줄눈넣기 조기 실시
- 이어 쌓기의 경우 괴어 있는 물 제거 후 시공

2) 타일면

- 우천시 작업중단 및 보양(Curing)
- 바탕면 물축이기를 과하지 않게 적당히 함
- 줄눈 시공을 빨리해 빗물 침투를 막음

3) 미장면

- 알칼리성이 강한 재료나 해수를 사용하지 않음
- 기후가 나쁠 때는 작업 중단
- 양생 이전에 빗물이 직접 흘러내리거나 들어가지 않도록 시트 등을 잘 덮어 보양
- 구조적으로 채양, 돌림띠 등을 설치해 벽면을 타고 빗물이 흘러내리지 않도록 함

(2) 공통적인 방지대책

1) 벽체에 국부적인 수로를 만들지 않을 것
2) 파라펫(Parpet) 상부, 창대, 차양 등의 상부 방수처리
3) 벽체 균열을 최대한 방지하고 콘크리트 이어치기 철저
4) 창대, 인방의 재료 선택 및 물처리에 유의
5) 줄눈 방수처리 및 타일 붙임공법의 선택 등을 유의하여 설계 시공

2.5 제거 방법

1) 솔, 브러시(Bruch) 등으로 흰 가루분을 제거하고 희석액(물 10% 염산 90%)으로 세척
2) 염산끼 세척 후 건조시킴
3) 침투형 발수제(실리콘 등) 도포

3 결 로(Condensation)

3.1 정 의

1) 온난하고 습한 공기가 그 공기의 노점온도(Dew Point)보다 낮은 온도의 고체 표면에 닿으면 물방울이 발생하는 현상

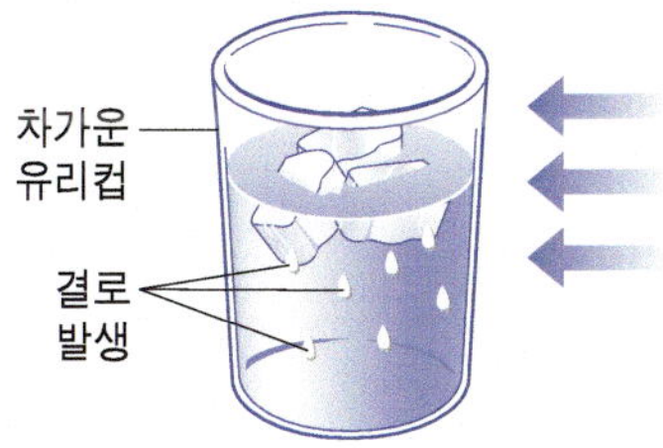

그림 9.42 결로발생원리 개념

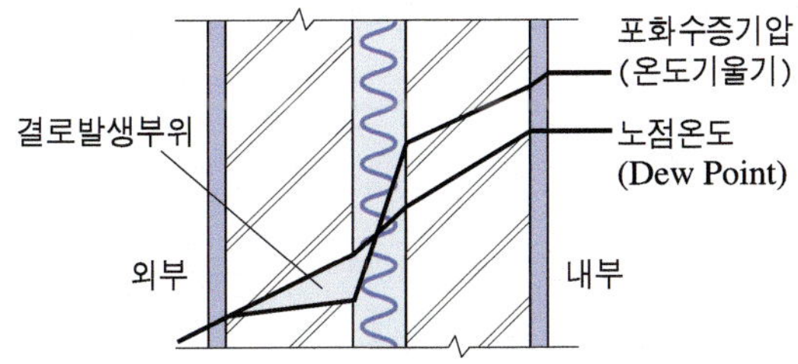

그림 9.43 결로발생 개념도

2) 습한 공기를 냉각시키면 수증기를 더이상 포함할 수 없게 되어 노점(Dew Point)에 달하여 수증기는 물방울이 생성됨

3.2 원 인

1) 내부 상대습도 높고, 온도가 낮을 때 주로 발생
2) 새건물에 습한 공기가 많을 때 발생
3) 부엌, 욕실 등의 실내 수증기가 증가할 때 발생

3.3 결로의 분류

1) 발생 위치별
- 표면 결로(Surface Condensation)
  - 창, 유리 등 저온표면의 접촉이 노점(Dew Point)에 달할 때 생성
  - $Q_d = Q_i - k/a(Q_i - Q_o)$
- 내부 결로(Inner Condensation)
  - 겨울철 벽체 온도기울기가 내부보다 외부가 낮을 때 발생
  - 실내, 공기 노점에 도달하지 않아도 수증기가 벽에서 결로
  - 건물에 심각한 영향을 줌으로 연구 여지가 많은데, 현재 이론적인 정립 자체가 충분하지 않음

2) 발생 시기별
- 겨울형 결로(Winter Condensation)
  - 겨울철 실내의 온기로 인해 생김
  - 외벽에 면한 유리, 벽체 등에 생기는 결로

그림 9.44 표면 결로 현상

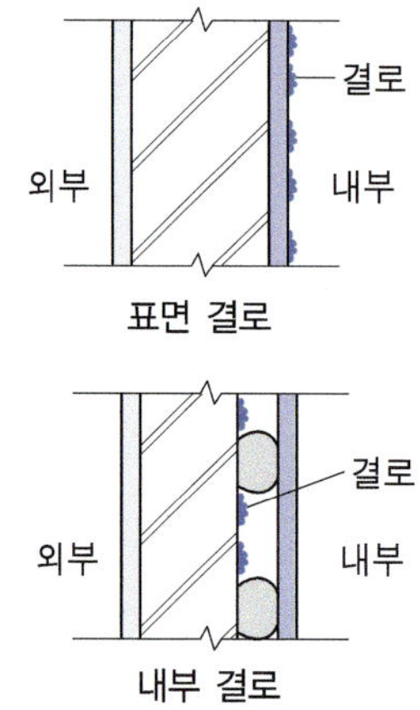

그림 9.45 결로의 종류

- 여름형 결로(Summer Condensation)
  - 여름철 고온 다습한 공기가 많을 때
  - 상대적으로 온도가 낮은 지하실 벽체에 결로(물방울) 발생

3.4 결로 발생이 쉬운 곳

1) 외벽 중 북향벽, 최상층 천장
2) 현관 주위 칸막이벽
3) 철근 콘크리트 건물이 목조보다 많이 발생
4) 외벽에 면하며 환기가 되지 않는 장롱구석, 실내 구석진 곳에 특히 많이 발생
5) 야간 저온시
6) 벽체에 열관류율이 적고 틈사이가 작으며 밀폐된 건물일수록 많이 생김

3.5 결로방지대책

(1) 실내 습기의 방지

1) 건물 전체에 대한 환기를 고려해 천장 통기구 설치 등을 설치
2) 실내 수증기 발생 억제를 위한 난방장치 선택 고려, 취사 후드(Hood) 사용 및 욕실 배기 팬 설치
3) 실내 저온부분이 없도록 공기를 순환하여 구석구석 보온 필요
4) 설계시 보밑의 벽체 온도가 저하되지 않도록 조치

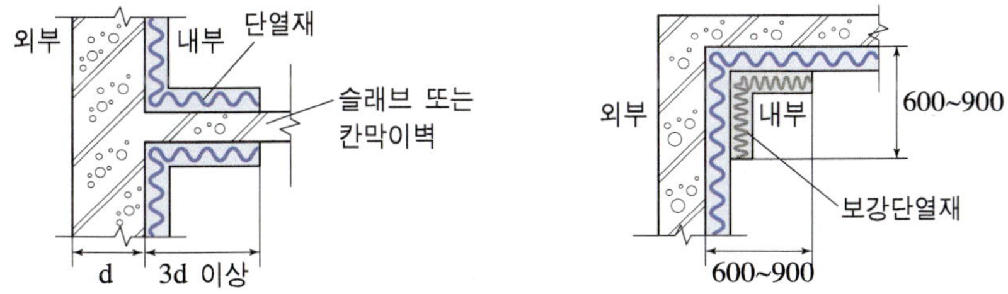

그림 9.46 단열재 설치기준 모식도

(2) 표면결로의 방지

1) 실내벽 온도를 공기의 노점온도(Dew Point)보다 높게 함
2) 실내공기를 환기하여 수증기 함유량을 적게 유지
3) 벽체는 철저한 단열 설계를 하여 열관류 저항을 최대한 크게 고려함

(3) 내부결로의 방지

1) 우선적으로 실내 수증기의 함유량이 적도록 조치함
2) 벽체 내에 내구성 크고, 투수계수 작은 방습층을 만들어 벽체 내 습기 이동 방지
3) 중공층 벽체는 수증기를 외부로 배출함과 동시에 벽의 보온성을 동시에 유지시킴

(4) 열교(Thermal Bridge)방지를 위한 단열재 보강

1) 열교 : 건축물을 구성하는 부위에서 단면의 열관류저항이 국부적으로 작은 부분
2) 단열보강 : 열교부분의 결로방지를 위해 단열성능을 높여주는 것
3) 벽체 온도가 노점온도 이상이 되도록 단열성 설치가 효과 있음

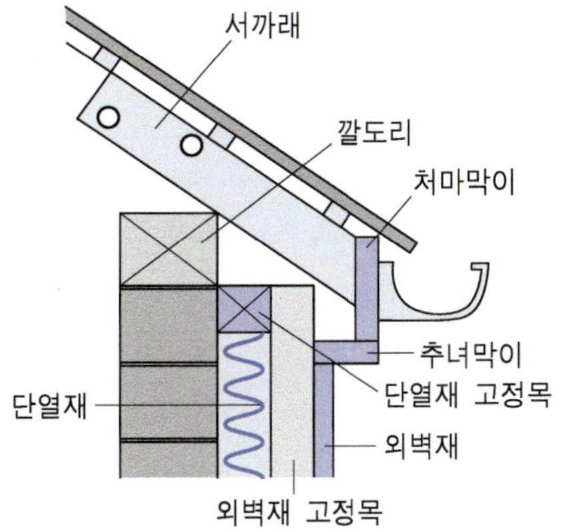

그림 9.47 일반주택 단열재 설치 상세

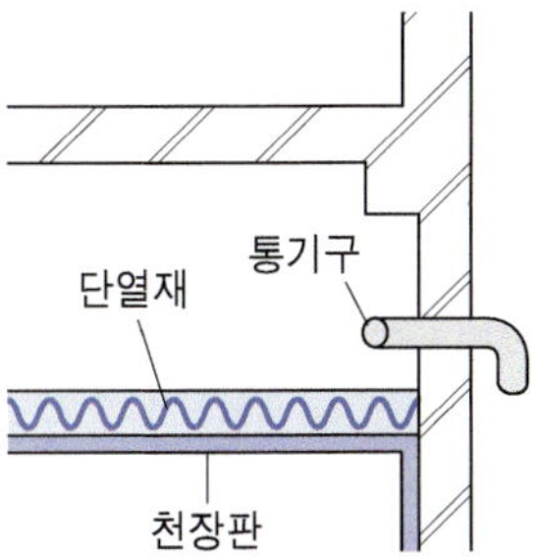

그림 9.48 천장 단열재 및 통기구 설치

그림 9.49 벽체 단열재 설치 전경

그림 9.50 벽체 단열 뿜칠 전경

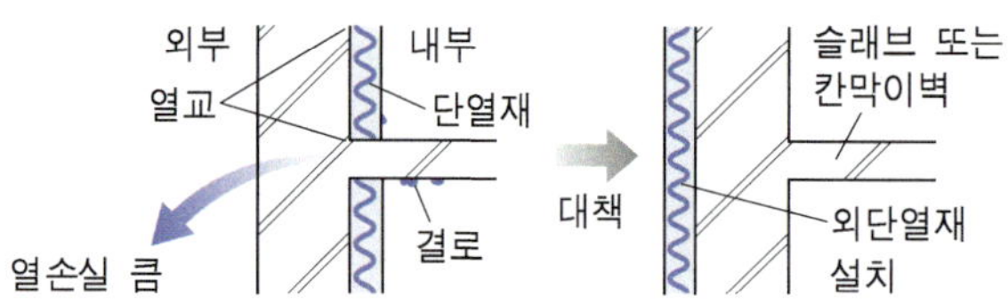

그림 9.51 열교방지를 위한 단열 보강

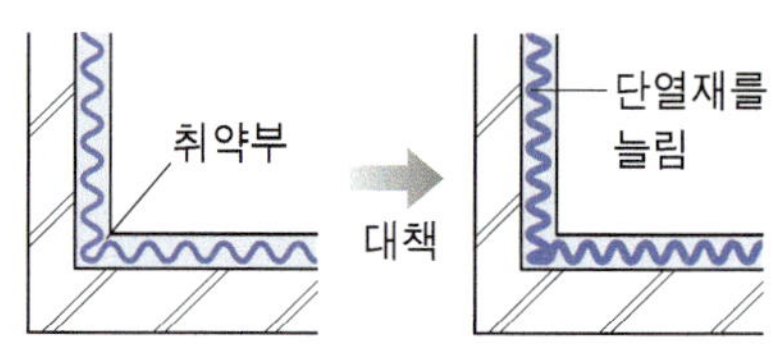

그림 9.52 벽 내부 코너 처리

(5) 벽의 표면 호흡작용에 기대하는 방법

1) 수증기로 인한 결로 방지책으로 최근 호흡작용에 기대하는 방법에 대한 관심 고조
2) 친환경 소재를 사용하여 벽체의 흡수 및 방습화로 처리

(6) 방습(Damp Proofing)공법

1) 습기의 근원 차단이 목적
2) 습기의 침투를 방지하여 벽체 내부의 결로를 방지하기 위함

4 단열(Insulation)공법

4.1 단열 이론

(1) 정 의

단열재는 벽, 지붕(천장), 바닥, 창호 등에 공기 흐름의 차단 및 보온 등을 위해 각 부위에 집어넣는 재료의 총칭

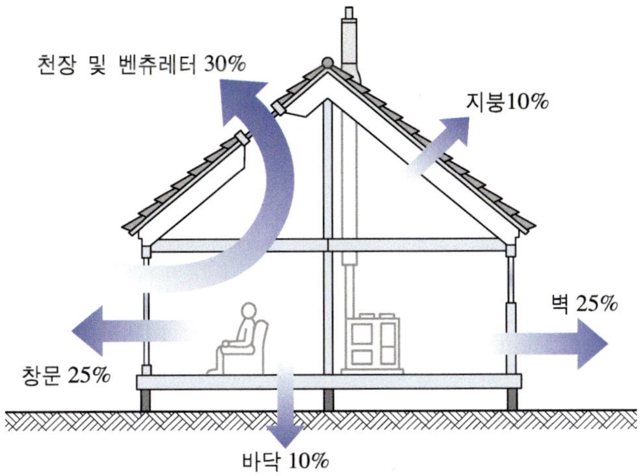

그림 9.53 단열공법 열손실률 개념도

(2) 단열이론

H(열량)=A / D $(t_1 - t_2)$ λ

H : 단위시간 내에 건축재료에 전달되는 열량[kcal/h]
A : 재료의 표면적[m^2]
D : 재료의 두께[m]
t_1, t_2 : 재료의 양면의 표면온도[℃](단, $t_1 > t_2$)
λ : 재료의 특유한 정수 열전도율[kcal/mh℃]

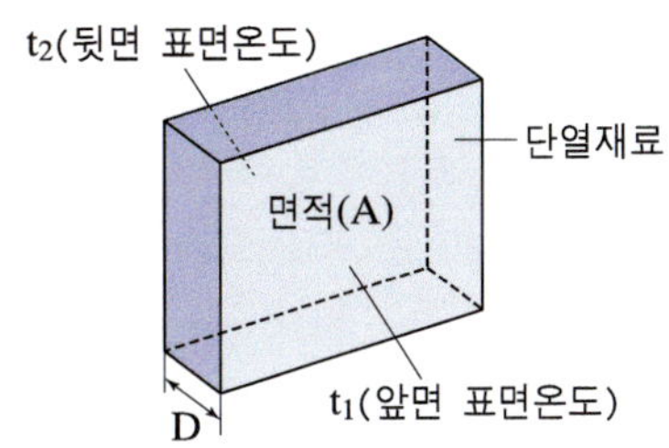

그림 9.54 단열이론

(3) 재료 두께 및 온도차가 동일할 경우

1) 재료의 열전도율이 작은 만큼 전달되는 열량도 작게 됨
2) 단열재는 열전도율값이 작은 재료(λ=0.1 이하)

4.2 단열재 종류 및 구비조건

(1) 종 류

1) 그라스 울(Glass Wool), 록 울(Rock Wool)
2) 폴리 스티로폼(Poly Styrofoam)
3) 경질, 연질 우레탄 폼(Ulathan Form) 등

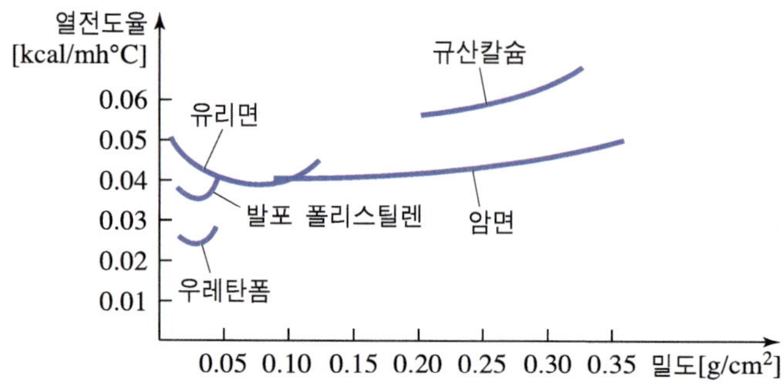

그림 9.55 단열재의 밀도와 열전도율과의 관계

(2) 구비조건

1) 요구되는 열관류율, 가격, 시공성
2) 설치된 위치의 주변조건
3) 기타 : 내구, 방화, 내압강도, 내충격성, 미관 등

4.3 단열목적

1) 냉난방부하를 감소시켜 에너지 절약 가능
2) 냉난방 장치의 가동시간 단축
3) 표면 결로(Surface Condensation) 방지
4) 실내 쾌적한 환경조성과 간접적인 차음(방음)효과

4.4 단열재의 공법 분류

(1) 설치 위치별 구분

1) 내단열
- 단열재를 구조체의 실내측 표면에 설치
- 시공성은 좋으나 시공이 나쁘면 내부결로 가능

2) 중간단열
- 구조체의 내부에 단열재 넣는 것
- 원가가 높으나 내부결로 방지 효과 좋음

3) 외단열
- 구조체의 바깥쪽에 단열재 설치
- 단열효과가 제일 좋으나 시공이 난이

그림 9.56 결로 방지용 천장 아이소핑크

그림 9.57 중간 단열 시공
▶ *재료 사이에 고압으로 우레아 폼을 시공*

4) 구체단열

- 구조체 자체의 단열성 확보
- 열전도율이 작은 재료를 이용한 단열공법

(2) 재료 중심별 구분

1) 성형 단열재 공법

- 탄화코르크, 인슐레이션 보드(Insulation Board)
- 동시 타설가능, 탈락문제, 열교와 냉교 작용

2) 현장 발포성 공법

- 우레아폼, 우레폼
- 발포 콘크리트(슬래브 단열성 향상)

3) 뿜칠(Spray) 단열공법

- 아스베스토스(단열, 방화 성능 우수)
- 복잡한 형상, 단열시공 가능, 암면 스프레이(Spray)

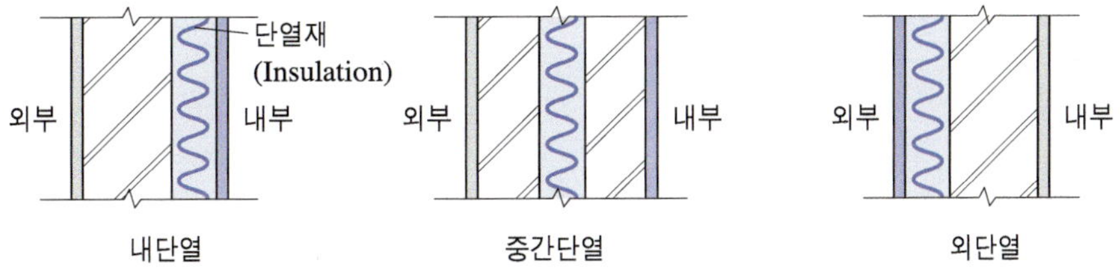

그림 9.58 단열 공법 분류

그림 9.59 천장 전체 단열공법 적용 전경

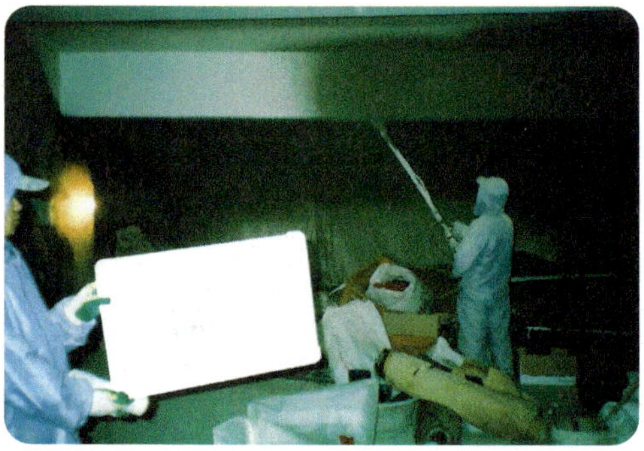

그림 9.60 구체에 단열 뿜칠 시공 전경

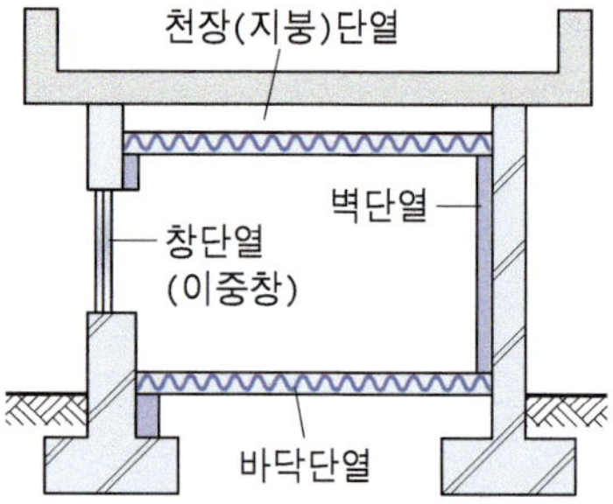

그림 9.61 단열공법 부위별 개념

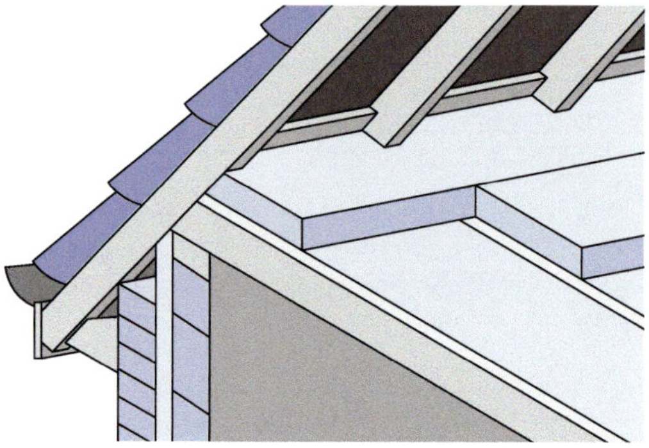

그림 9.62 경사지붕 속 단열재 설치 개념도

(3) 부위별 구분

1) 벽 단열공법(Wall)
   - 알루미늄 박(AL Foil) 이용 공법
   - 열전도율 작은 재료 및 중공벽 사이 단열재 설치
   - 경량 패널의 단열법
2) 바닥 단열공법(Floor)
   - 높은 바닥 단열공법 : 다다미, 코르크 단열재
   - Floor Space 단열공법 및 냉동고 바닥 단열공법

3 지붕 단열공법(Roof) : 천장단열, 슬래브 위 단열공법

4) 창 단열공법(Window) : 이중유리(복층유리)용, 커튼용

4.5 시공상 요점

1) 단열재는 건조상태에서 단열성능 우수하나 흡습 · 흡수시 성능 대폭 저하하므로 방습층 설치 필요

그림 9.63 옥상 지붕층 단열재 설치 전경
▶ *지붕층 콘크리트 타설전 거푸집 위에 스티로폼을 설치함*

그림 9.64 내부 벽체 단열재 설치 모습

그림 9.65 창 단열공법
▶ *아파트 발코니 L/G 시스템 창호 설치 전경*

2) 단열 두께 두꺼울수록 성능 좋으나 원가상승으로 비경제적임
3) 상시 고온에 노출된 장소, 방화성능 요구시는 단열재 선정에 주의
4) 연속성있는 이음을 위한 테이핑(Taping) 작업 철저
5) 바탕 고르게하여 시공이 매우 중요함
6) 침수에 대한 대책 고려
7) 결로 현상 고려 및 작업의 난이도
8) 밀도와 단열재 두께 산정을 잘해야 함

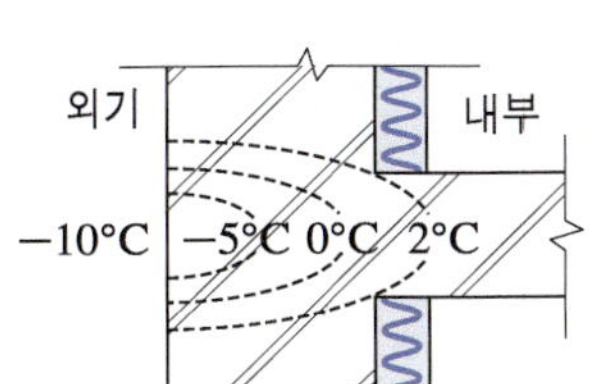

그림 9.66 냉교(Cold Bridge)

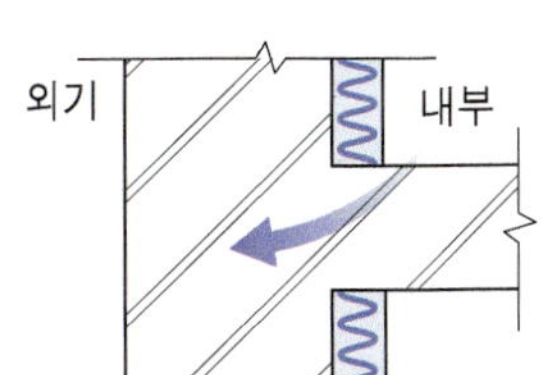

그림 9.67 열교(Heat Bridge)

9) 열교(Thermal Bridge) 고려
   - 냉교(Cold Bridge) : 외기의 냉기가 구조체를 통해 내부로 전달되는 현상
   - 열교(Heat Bridge) : 내부의 열기가 구조체를 통해 외부로 전달되어 손실되는 현상

5 흡음 · 차음 · 방진공법

5.1 재 료

(1) 흡음재

1) 흡음재
   - 유기 섬유판 : 펄프, 짚 등+접착제 압축성형
   - 무기 섬유판 : 석면, 암면
   - 직물류 : 합성수지 섬유 등
   - 유공 합판, 금속판
   - 목재 루버(코펜하겐 리브) 또는 리브(Lib)

2) 반사재 : 경질판, 미장재 등으로 반사음을 발생시키는 재료

(2) 방음재

1) 아코스틱 타일 : 연결판 잔구멍

2) 목재 루버 : 코펜하겐 리브 또는 리브(Lib)라 하고 공간(Air-Hole)을 두고 설치

그림 9.68 흡음 및 단열재(글라스 울)

그림 9.69 기둥 흡음 타공판 전경

3) 구멍 합판 : 3 cm 간격 뚫고 타공 합판 제작

(3) 차음재

1) 패널 형태의 부착용 재료 : 석고보드, 목조 시멘트판(흡음 타공판)

2) 섬유상 형태의 충전형 재료 : 유리면, 암면

5.2 흡음공법

(1) 부위별 흡음공법 종류

1) 벽(Wall)

- 강도, 오손, 내구성, 외장상의 문제 고려
- 유공판류와 다공질판류

2) 천장(Ceiling)

- 다공질계를 제외하면 벽체와 동일
- 다공질계 : 록 울(Rock Wool), 글라스 울(Glass Wool) 같은 고밀도 성형판 시공

3) 바닥(Floor)

- 융단, 카펫 공법
- 홀, 극장 등의 의자에 대한 흡음 고려

(2) 재료별 흡음공법

1) 다공질재 흡음공법

- 정의 : 통기성이 있는 섬유, 연속기포를 지닌 재료에 음파가 닿으면 재료 내부에서 공기의 점성마찰, 열전도 또는 섬유의 진동으로 인해 에너지가 열로 변하여 흡음하는 공법

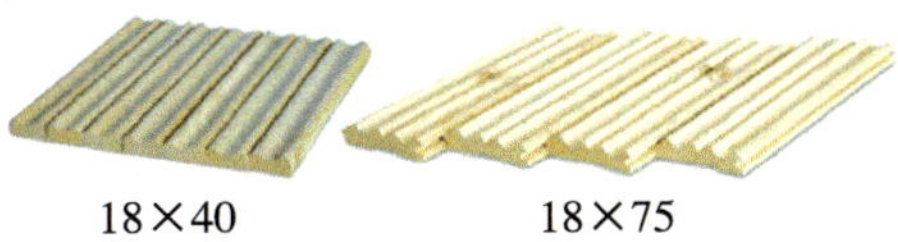

그림 9.70 코펜하겐 리브 종류

그림 9.71 벽체 코펜하겐 리브 설치 전경

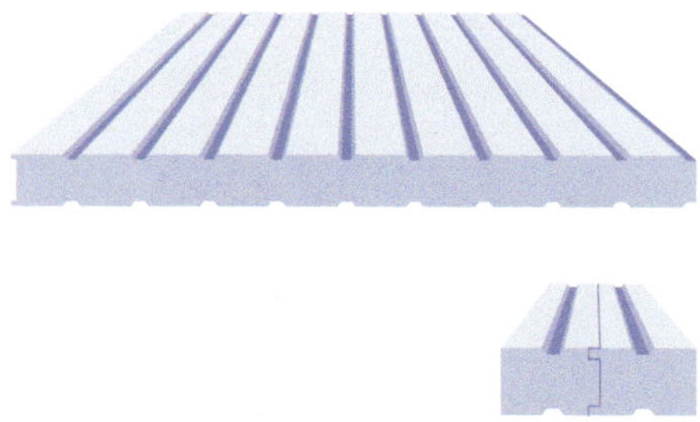

그림 9.72 벽체 글라스 울 패널

그림 9.73 지붕 글라스 울 패널

그림 9.74 내부벽체 글라스 울 설치 전경

- 재료의 종류
  - 글라스 울 보드(Glass Wool Board (많이 사용)
  - 록 울 Rock Wool(Glass Wool과 비슷)
  - 무기섬유 흡음판(Glass Wool, Rock Wool 섬유를 압밀한 판상의 제품)
  - 발포수지재료(연질 우레탄 폼 등의 발포제)
  - 뿜칠 흡음재료, 섬유제품

그림 9.75 패널형 록 울

그림 9.76 록 울 원형 모습

2) 공명 흡음공법

- 단일 공명기
- 유공판 흡음구조
- 슬리트 리브 흡음구조
  - 구멍난 하드 보드+글라스 울(Glass Wool)+공기층(Air Hole)
  - 나무 리브+공기층+유리천(Glass Cloth)+복층유리(Pair Glass)+공기층(Air Hole)

(3) 시공상 요점

1) 틈의 영향(연속성)

- 보, 기둥 접합부
- 패널 접합부 및 문틀부에 생긴 틈

2) 배관의 영향

- 전기배선용 파이프에 의한 차음 결손
- 관통부 의한 차음 결손

3) 내장공법의 영향 : 내장재, 바탕 내장재

5.3 차음공법

(1) 벽체의 차음공법

1) 단일벽체공법

- 질량법칙: 투과손실은 경계벽의 면밀도와 주파수 곱의 대수에 비례함
- 전기성이 많은 조적벽체의 경우 : 모르타르 미장 바름 후 도장시 성능이 개선

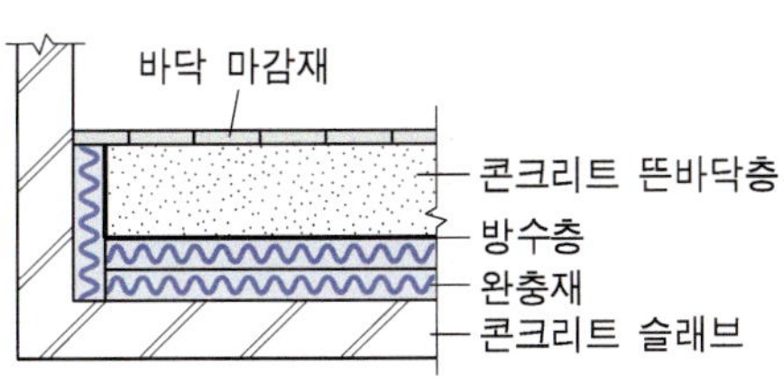

그림 9.77 뜬바닥 구조

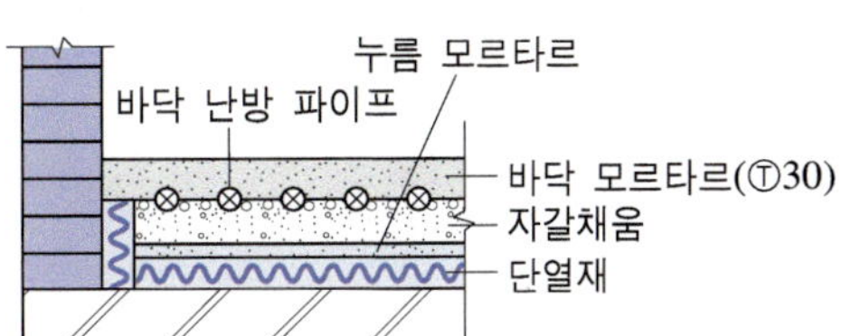

그림 9.78 APT Floating Floor의 예

2) 중공 이중벽체공법
- 간벽 연결부가 음교(Sound Bridge)를 초래하지 않도록 독립, 절연지지하여 사용
- 공명투과현상을 방지하도록 간벽의 간격, 재료 고려

3) 충전 이중벽체공법 : 내부에 충전물을 넣어 투과손실의 증가를 기대
- 흡음물 충전 : 내부에 유리면이나 암면을 넣어 음에너지 감쇠
- 강성재 충전 : 이중벽 내부에 강성재를 접착시킴(샌드위치 패널 : Sandwich Panel)

4) 절연벽체공법
- 적극적인 차음공법으로 고도의 차음성능과 가변성을 지닌 벽체 등에 필요
- 기포 폴리에틸렌 폼(Polyethylene Form)으로 충전
- 구조체와의 절연을 위해 절연 브라켓 사용

(2) 바닥 충격음 저감공법

1) 바닥구체의 중량화
2) 바닥판의 강성을 향상시킴
3) 뜬바닥(Floating Floor)층의 채택(습식, 건식 공법 적용)
4) 표면 충격완충재 사용(카펫, 염화수지 시트)
5) 하부층 차음 이중천장공법 : 공기층을 충분히 하고 천장재의 면밀도를 크게 하여 방진지지를 함

그림 9.79 바닥 차음공법(스티로폼 바닥에 깔기)
▶ *스티로폼 위 누름모르타르가 타설되고 그 상부에 온돌 시스템이 적용된다.*

10장 내·외부마감 및 기타 공사

Interior & Others Work

1 목공사(Wooden Work)

1.1 일반 목공사(General Woonden Work)

(1) 개 요

최근 지구 오존층 보호와 환경 우선 정책으로 목공사의 적용 비중을 정부 차원에서 감소시켜야 하지만, 참살이(Wellbeing) 붐을 타고 오히려 소비자의 요구(Needs)는 점차 늘어나는 경향에 있다. 또한 목재의 장점에도 불구하고 여러 약점으로 인해 향후 이를 보완하는 인공재료의 급속한 발달과 생산이 요구된다.

(2) 목공사 대별시

1) 수장 목공사 : 주로 건축 내장공사를 총칭함
2) 구조 목공사 : 목재가 구조체로 쓰이는 공사의 총칭
3) 전통 목공사 : 우리 전래의 고건축과 관계되어 전통적인 목공사의 총칭

그림 10.1 수입산 원목

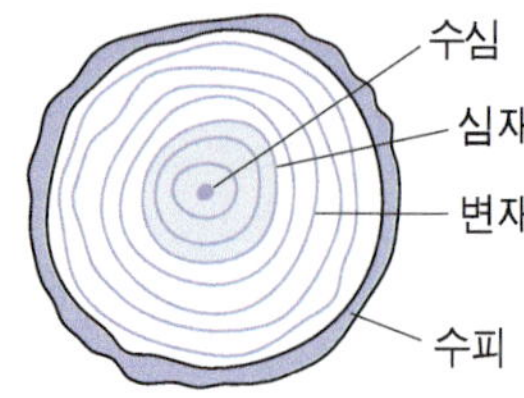

그림 10.2 목재 단면도

(3) 목재의 종류

1) 침엽수 : 소나무, 잣나무, 히말라야 시다, 전나무 등
2) 활엽수 : 단풍나무, 밤나무, 느티나무 등

그림 10.3 대표적인 침엽수(소나무)

그림 10.4 대표적인 활엽수(단풍나무)

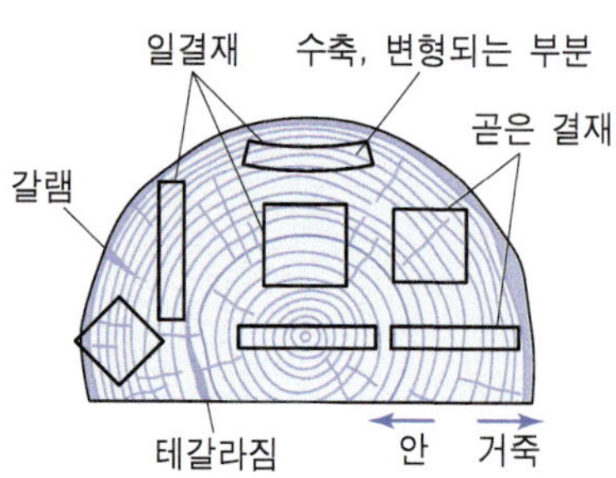

그림 10.5 제재목의 결

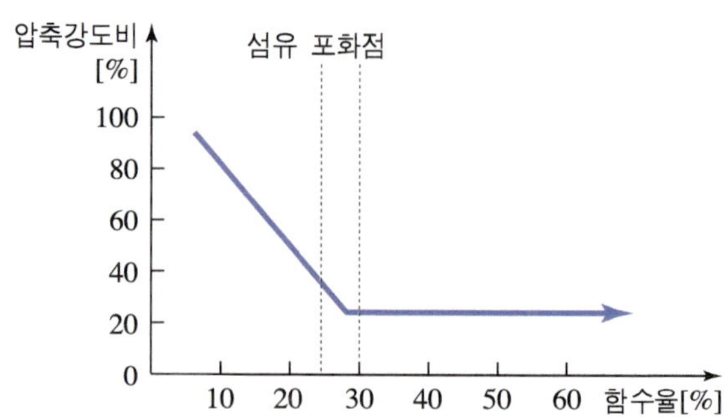

그림 10.6 압축강도비와 함수율 상관도

(4) 용 도

1) 구조용

- 성능 : 강도, 건조, 수축, 변형, 부패, 부식
- 철물 : 못, 볼트, 꺾쇠, 주걱 볼트, 띠쇠, 감잡이쇠, 귀잡이쇠, 듀벨(Dewel)

2) 수장재 : 결, 무늬, 빛깔이 아름답고 변형이 적은 것

3) 강도 순 : 심재 〉 변재, 활엽수 〉 침엽수

(5) 목재의 약점(결함)

1) 변형(Movement) : 건조 수축

2) 부식(Erosion) : 부패(썩음)

3) 균열(Crack) : 갈라짐

4) 기타 : 옹이, 송진 구멍, 혹, 피죽 등

그림 10.7 목재 균열과 나이테

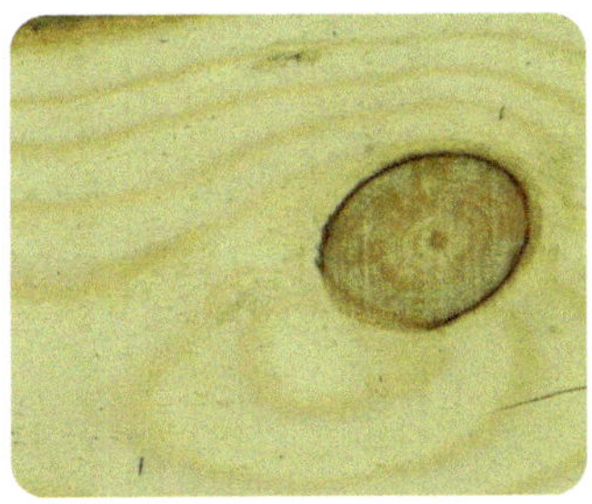

그림 10.8 목재 옹이

그림 10.9 목재 피죽

(6) 목재의 변형(Movement)

1) 수축 변형(Shrinkage Movement)

- 건조 수축(Drying Shinkage)에 의한 변형
- 변형크기 : 수피부 〉 수심부

2) 함수율

- 생재 : 심재 40~100%, 변재 80~200%
- 재별 함수율
  - 구조재 : 25%
  - 창호재, 수장재, 가구재 : 15%
  - 생나무 : 45%
- 섬유포화점 : 30% 한계

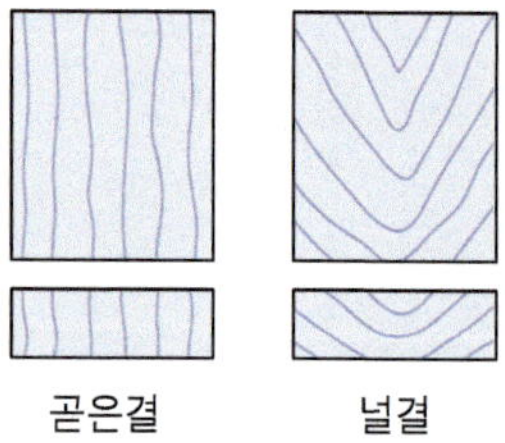

그림 10.10 목재의 결

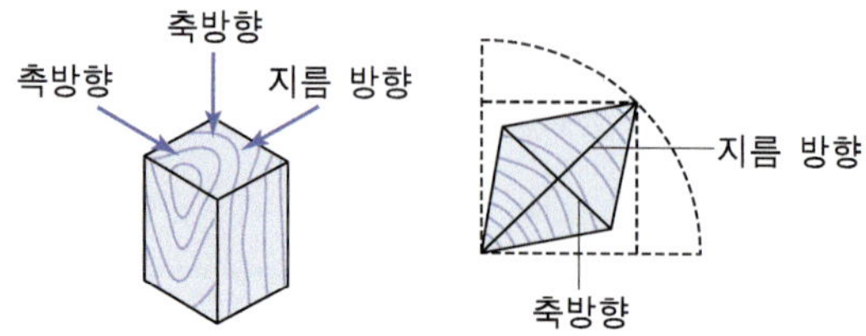

그림 10.11 목재의 축력과 수축방향

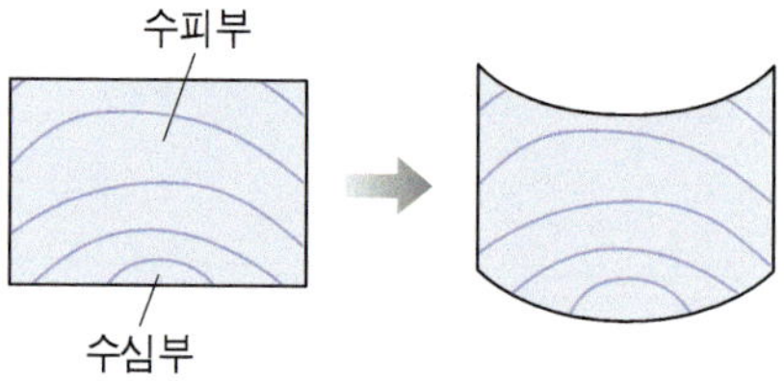

그림 10.12 목재 변형 형태

(7) 목재의 방부법

1) 대기건조법 : 자연건조법
2) 인공건조법 : 증기양생 및 건조
   - 현장의 내장 목재 반입시 반드시 증기건조목 확인서를 받아야 함
3) 침수법 : 수중 속 침수로 인해 나무 속의 수액 교체
4) 표면탄화법 : 목재 표면 태움. 전통 한옥은 온돌 연소시 연기로 인한 그을음이 방부 역할
5) 도포(방부제칠) : 페인트칠, 크레오소트(Creosote), 콜타르(Coaltar)칠
6) 가압법 : 방화학제 가압 주입 후 건조, 인산 알루미늄 주로 사용

(8) 목재단위와 치수

1) 제재치수와 마무리치수
   - 제재치수 : 톱날두께만큼 로스(손실)가 생기는 치수 적용. 구조용, 내장용 목재
   - 마무리치수 : 톱날두께와 대패질 후 최종 마감된 치수 적용. 창호용, 가구용 목재
2) 목재 규격
   - 1 m^3(루베) : 1 m×1 m×1 m=299.475 사이(재)
   - 1사이(재 : 才) : 1치×1치×12자=0.00324 m^3(루베)

구 분	크 기
1푼	3mm
1치	3cm
1자	30cm

그림 10.13 목재 가공 전경

그림 10.14 다루끼(1치5푼각)

그림 10.15 두바이포(2×4)

그림 10.16 산승각(3치각)

(9) 시 공

1) 자재 검수 및 보관

- 4면 치수 확인과 동시 변형, 옹이, 피죽각재 등 발견시 재료 장외 반출
- 규격별 보관, 함수율 측정(20% 미만 목재 사용)
- 외부 야적을 금하고 실내 그늘진 곳에 보관하여 자재의 변형을 최소화시킴

2) 가공

- 시공도(Shop Drawing) 작성 및 먹줄 후 가공
- 이음과 접합의 구분
  - 이음(Splice) : 재축 방향 연결
  - 접합(Connection) : 재축 직각 방향 또는 경사지게 연결

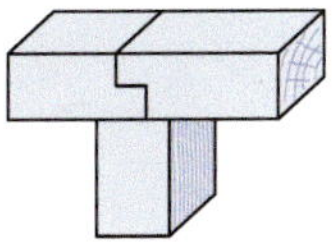

그림 10.17 심이음

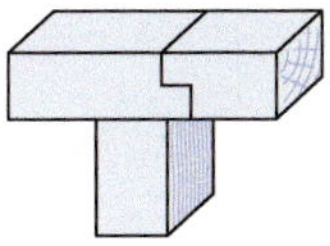

그림 10.18 낸이음

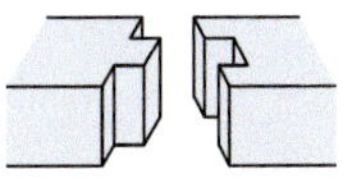

그림 10.19 주먹장 이음

3) 조립
- 시공도에 따라 정확히 조립 및 설치
- 보양 : 파손, 오염 가능 부위는 종이 등으로 양생
- 콘크리트에 부착시는 볼트, 나무벽돌 등을 먼저 매입하도록 함

4) 널쪽매 방식

5) 맞춤 방식

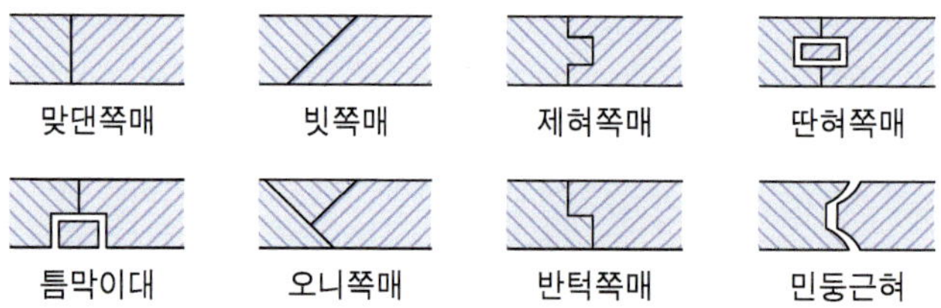

그림 10.20 널쪽매 방식

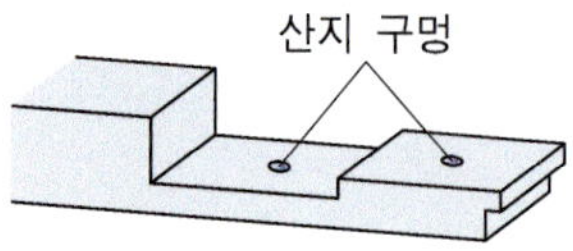

그림 10.21 엇걸이산지이음

6) 겹침이음

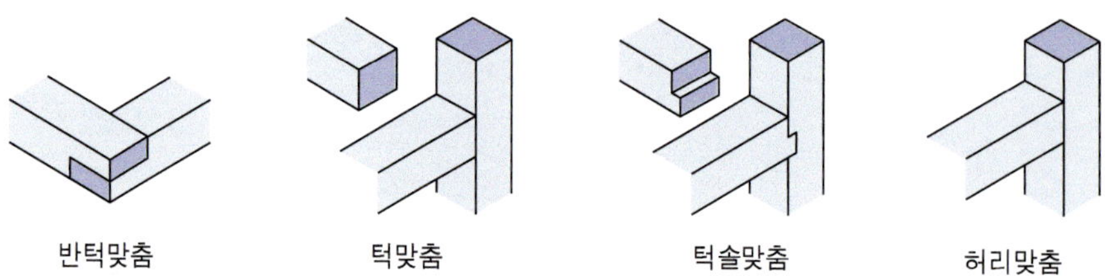

그림 10.22 맞춤 방식

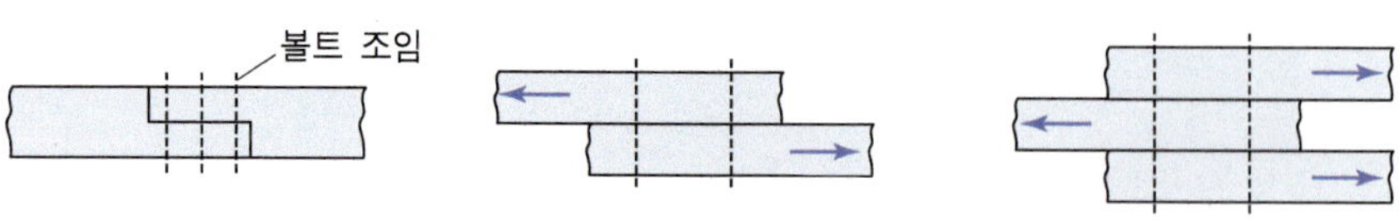

그림 10.23 겹침이음

그림 10.24

1.2 구조목공사(Structure Wooden Work)

(1) 목공사 분류

1) 구조목공사 : 건물의 구조체인 뼈대를 형성하는 목재구조공사

2) 바탕목공사

- 정의 : 천장, 벽, 바닥의 마무리재와 구조체를 중개하여 마무리 바탕을 이룸과 동시에 구조재도 겸하는 공사
- 종류 : 천장, 졸대 바탕, 텍스, 보드류 바탕, 흡음 텍스류 천장 바탕, 벽졸대 바탕, 라스 바탕, 모르타르벽 바탕, 베니어 텍스벽 바탕, 바닥 바탕

3) 마무리목공사 : 수직과 수평을 맞추고 곱고 평탄하게 바른 각도가 기본

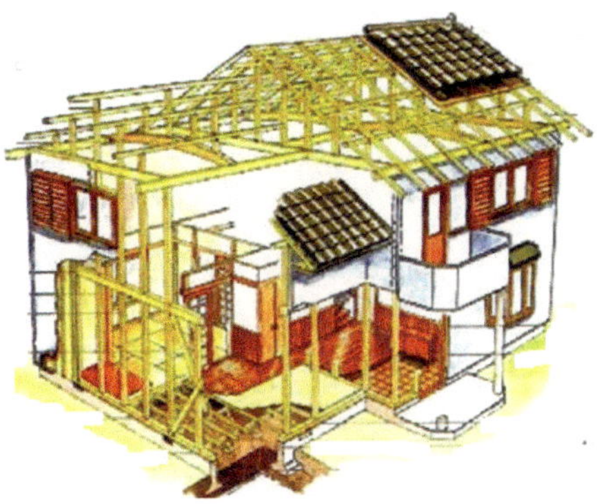

그림 10.25 구조목공사 전체 개념도

그림 10.26 목구조 전통 초가삼간집

(2) 구조목공사 시공

1) 가공준비

- 수량산출 : 조립, 맞춤의 순서에 의해(사용장소, 등급표기)
- 주문 : 규격별, 수량산출서에 의해 실시
- 입고 : 재료 검수 및 불량품 교체
- 재료 배치
  - 4열 이상 나란히, 1.2m 높이 이상일 때 1.2m마다 쐐기(각 단마다 쐐기 : 통풍, 건조)
  - 보관 : 세워서 보관하는 것이 좋음(특히 판재), 비탈지지 않게 보관(휨)
  - 특히 소나무는 변색 부식에 유의

그림 10.27 전통 목구조 시공 전경

그림 10.28 현대식 목구조 원룸 내부

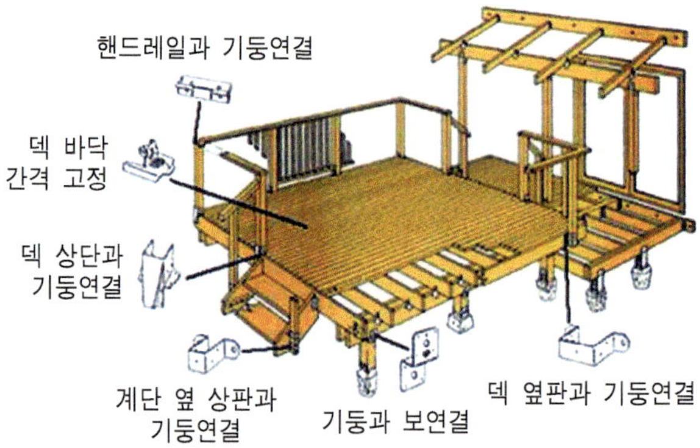

그림 10.29
목공사 보강철물 사용 부위

2) 가공

- 순서 : 현척단계도 → 검사 → 형판만들기 → 먹치기(절단, 켜기, 구멍뚫기)
- 가공시 주의사항
  - 기계가공이 안되고 목수의 손에 의지하므로 우수한 목수를 선정
  - 접촉면(힘의 전단면)은 밀착되어야 하므로 넓은 면, 특히 평활하게 처리
  - 볼트 구멍은 1.5 mm 정도 크게, 볼트 지름 종류 적게
  - 목재는 등급별로 분류
  - 강도에 불안이 있을 경우 보강방법 및 보강철물 사용 고려(맞춤, 이음)

3) 세우기

- 날씨 : 태풍, 돌풍, 계절풍에 유의
- 보양재료 충분히 준비
  - 통나무보다 굵은 것을 반으로 갈라 못치기로 사용(가새), 와이어(Wire) 로프 보양
  - 앵커(Anchor)를 요소에 준비해 둬야 함

- 양지붕틀 등은 지상에서 조립해 올림
  - 올릴 때 보양 철저
  - 설치 전, 설치 후 인장재와 압축재가 반대로 되는 것에 주의
- 세우기 진행에 따라 보강철물 적게 설치
- 조립 끝난 부분마다 수직검사
- 보양한 채로 조립작업을 완료할 수 있도록 사전에 보양방법검토 요함

(3) 목재 트러스(Truss)

1) 개요

- 달대공은 인장재이므로 人자보 양쪽으로 덧대고 볼트와 듀벨(Dowel)로 긴결
- 평보는 인장재이지만 왕대공 가까이에 갈수록 응력이 작아짐

2) 부재별

- 압축재 : 人자보, 빗대공
- 인장재 : 평보, 왕대공, 달대공

3) 응력 크기순 : 人자보 → 평보 → 왕대공 → 빗대공 → 달대공

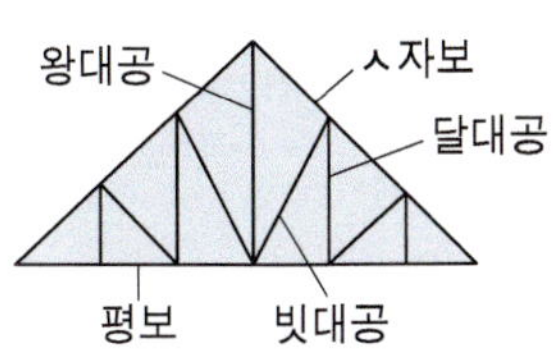

그림 10.30 트러스(Truss) 명칭

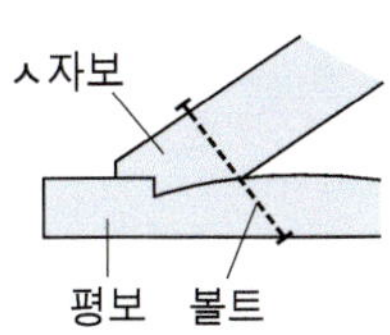

그림 10.31 안장맞춤

1.3 한식 목구조 시공 실예

다음 사진은 저자가 안동 퇴계종택 요산정 이건공사 프로젝트 주관시 만난 풍수도인의 집에 초대되어 촬영한 것으로 건축전공이 아닌데도 손수 디자인을 하고 자재를 구입하여 직접 지은 한옥이다.

지붕은 황토흙 다짐 후 동판으로 시공했으며, 내부 목재는 피마자기름을 짜서 12회 칠했고, 집의 방향은 우리의 상식을 벗어난 북쪽으로 향하고 있었다.

그림 10.32 한옥 전경

그림 10.33 집안채 대문 전경

그림 10.34 입구 쪽 마당 디딤 석재

그림 10.35 천장 대들보 전경

그림 10.36 대들보 받침쪽 상세

그림 10.37 집안 내부 부엌 방향 전경

2 도장(칠) 공사(Painting Work)

(1) 개 요

최근 건축공사용 도료 종류가 복잡, 다양, 신제품 개발 추진이 계속되고 있으며, 도장공사의 목적은 바탕재(목재, 콘크리트, 철재 등)의 중성화 및 부식방지, 방습, 색상, 광택, 빛의 반사와 흡수를 목적으로 하는 기능성 향상에 있으며 친환경적인 재료의 개발이 요구되고 있다.

그림 10.38 외벽 수성페인트 도색 완료 후 전경

그림 10.39 도장공사

그림 10.40 목재면 위 도장 공정 순서

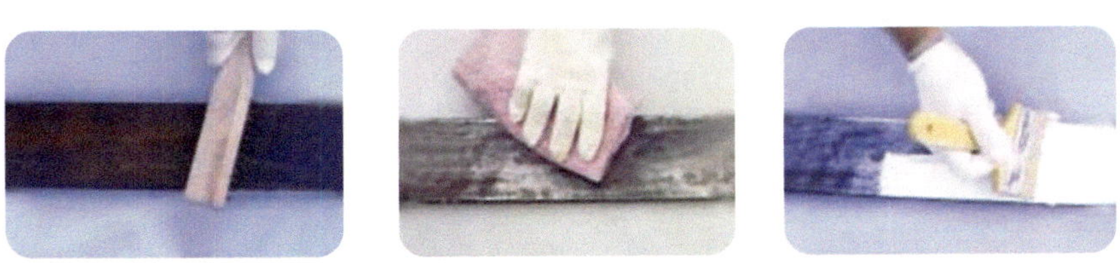

그림 10.41 철재면 위 도장 공정 순서

(2) 도장의 목적

1) 의장성 : 색채, 모양, 광택, 입체감, 표시(광고, 교통표시) 등
2) 색채조정 : 환경개선, 능률, 보안 등
3) 물체의 보호 : 내식, 내화, 절연 등

(3) 도료의 종류

1) 조합 페인트
- 목부(Wooden)
- 철동면-솔질(Brush), 뿜칠(Spray), 침전도장

2) 알루미늄 페인트(Aluminum Paint)
- 알루미늄의 분말을 안료로 사용
- 표층 광택, 강한 막 형성, 안료 비중 적음, 도료 용이
- 내수, 내후, 내식성 크다.
- 국부 철동면 : 솔질, 뿜칠, 침전 도장

그림 10.42 방진 페인트 시공 전경

3) 오일 스테인(Oil Stain)
- 건조성, 내후성
- 목부의 착색도장 : 솔질

4) 바니시(Vanish)
- 목부의 투명 도장 마무리
- 솔질, 펌프(Pump)

5) 크리어 라커(Clear Racker)
- 인화성, 용제의 유동성 주의
- 목재의 고유 모양 살림
  - 브러시, 스프레이, 계단 Hand Rail, 고급용 장식

그림 10.43 도장전 퍼티 작업 전경

6) 라커(Racker) 에나멜
- 내후, 내구, 내수성 큼
- 목부, 철부, 경금속, 솔질 뿜칠

7) 합성수지 에멀션 페인트
- 모르타르 콘크리트면 : 금속에는 사용불가

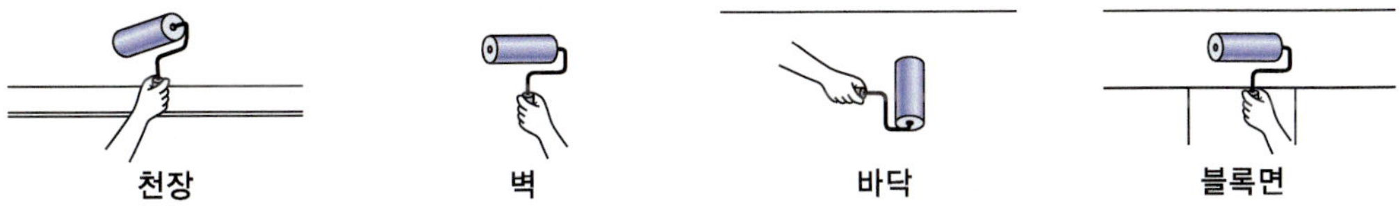

그림 10.44 롤러(Roller)칠

- 취급, 작업성 우수, 건성, 내알칼리성, 무해
- 솔질, 뿜칠, 롤러

8) 에폭시 에나멜(Epoxy Enamel)
- 목부, 각종 바탕
- 내산, 알칼리, 내수성 크고, 강도, 내약품성, 내열성 큼
- 솔질, 뿜칠, 롤러

(4) 도장공법 종류

1) 도료의 종류에 의한 분류
- 기름 바니시
- 조합 페인트
- 락커 에멀션 바름

2) 바탕의 종류에 의한 분류
- 목부 도장
- 금속 도장
- 콘크리트 모르타르면 도장

3) 도장방법에 의한 구분
- 솔질(Brush)
- 뿜칠(Spray)
- 롤러(Roller)
- 도금(Golvanized)

그림 10.45 벽체 내부 도장 후 전경

그림 10.46 외벽 코트 도색 후 전경

(5) 공정 순서

1) 도장공법의 결정요소 : 바탕의 종류, 도장 목적

그림 10.47 섬세한 몰딩-붓질 도장작업

그림 10.48 스프레이로 내부 인코트 작업 전경

2) 공정 고려 : 작업조건, 기상, 공기

- 순서 : 바탕만들기 → 초벌 → 틈막이 Putty → 연마지 → 중벌+연마지 → 정벌
- 보양(Curing) : 마지막 공정이므로 오염 및 보양에 특히 주의

3) 바탕만들기(바탕처리)

- 특징 : 바탕만들기는 도장효과 좌우
- 목부 바탕처리
  - 충분히 건조, 함수율 13~18%, 오물, 부착물 제거
  - 송진 : 칼로 벗겨내고 인두로 지짐, 회석 락커, 옹이막이
  - 퍼티 : 구멍 메움, 퍼티(Putty) 연마지(Paper 작업), 대패 자국 연마
- 철부 바탕처리
  - 제거 및 청소 : 오물, 부착물, 녹, 연마지, 밀 스케일(Mill Scale), 스파트(Spatter), 슬래그(Slag)
  - 화학처리(인산염, 크롬산 처리)
  - 인산피막법 : 파커라이징, 본더라이징
  - 에칭 프라이머(Primer) : 경금속면 초벌바름용
- 모르타르 콘크리트면
  - 충분한 건조(Dry) 상태 : 습기가 있을시 들뜸 등의 현상), 오물, 부착물 제거
  - 퍼티(Putty), 연마지로 균열 처리
  - 오일 페인트는 직접 도장 불가(중성화 도료 또는 3~6개월 방치)

(6) 도장의 결함

1) 백화현상(Efflorescence)　　　　2) 흘러내림

3) 건조불량
4) 별리현상
5) 균열(Crack)
6) 주름현상
7) 색분현상
8) 광택부족
9) 변색, 퇴색
10) 감색화
11) 팽창현상
12) 칠이 받지 않음
13) 번짐, 스며나옴
14) Gun(건)에 의한 결함
15) 기타 : 안료의 침전, 색의 분리 및 상이, 팽팽한 도막 형성 및 점성도의 상승과 고화

(7) 도장검사

1) 바탕검사 : 녹, 용접자국, 기름, 함수율, 기포, 핀 홀(Pin Hole)
2) 도장 중 검사 : 악천후 때는 작업 중단, 적절한 기후의 이용
3) 도장 후 검사 : 부착성 검사(커팅시험, 인장시험), 도장두께 검사

그림 10.50 외벽 로프 수성페인팅 작업 전경

그림 10.49 로프 작업 근접 전경

3 수장 및 내장 공사(Interior Work)

(1) 개 요

수장 및 내장공사는 전통건축용어로 건축물의 뼈대세우기 후 내부치장 마무리의 의미로 해석되며, 내 · 외장공사에 혼용되어 널리 사용된다. 건축물 마감의 벽체, 바닥, 천장, 가구 등에 치장하는 것으로 최근 친환경재료에 대한 관심으로 중요성이 부각되고 있으며, 특히 화재시를 고려한 불연재료와 내화재료에 대한 개발과 연구가 시급하다.

그림 10.51 내부 수장공사 전경

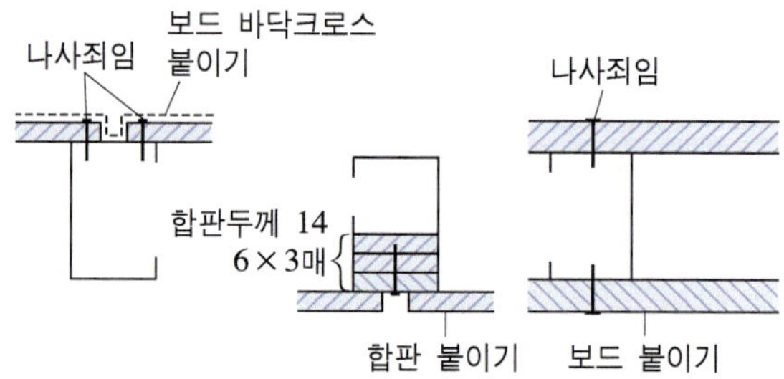

그림 10.52 스터드와 보드류 접착 상세도

(2) 재료 성능 구분

1) 불연화 : 자재 및 소방시설 최우선
2) 경량화 : 건물 중량 감소
3) 프리패브(Pre-fab)화 : 시공의 합리화, 시스템화(SE : System Engineering)
4) 내진성 : 층간변위(20 m/m)에 적응
5) 시공성
    - 프리패브(Pre-fab)화 : 시공의 합리화
    - 자재 성능 : 신축, 변형, 내구성, 내화성, 차음성 큼
    - 운반, 설치 등을 종합검토하여 경제성을 전반적으로 검토

(3) 벽마감공법

1) 일반사항
    - 구조상 비내력벽(Non Bearing Wall), 차음성능과 2시간 내화성능 요구

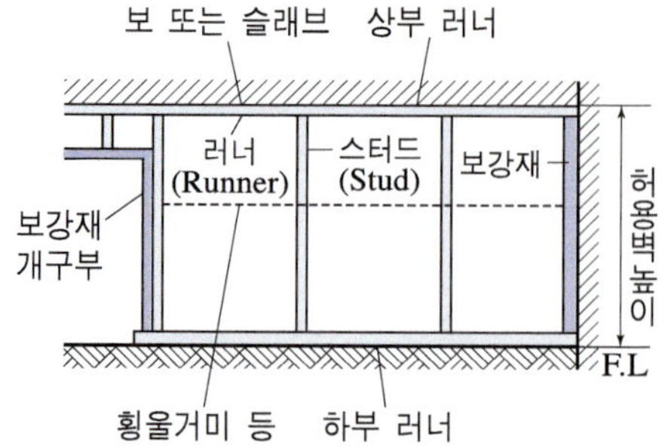

그림 10.53 경량 칸막이 바탕 개념도

• 오픈(Open) 시스템과 크로스(Closed) 시스템 적용 고려

2) 용도별 분류

• 건물의 코어(Core) 둘레의 벽

• 방화구획벽(특별 칸막이벽)

• 일반 칸막이벽

3) 벽공법의 분류

• 축조 및 공법 : 조적벽(Brick, Block 등)

• 철골 중공벽 : 경량철골 러너(Runner)+스터드(Stud) 위 마감

• 자립벽 : 프리패브(Pre-fab)화 부재, 금속 패널벽, ALC 등

4) 접합부 마무리

• 벽 코너부 : 층간변위(Side Sway) 추종 조임

• 벽과 천장 : 지진 또는 진동 대비 몰딩 설치

• 벽과 문틀 마무리 : 실링재(Seal) 또는 비드(Bid) 넣어 마무리

그림 10.54 시스템 월 벽체 러너 설치 전경

그림 10.55 시스템 월 벽체 마감재 설치 완료 전경

그림 10.56 기둥에 바탕 스터드 작업 전경

그림 10.57 마이톤 취부와 등기구 라인 전경

그림 10.58
① 벽체에 지지핀 고정

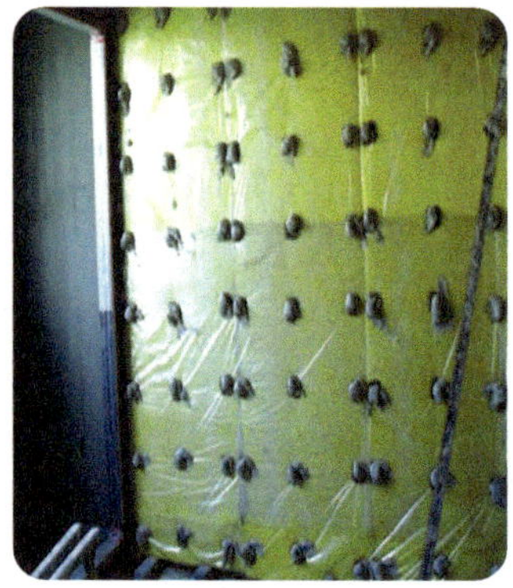

그림 10.59
② 단열재 벽체 설치+떡본드

그림 10.60
③ 석고 보드 마감재 부착

(4) 천장마감공법

1) 일반사항
- 성력화 공법 및 친환경재료의 선정에 유의
- 시공면적 크므로 단시간에 많은 양 시공 가능하게 계획

2) 공법 채용
- 직접붙임공법 : M-BAR 공법(경량철골천장틀공법), Clip-Bar(Ω-Bar) 공법
- 밑창깔기공법(이중붙임공법) : T-Bar 공법
- 엑스포즈드(Exposed 노출)공법 : 재료 완전 노출

3) 검토사항
- 제설비 배열(Line상) 관계 고려 : 천장 모듈(Module)과 라인 시스템(Line System)
  - 조명설비, 연기감지기, 스프링 쿨러(Spring Cooler), 스피커(Speaker)
  - 덕트(Duct) 시스템 : 덕트 Supply, 리턴 덕트(Return Duct), 디퓨저(Diffuser)
  - 비상조명, 배연구

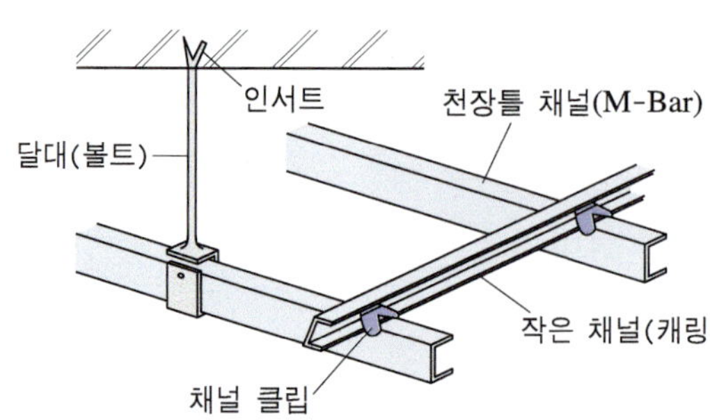

그림 10.61 경량철골 반자틀 : 천장공법

- 칸막이벽과의 대응성
  - 설계단계 검토 : 신설 필요시 또는 설비적 기능 지장 없게 처리
  - 칸막이벽의 위치는 제약 및 유동성 고려

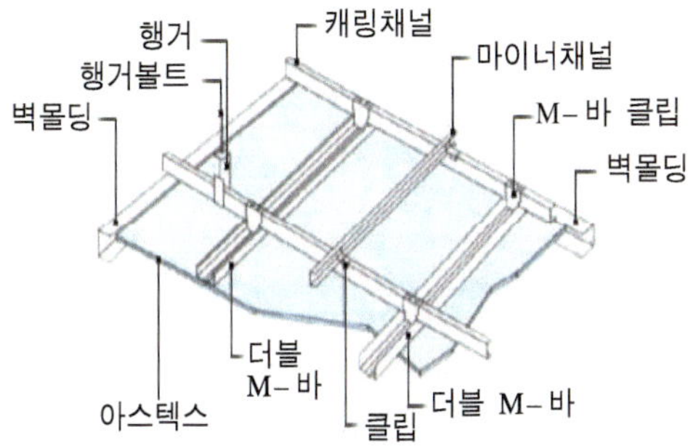

그림 10.62 M-Bar 피스공법 상세도

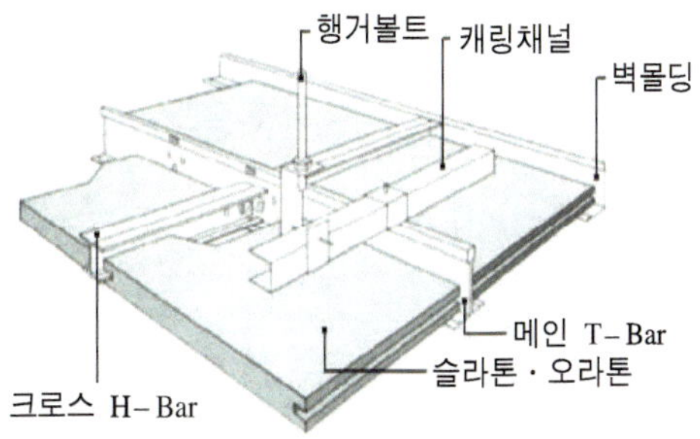

그림 10.63 T-Bar 시공 상세도

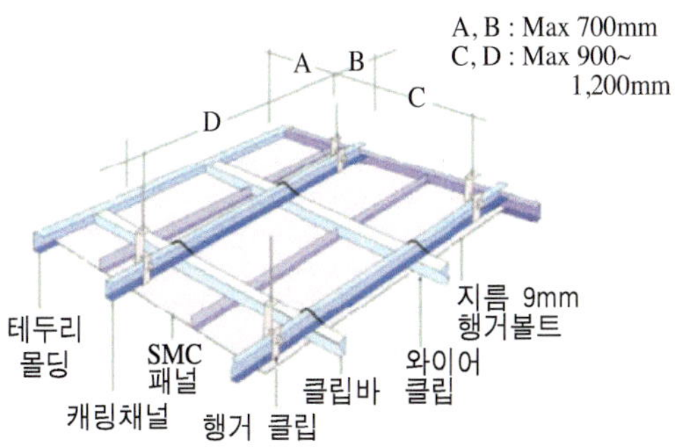

그림 6.64 Clip-Bar 시공 상세도

그림 6.65 경량 철골 천장틀 전경

그림 10.66 경량 천장 M-Bar 시공 중 전경

그림 10.67 천장판 부착 중 전경

(5) 바닥마감공법

1) 바닥마감의 분류

- 모르타르마감 : 쇠흙손마감, 인조석갈기, 셀프 레벨링(Self Levelling) 마감
- 석재마감 : 석재, 테라조판, 타일
- 목재마감 : 합판 플로링, 널 플로링, 쪽매널
- 기타 마감 : 카펫타일, 보드류, 시트류(특수 및 전도성 시트), 장판지, 돗자리, 카펫 등

그림 10.68 카펫타일 재료 현장 반입

그림 10.69 카펫타일 시공 모습

2) 시공방법

- 바탕처리 : 바탕 완전건조 및 오물 등 불순물 제거
- 바닥 마감재료에 따른 친환경성 접착재 및 공구 사용 및 시공 후 보양 실시

3) 이중바닥공법

- 액세스 플로어(Access Floor) : 전산실 바닥에는 전선이 많이 깔리므로 플로어 자체를 이중으로 높여서 설치한 바닥 시스템의 총칭

그림 10.70 액세스 플로어 시공 모습

그림 10.71 OA 플로어 모습

- OA 플로어 : 인테리전트 빌딩 등에서 사무실 바닥 전체를 이중바닥(OA 플로어)으로 설치하고 그 공간에 전선 · 배선을 하는 시스템의 총칭

4 도배 공사(Paper Handing Work)

(1) 개 요

도배공사는 마감공사 중 최후에 실시하는 공사이므로 공사 종료 후 보양 및 오염에 특히 유의해야 하며, 참살이(웰빙)붐으로 인해 사용되는 재료에 대한 친환경성이 매우 강조되고 있으므로 이에 대한 연구 개발로 최근 문제시 되고 있는 새집증후군 방지에 무엇보다 건축인들이 앞장서야 할 것이다.

(2) 정의 및 재료

1) 정의 : 종이 · 천 · 플라스틱재를 벽 · 천장 · 바닥 및 창호에 풀 또는 접착제를 써서 붙이는 공사

2) 재료
- 초배지, 재배지 : 한지 또는 양지
- 정벌의 밑붙임 : 청지
- 정배지
- 장판지 : 질기고 두꺼운 창지, 기름을 고르게 먹이고 완전히 건화된 것
- 접착제 : 밀가루 또는 쌀가루풀, 된풀로 하여 물부어 적당한 묽기로 체에 걸러 사용하고 필요시 방부제를 사용하며 얼은 풀은 사용하지 않음

그림 10.72 벽지와 천장지 방도배 모습

그림 10.73 한지 도배 모습

(3) 바탕처리

1) 회반죽, 모르타르 바탕 : 재벌 또는 정벌바름 마감
2) 목조바탕 널붙임 : 대패질
3) 합판 석고 보드 : 이음새 틈없이 밀착, 턱지지 않게 목질 또는 접착제로 견고하게 고정

(4) 풀 칠

1) 바탕 흡수성 심하거나 건조시 : 물뿜어 축이기 또는 묽은 풀칠 후 초배지, 오림폭의 틀 또는 창문살에는 미리 된풀 먹임하여 종이가 잘 붙게 조치
2) 평행방향으로 운행, 흡수 및 팽창이 균일하게 되도록 빨리 칠할 것
3) 두꺼운 종이 장판지는 물을 뿌려 두거나 풀칠하여 2시간 방치한 후 풀칠하여 붙임
4) 창호지 : 일정하게 평행방향으로 온통칠함을 원칙
5) 풀칠법 : 온통풀칠, 갓둘레풀칠(봉투붙임), 한쪽풀칠(비늘붙임)

(5) 시 공

1) 공정 : 초벌 – 재벌 – 재벌 – 밑바름의 B종 4회가 일반적 임
2) 바탕이 널, 합판, 석고 보드시 이음새 갈램막이용(W : 60 mm) 창지 또는 얇은 천 바탕 보강 붙임
3) 이음새 : 겹침이음 6~15 mm, 초배, 재배의 각 붙임의 이음이 엇갈리게, 종이 방향 선 입의 경우 방향을 엇바꿔준다.
4) 들뜸붙임(후꾸루붙임) : 초배지와 정배지 바름 자체를 전체적으로 풀칠하지 않고 바깥쪽으로만 풀 질하여 중앙부위를 들뜨게 바르는 공법

그림 10.74
① 천장 초배지 바름 전경

그림 10.75
② 천장 정배지 시공 전경

그림 10.76
③ 벽체에 천벽지 바름 후 전경

그림 10.77 벽지 곰팡이 발생 모습

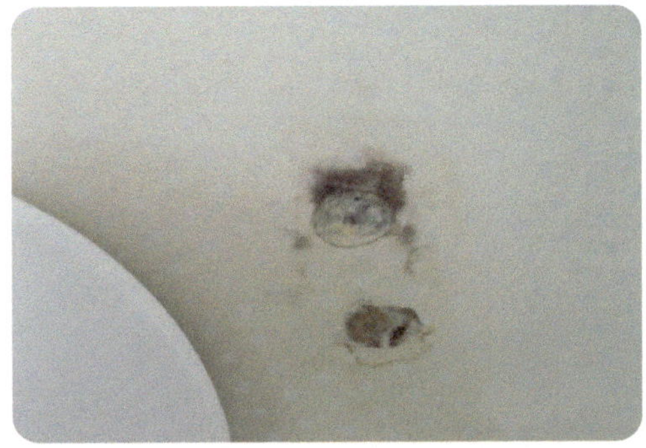

그림 10.78 천장 누수로 인한 천장지 변색 모습

(6) 도배공사 하자 사항

1) 도배지 들뜸
2) 시공 전후 관리 부재로 오염
3) 변색 및 곰팡이 발생
4) 도배 바탕면 요철
5) 바탕면 색상 상이

5 지붕 및 홈통 공사(Roof & Gutter Work)

5.1 지붕 공사(Roof Work)

(1) 일반사항

1) 재료 요구사항
- 수밀, 내구, 경량, 내풍적이고 방화, 내한, 내열적이며 열차단성이 큰 것
- 건물의 외관과 어울리며 친환경적인 재료 사용, 시공성이 좋고 수리가 용이할 것

그림 10.79 안동 요산정 이건공사 한식 기와지붕 모습

2) 재료 및 물매

구 분	기 와	아스팔트 싱글	금 속 판	석면 슬레이트	기타 (유리 등)
물 매	3.5/10 이상	3/10	3/10 이상	3/10 이상	5/10 이상
주용도	일반주택	전원주택	공장, 창고	창고, 공장	채광용

(2) 기와 잇기

1) 한식기와

- 제조 : 전통적인 방식으로 흙을 구어서 만든 기와
- 종류 : 수키와, 암키와, 내림새, 막새, 기타 부속 기와
- 한식기와 잇기
  - 지붕널 대신 산자를 가는 새끼로 엮고 그 위에 진흙을 이겨 발라 기와 설치
  - 암키와를 깔고 암키와와 암키와 사이에 진흙을 홍두깨형으로 이겨 수키와 덮기

2) 시멘트 기와

- 제조 : 시멘트와 모래를 배합하여 성형하고 굳힌 것
- 바탕 : 지붕널과 펠트를 깔고 기와걸침대(가왓살)는 각재를 사용
- 잇기 : 걸침대에 걸치면서 처마 끝에서 지붕마루로 이어 올라가는데 보통 우측에서 좌측으로 한 줄씩 시공

3) 오지기와

- 유래 : 진흙으로 구운 점토기와에 유약을 칠한 기와를 총칭
- 특징 : 전통 한식기와의 생산감소로 인해 생산되고 있는 점토기와를 말함

그림 10.80
오지기와 시공 중 전경

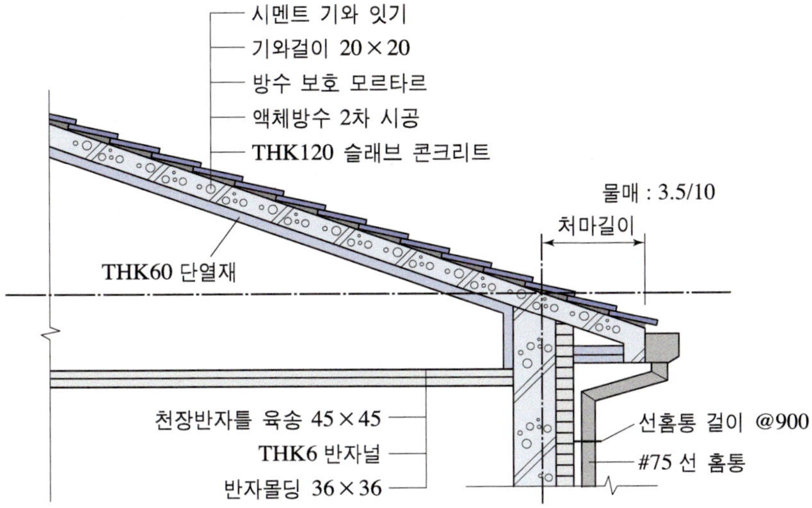

그림 10.81 시멘트 기와 마감 상세

(3) 아스팔트 싱글 잇기

1) 재료
- 아스팔트 방수재에 모래를 섞어 각종 색상을 준 루핑을 붙여서 일정 크기로 자른 재료
- 모양 : 원형(비늘형), 귀갑형, 일자형

2) 바탕
- 지붕널 또는 내수합판을 깔고 충분히 건조 후 프라이머칠
- 루핑을 1차 깔아 댄 후 아스팔트 싱글 잇기

3) 잇기
- 접착방법 : 못을 사용하는 방법, 접착제로 붙여나가는 방법
- 경질 우레탄폼 단열재를 함께 사용하면 단열효과 배가

4) 시공 순서도

그림 10.82
① 지붕 바탕 만들기–프라이머칠

그림 10.83
② 아스팔트 싱글 지붕재 부착

그림 10.84
③ 부착완료 용마루 시공 전

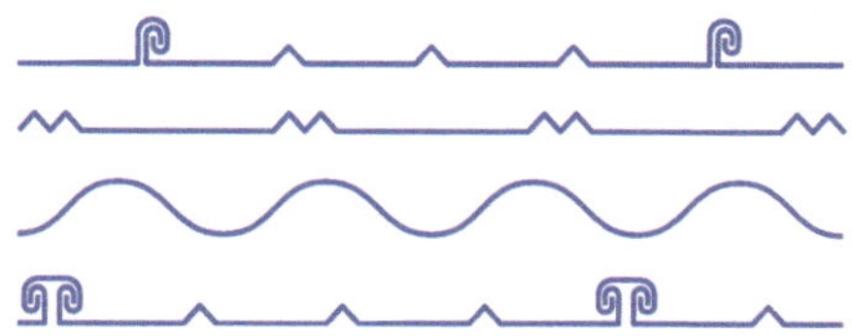

그림 10.85 금속판 잇기

(4) 금속판 잇기

1) 일반사항
- 장점 : 경량 저렴, 보수 용이
- 단점 : 내구성 부족, 녹발생 우려

2) 재료
- 함석판 : 아연도금 처리, 무연탄가스 취약
- 구리(동)판 : 암모니아 가스 약함
- 아연판 : 산과 알칼리에 취약
- 알루미늄판 : 염분에 약하므로 해변가 건물 사용 자제
- 납(연)판 : 목재나 회반죽에 닿으면 부식 가능

3) 잇기
- 골함석 잇기
  - 아연도금 강판(#28~30) 너비 762 mm 또는 914 mm, 길이 1,820 mm, 2,120 mm, 2,420 mm
  - 바탕재 : 목조(아연도금 못 사용), 철골(골슬레이트와 같이 갈고리 볼트 사용)
  - 세로겹침 15 cm 정도, 가로겹침 큰 골판 1.5골 이상, 작은 골판 2.5골 이상
- 평판잇기 : 일자이음, 마름모 이음, 거멀쪽 이음, 고정목으로 고정

(5) 슬레이트 잇기

1) 슬레이트 잇기 종류 : 일자이음, 마름모이음, 귀갑이음, 비늘이음

2) 천연 슬레이트
- 천연석인 수성암(점판암, 이판암) 판석을 가공하여 사용
- 자연석이므로 흡수량이 적고 강도 우수

3) 석면 슬레이트
- 바탕에 루핑이나 펠트를 깔고 시공

그림 10.86 천연 슬레이트(점판암) 지붕 잇기 전경

그림 10.87 지붕 마름모 이음 모습

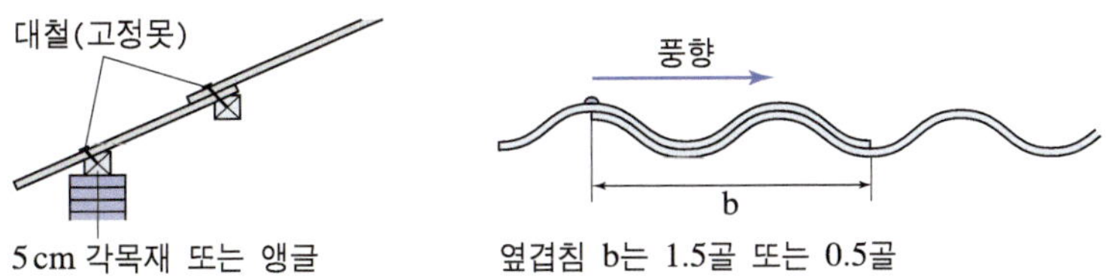

그림 10.88 슬레이트 겹치기

- 일자이음이 주로 쓰이고 친환경적이지 못하여 생산 중단 상태

(6) 칼라 강판 지붕

1) 특징 : 칼라 인쇄 강판을 사용하여 다양한 색상, 패턴과 미려함을 더하는 건축 내·외장재용으로도 사용함
2) 칼라 강판 구조와 시공 예

그림 10.89 칼라 강판 시공 예 A

그림 10.90 칼라 강판 시공 예 B

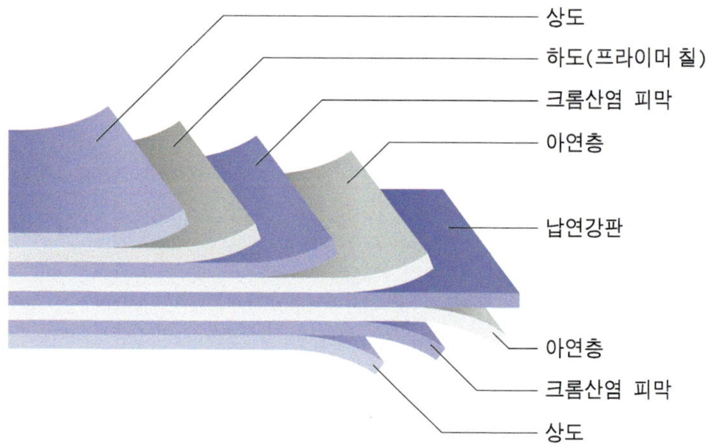

그림 10.91 칼라 강판 구조

(7) 그린 루프(Green Roof)

그림 10.92 그린 루프 시공 중 모습

그림 10.93 그린 루프 전경

(8) 지붕 단열 및 겨울철 지붕 아이스 댐(Ice Dam) 현상

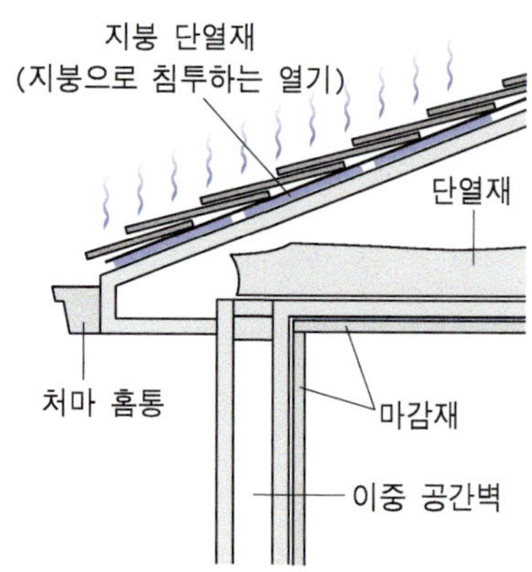

그림 10.94 지붕 단열재 설치 개념도

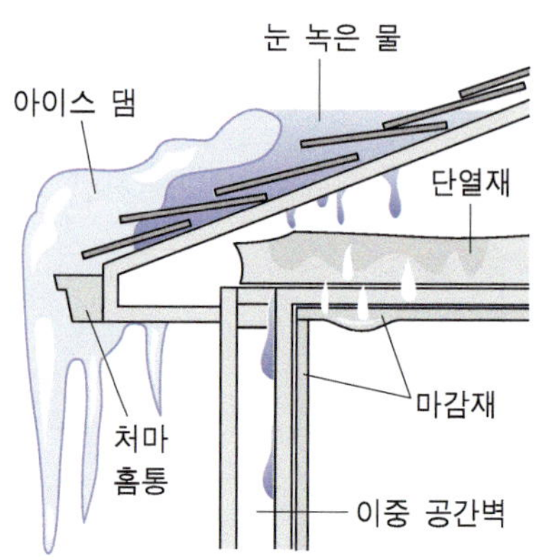

그림 10.95 아이스 댐으로 인한 누수 개념도

그림 10.96 아이스댐 현상의 지붕 전경

5.2 홈통 공사

(1) 일반사항

1) 재료

- 함석판(#25~29), 동판(0.3-0.5 mm), 구리판(0.35 mm), PVC(염화비닐계 : 에스론 파이프)

2) 홈통 모양 치수

- 지름과 단면은 지붕의 크기, 물매를 기준
- 해당 지방의 최대강우량 고려

3) 루프 드레인 (Roof Drain)

(2) 홈통의 명칭

1) 처마홈통

- 처마 끝에 설치한 홈통으로 안홈통과 바깥홈통 있음
- 흐름경사 1/200, 홈걸이(고정철물) 부착간격 90 cm, 이음겹침 25 mm 이상
- 모양 : 반원형 또는 각형이 많이 쓰임

2) 깔데기홈통

- 처마홈통의 물을 선홈통으로 연결하는 역할
- 기울기 : 15° 정도

3) 장식홈통

- 선홈통과 깔대기의 연결 역할
- 장식역할과 우수의 넘쳐 흐름 방지

그림 10.97 일반 빌딩 외부 물홈통 전경
▶ *외관상 바람직하지 못하므로 설계상 검토가 필요*

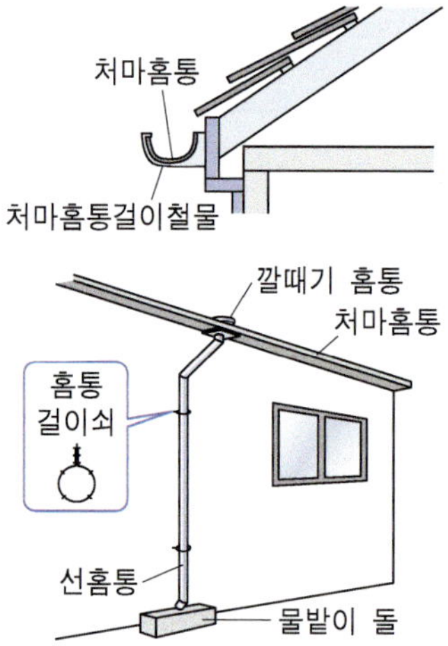

그림 10.98 지붕 홈통 명칭

그림 10.99 하부쪽 선홈통과 홈통걸이쇠

4) 선홈통

- 우수 물이 수직으로 바닥으로 모이게 하는 역할
- 홈걸이간격 90~120 cm, 보통 처마길이 10 m 이내 마다 설치

5) 보호관

- 하부 선홈통의 찌그러짐 방지 역할
- 하부 1.5 m 정도 철판으로 시공

6) 물받이 돌

- 물이 바닥에 떨어지기 전 낙수받이 돌을 뜻함
- 보통 콘크리트로 제작

7) 기타 : 루프 드레인, 바닥 드레인

그림 10.100 옥상 루프 드레인 모습

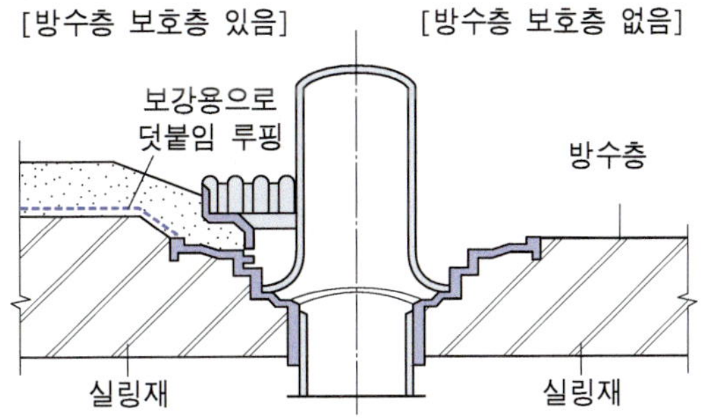

그림 10.101 루프 드레인 상세도

참고문헌

건축기공기술사 핵심이론 문제해설(크라운출판사, 노인철 정규영)
건축시공기술사 및 용어해설(크라운출판사, 노인철 정규영)
건축시공과 리모델링(도서출판 대가, 노인철 외)
건축재료학(경북대 건축과구조재료연구실, 김화중)
철골구조물의 내화기술(한국강구조학회, 김화중)
초고층건축물의 경제성(빌딩문화 2003, 신성우)
고강도 고성능콘크리트의 개발현황 및 방향(한국과학기술정보연구원, 신성우)
핵심 건축시공기술사(성안당, 이해진)
건축기술지침 건축1, 건축2 (대한건축학회, 대우건설)
흙막이 토공사 Hand Book(대우건설)
건축시공실무대사전(공간예술사, 김문한 감수)
건축시공핸드북(기문당, 건축공학연구회)
건축생산기술사전(명문사)
건축공법사전(명문사)
초고층건축시공(명문사, 선병택)
건축시공관리 첵크리스트(건설문화사, 선병택)
건축공사표준시방서(대한건축학회)
콘크리트표준시방서해설(한국콘크리트학회)
건축학전서 건축시공8(기문당, 대한건축학회편)
건축시공학(창지사, 선병택)
건축시공학(보성문화사, 장기인)
건설공사 신공법 해설집(대한건설협회)
신기술 신공법 건축시공학(서우, 최산호 외 2인)
건축재료(기문당, 대한건축학회편)

건축시공재료(보성각, 정상진)
건축재료학(문운당, 김무한 신현식 김문한)
건축시공학(문운당, 신현식 외 2인)
건축재료 시공학(국제, 심명섭 편저)
산단공벤처센터신축공사 감리보고서 등(한국건설관리공사)
시화공단지원시설신축공사 감리보고서 등(수공종합감리공단)
ASEM 및 무역센터 확충사업 건설지 Ⅰ,Ⅱ(건축세계, 한국무역협회)
실전건축공사검사 Ⅰ,Ⅱ,Ⅲ(건설도서, 추영수)
건설현장관리매뉴얼(21세기북스, 김덕영)

부 록

현장 원어의 표준 표기법

단 어	옳은 표기	잘못 쓰이고 있는 예	단 어	옳은 표기	잘못 쓰이고 있는 예
AIR GLASS	페어 글라스	페아 그라스	ALKALI	알칼리	알카리
ANCHOR PLATE	앵커 플레이트	앙카 프레이트	BACK-UP	백업	빽업, 백엎
BALACE	밸런스	발란스, 바란스	BATTERY	배터리	밧데리
BINDER	바인더	바인다	BLEEDING	블리딩	브라이딩, 블리이딩
BRACKET	브래킷	브라켓, 브라케트, 부라켓, 부라케트	BUCKET	버킷	바켓, 버켓
CARPET	카펫	카아핏, 카아펫, 카펫트	CATALOGUE	카탈로그	카다로그, 카타로그
COMPRESSOR	컴프레서	콤프레샤, 컴프레샤	CORE	코어	코아
COVER	커버	카바	CREOSOTE	크레오소트	크레오소오트
CYLINDER	실린더	시린더, 시린다, 실린다	DAMPER	댐퍼	담파
DUCT	덕트	닥트	ELEVATOR	엘리베이터	에레베타, 엘레베이타, 엘레베타
EXP ANSION	익스팬션	익스펜숀, 익스펜션	FILM	필름	필림
FINISHER	피니셔	피니샤, 휘니샤, 피니시어	FLUSH DOOR	플러시 도어	후레시 도어, 프레시 도어, 후라쉬 도어
GASKET	개스킷	가스켓, 가스케트	GONDOLA	곤돌라	곤도라
HAMMER	해머	함마	JOINT	조인트	죠인트, 쪼인트
MORTAR	모르타르	몰탈, 모르터	NON-SLIP	논슬립	논스립
PACKING	패킹	박킹	PALLET	팰릿	빠레트, 빨레트, 파레트
PANEL	패널	판넬	ROLLER	롤러	로울러, 로라, 롤라
SASH	새시	샤시, 삿시, 샷쉬, 샷슈, 섀시	SCHEDULE	스케줄	스케주울, 스케쥴
SLAB	슬래브	슬라브, 스라브, 슬랩	SLEEVE	슬리브	슬리이브, 스리브
SPAN	스팬	스판	STAINLESS	스테인리스	스텐레스, 스테인레스
STIRRUP	스터럽	스트럽	WASHER	와셔	와샤, 워셔

목재관련 구독법(척관법) 실무 용어

푼			치		
1푼	:	이찌부	1치	:	잇승
2푼	:	니부	2치	:	니승
3푼	:	산부	3치	:	산승
4푼	:	욘부	4치	:	욘승
5푼	:	고부	5치	:	고승
6푼	:	로꾸부	6치	:	록승
7푼	:	시찌부, 나나부	7치	:	나나승
8푼	:	하찌부	8치	:	핫승
9푼	:	큐부	9치	:	큐승
3-1/2푼	:	산부 고링	8-1/2치	:	핫승 고부
3.5푼	:	산부 고링	8.5치	:	핫승 고부

각재 치수
1치 각 : 잇승 가꾸
1치 2푼 각 : 잇승 니부 가꾸
1치 5푼 각 : 잇승 고부 가꾸
2치 각 : 시승 가꾸
2치 5푼 각 : 시승 고부 가꾸
3치 각 : 산승 가꾸
4치 각 : 욘승 가꾸

판재 치수
3푼 널 : 산부 이다
4푼 널 : 욘부 이다
5푼 널 : 고부 이다
6푼 널 : 로꾸부 이다
7푼 널 : 시찌부 이다
8푼 널 : 하찌부 이다

합판 치수
3′×6′(삼육 합판) : 사부 로꾸
4′×8′(사팔 합판) : 시 하찌

현장 시공 실무에 쓰이는 현장 용어(참고용)

일본말	한글 풀이
[ㄱ]	
가꾸목	각목, 각진목재
가꾸부찌	문선, 문선몰딩, 사진틀
가꾸	틀, 액자
가나모노	철물
가네고데	쇠흙손
가네	직교, 직각
가다아시바	외줄비계
가다와꾸	거푸집(가와, 가다)
가다	틀, 본, 꼴(폼)
가도	모서리
가라리	루우버
가라	무늬, 바탕
가라스	유리
가랑	설비수도 꼭지
가리고야	헛간, 헛일간
가리시메	임시 죄기
가마찌	울거미
가베	벽
가베지리	벽쌤
가스겟도	개스킷
가이당	계단
간죠(간조)	돈 지불, 셈, 계산
갓쇼오(깟쇼)	시옷(ㅅ)자 보
게꼬미	계단챌판, 계단챌면
겐노오	쇠메, 쇠로 된 큰 망치
겐승	원척도, 실측도
고구찌	벽돌 마구리, 마구리, 작은 일
고까베	실벽
고단스	작은 장(소농장)
고데	미장 흙손, 납땜 인두
고시	징두리, 허리벽
고야	헛간, 창고
고오덴죠	우물반자, 우물천정
고오바이	물매, 경사, 벽돌 세워쌓기
공고샤	금강사
공구리	콘크리트
구강쯔미	공간쌓기
구라인다	공구, 연삭기, 연마기, 그라인더
구로	검정
구루마	수레, 바퀴달린 손수레
구리뿌	끼우개, 크립
구리시(구리스)	잡석
구미다데	짜기, 조립
구배	물매, 경사
구사비(꾸사비)	쐐기
권척	줄자
기가다	목형
기고데	나무 흙손
기도리	마름질
기레빠시	조각, 잔토막
기리까이	바꾸기, 대체
기리꼬미	막자갈
기리바리	버팀기둥, 버팀대
기리	송곳
기마에	선심, 호기
기소	기초
기즈리	졸대
기즈	흠
[ㄴ]	
나까마	거간, 시세
나나메	사선
나라비	줄
나라시	고르기
낫도	너트
네다우게	장선받이
네다	장선
네리(삽)	비빔(삽)
네지	나사
네지마와시	나사돌리개, 드라이버
네지테	뒤틀림
넷떼루	상표
노가다(도가다)	노동자

일본말	한글 풀이
노기스(로기스)	버니어 캘리퍼스
노깡(놋깡)	토관
노끼뎀조	처마반자
노끼	처마
노리비끼	시멘트 풀칠, 시멘트페이스트
노리	비탈, 해초풀
노미	끌, 정
노바시	늘리기, 확장하기
노보리 삼바시	비계다리
노부찌	반자틀대
누리까에	재칠
누리지	바름바탕
니부	두푼(2푼)
니뿌르	니플
니승	두치(2치)
닛빠	니퍼
[ㄷ]	
다가네	끝이 넓은 날정
다까사	높이
다데구 가나모노	창호 철물
다데구	창호, 문짝
다데메지	세로줄눈
다데	세로, 수직
다데와꾸	선틀
다루끼	서깔래, 45×45 각재
다마	구슬
다마이시	호박돌
다시방	앞서랍
다이까렝가	내화벽돌
다이꼬바리	양면붙이기
다이꼬오도시	양면치기
다이꾸	대목, 거푸집 목수
다이루	타일
다이	받침대
다찌노미	서서 마시는 술
다찌아기리	치올림
단도리	작업전 준비, 마련, 채비
단스	옷장
답바(답빠)	높이
당가	들것, 사람이 들어 나르는 것
당고오	담합, 야합
데꼬보꼬	요철, 울퉁불퉁한 것
데꼬	지렛대, 철재 막대기
데나오시	재손질, 재시공
데네리(대너리)	사람 손으로 비비기, 삽으로 비비기
데마찌	대기, 기다림, 일꺼리 없음
데마찡	품삯
데마	품, 삯, 인력 품
데모도	조력공, 보조공,
데즈라	출역, 당일 출석인원수
데즈리(데쓰리)	난간대, 난간두겁
덴바	윗면, 표면
덴죠오	천장
뎃낑	철근, 철근 조각
뎃빵	철판(콘크리트 비빔용)
도가다(노가다)	노동자
도기다시	갈아내기, 갈기, 인조석갈기
도깡(놋깡)	토관, 토목용 관
도꾸이	단골, 자주오는 손님
도노꼬	토분
도다이	토대, 받침대
도당	함석(판)
도라무	드럼통(물 받아두는 통)
도라무미기사	드럼 믹서
도라이바	나사 돌리개, 드라이버
도란스	변압기
도마	다짐바닥, 1층 바닥
도메	연귀, 마무리
도비	비계공, 외부비계 기능공
도아다리	문소란
도아다리시꾸리	문받이턱
도이	홈통
돈내기	도급, 하청
[ㄹ]	
라스	철망

일본말	한글 풀이
라지에다	방열기
람마	고창
레바	손잡이, 레버
레베루	레벨, 수평, 수준기
레에루	레일
렝가고데	벽돌 흙손
렝가망치	벽돌 망치
렝가	벽돌
렝가와리	벽돌 나누기
로끼	처마
로라	롤러
로라비어링	롤러 베어링
로스	손실
루바	루버
루베	입방 미터[m^3]
리꾸사꾸	배낭
리벳도	리벳
리빠	니퍼
리야카	손수레
리와인다	되감개
리와인딩	되감기
리카피	복사
릴	두루마리
링구	링
[ㅁ]	
마구사	웃인방
마그네트	자석
마끼까이	되감기
마끼도리	두루마리, 감개
마끼	두루마리, 권
마끼자	테이프자, 테이프 줄자
마도	창
마루	둥근
마루메지고데	둥근줄눈 흙손
마루메지	둥근줄눈
마루보	둥근봉
마루타	통나무
마오와꾸	창틀, 창문틀

일본말	한글 풀이
마이가리	가불, 선불처리
만땅	가득, 잔뜩 채움
말구	끝마무리, 끝지름
메가폰	확성기
메	눈
메다	계기
메도메	눈먹임
메이카	제조회사, 생산회사
메지고데	줄눈 흙손
메지보오	줄눈대
메지보	줄눈쇠
메지와리	줄눈 나누기
메지	줄눈
멕끼	도금
멘끼	면목, 삼각면목
멘나라시	면고르기
멘도리	모접기
멘시아게	면마뤼
모구리	잠수부
모꾸리	나뭇결
모루따루	모르타르
모찌고미	안고돌기
몽키	몽키스패너, 낙하메, 떨공이
무가다	민모양
무라나오시	고름질
무시로	거적
문와꾸	문틀, 문짝 바깥틀
미끼샤	믹서
미다시	제치장, 견출
미쓰모리	견적
미즈끼리	물끊기
미즈끼리	칸막이벽, 중간간이벽
미즈모리	수평보기
[ㅂ]	
바께스	양동이
바나	버너
바란스	균형
박낑	패킹

일본말	한글 풀이	일본말	한글 풀이
반네루	패널, 거푸집 패널	빠빠	페이퍼, 연마지
반도	띠, 밴드, 기둥채우기 철물	뻰치	펜치, 집게
반셍	굵은 철선	뼁끼	페인트, 도료
발브	밸브	뽈	폴, 표적대
밤바	범퍼	뽐뿌	펌프
밧데리에끼	축전지액	뿌라구	플러그
밧데리	축전지	뿌라이야	플라이어
베니다(베니야), 베니야이다	합판	삔	핀
벤딩	구부리기	[ㅅ]	
벤찌마크	기준점	사게부리	다림추, 삼각추
벵가라	빨강칠, 주토	사구리	짚어보기
벵기	변기	사비도메(칠)	녹막이(칠)
보당	단추	사시가네	곡척
보도, 보오도	볼트	사시꼬미	꽂이쇠, 콘센트
보도시메	볼트 조이기	사시낑	삽입근
보로	걸레	사양서	시방서
보로꼬	블록	사이	재(才)
보루방	드릴 머신	산승가꾸	세치각(3치각)
보이라	보일러	산승	세치(3치)
볼방	드릴 머신	삼부	세푼(3푼)
부라시	솔, 브러시	삿보도	받침기둥
부레끼레바	브레이크 레버, 제동간	상	살
부레끼와야	브레이크 와이어, 제동줄	샤꾸리	홈파기
부로뻬라	프로펠러	샤후드	샤프트, 축
부로커	소개업자	샷다	셔터
부록	블록	샷슈	새시
부싱구	부싱	세끼이다	거푸집널, 흙막이널
부토	건축 : 덮인 흙 토목 : 표토	세루모다	기동전동기
		세리	아치
분빠이	나누기, 분배	세와야꾸	기능장, 도십장
비니루	비닐	센방	선반
비니루카바	비닐 커버, 비닐 덮개	소데	팔걸이
비아링	베어링	소지	청소, 준공청소
빠데	퍼티	쇼꾸닝	직공, 기능공
빠루	노루발 못빼기	쇼오부	결단, 흥정
빠이뿌아시바	파이프 비계	쇼오트	전기 : 합선
빠이뿌	파이프, 관	스기	삼나무
빵꾸	펑크	스데공구르	밑창 콘트리트

일본말	한글 풀이
스뎅	스테인리스
스레또	슬레이트
스미(쓰미)	먹긋기(먹매김), 조적공
스미끼리	모따기
스미다시	먹매김
스빠나	스패너
스지까이	가새, 브래싱
스타트다마	점등관, 형광등 소형전구
스타프	함척, 표척
스페아깡	예비통
스페아	예비, 여유분
시그날	신호
시끼	문지방
시끼이	밑홈대
시다고야	일간
시다바	밑면, 아래(직급 중 하급)
시다우께오이, 시다우께	하도급
시다지	바탕, 초벌바름
시로꾸	4×6 각재
시로도	서툰 사람, 초보자
시링구소켓도	천장 소켓
시마이	끝냄, 마감, 종료
시아게	마무리, 끝손질
신마에	애송이, 신출내기
신쮸우	놋, 황동
쓰미	쌓기공, 벽돌공
쓰찌스데바	사토장
[ㅇ]	
아까렝가	붉은 벽돌, 적벽돌
아까	빨강
아까징끼	머큐럼
아나방	구멍 철판
아다리	맞닿기, 적중
아다마	머리
아메다데	메우기
아미	그물, 그물망
아사마리	아물리기
아시바	비계, 비계 발판
아시	발
아이롱	다리미
앙카	앵커, 정착
야기리	박공벽, 지붕박공
야리가다	규준틀
야리꾸리	변동
야리끼리	도급주기
야마내기	톱니내기
야마	톱니, 사태
야미	암거래
야스리	줄
야지	야유
에노구	그림물감
에르보	엘보(설비용 ㄱ자 부품)
에아함마	에어해머, 공기해머
오도리바	계단참
오비끼	거푸집보
오사에	누름
오사에빠데	누름퍼티
오삽	평삽
오야가다, 오야	우두머리, 두목, 으뜸
오야지, 오야봉	책임자, 대장
오오가네	큰 직각자
오오비끼	멍에
오이꼬시	앞지르기
와꾸	틀, 울거미
와리깡	각자 부담, 나눠내기
요구찌	오픈 렌치
요꼬	가로(수평 : H)
요꼬메지	가로줄눈, 미장 가로줄눈
요비링	초인종
우께도리, 우께오이	도급
우라꼬미	뒤채움
우마	발돋움대, 발판대
우메모도시	되메우기
유니온	이음쇠

부록

일본말	한글 풀이	일본말	한글 풀이
유도리	여유, 간격 사이	[ㅎ]	
이다	널, 널목, 판재목	하께비끼(시아게)	솔질마무리
이모노가다	주형	하꼬방	판자집
이모노	주물	하꼬	상자, 박스
이모메지	통줄눈	하리	보(Beam : 빔, Girder : 거더)
이승	한치(1치)	하바끼	걸레받이
이찌마이가베	벽돌 1장 두께 벽	하바	폭, 너비
이찌마이항	1장반(벽돌 1.5B 쌓기)	하시라	기둥(Column : 컬럼)
이찌방	1번, 첫번째	한도루(핸들)	결속선 조임기
이찌브베니야	3mm 두께 합판	한바(함바)	기능공 숙식소, 밥집, 식당
입빠이	잔뜩, 가득채움	한사이	1재(목재:1치×1치×12자)
		함마	쇠메, 해머, 큰쇠망치
[ㅈ]		핫빠(함빠)	조각, 켜고 남은 조각
쟈바라	돌림띠	헤라	주걱, 페인트용 주걱
젠다이	창선반	헤베	평방 미터[m^3]
조기, 죠오기	규준대, 직각자	호리가다	터파기, 흙파기
죠오방	경첩	호모	덮개, 씌우개
죠오시	상태	홍아시바	쌍줄비계, 이중비계
지도리	엇모	후끼쓰게	뿜칠, 뿜어붙이기, 스프레이
지리	벽쌤, 벽흠	후로링	플로어링
		후미당	현관디딤바닥
[ㅋ]		후앙	환풍기, 통풍기
캇다	절단기, 커터	훅꾸	갈고리
콘베야(컨베어)	컨베이어	히꼬미	들여서 시공, 끌어들이기
쿠사비	쐐기, 쇄기용 조각나무	히사시	차양, 캔티레버
쿠세(쿠사)	버릇, 나쁜습관		

찾아보기

[ㅂ]

[ㅅ]

[ㅇ]

[ㅎ]

[기타]

저자 **노 인 철**

현) 영진전문대학 건축인테리어디자인계열 교수

전) 한국건설관리공사 처장 역임

동국대학교 건축공학과

한양대학교 대학원 건축공학과

경북대학교 대학원 건축공학 전공

건축시공기술사

CMP(건설사업관리전문가)

대한건축학회 정회원

한국콘크리트학회 정회원

본 교재는 원고집필 후 관련 산업체의 협조로 실무와의 연관성을 검토한 후 출판되었습니다.

GS건설 / 건축기술지원팀
대우건설 / 건축기술팀
금호건설 / 건축공사팀
한화건설 / 건축지원팀
벽산건설 / 건축팀

도움 주신 산업체에 감사드립니다.

건축시공실무

2007년 2월 15일 초 판 인 쇄
2023년 2월 20일 초판5쇄발행

· 저　　자 노 인 철
· 발 행 인 이 성 범
· 발 행 처 문 운 당
· 주　　소 서울특별시 종로구 명륜동 1가 45-3
· 출판등록 1962년 7월 4일 제1-139
· 전화번호 영업 (02)762-6010
· 팩　　스 영업 (02)745-0265 / 편집 (02)762-8758
· 이 메 일 영업 munun2@chol.com
　　　　　편집 munundang@naver.com
· 홈페이지 http://www.munundang.co.kr

· ISBN 978-89-7393-373-0 93540

정가 28,000원